RESÍDUOS

Conceitos e definições para manejo, tratamento e destinação

Wanderley de Jesus Souza

Engenheiro Agrícola pela UFRRJ.
Doutor em Engenharia de Sistemas Agrícolas,
Departamento de Engenharia de Biossistemas da Esalq/USP.

RESÍDUOS

Conceitos e definições para manejo, tratamento e destinação

FEALQ

Wanderley de Jesus Souza

Engenheiro Agrícola pela UFRRJ.
Doutor em Engenharia de Sistemas Agrícolas,
Departamento de Engenharia de Biossistemas da Esalq/USP.

RESÍDUOS

Conceitos e definições para manejo, tratamento e destinação

FEALQ

Av. Centenário, 1080
13416-000 Piracicaba, SP, Brasil

Fone: 19-3417-6609
Fax: 19-3422-2755

livros@fealq.org.br
fealq.org.br

Dados Internacionais de Catalogação na Publicação
DIVISÃO DE BIBLIOTECA – ESALQ/USP

Souza, Wanderley de Jesus
Resíduos: conceitos e definições para manejo, tratamento e destinação / Wanderley de Jesus Souza. - - Piracicaba: FEALQ, 2012.
272 p. : il.

Bibliografia.

1. Efluentes - Tratamento - Manejo - Reúso 2. Resíduos agrícolas 3. Resíduos industriais 4. Resíduos sólidos I. Título

CDD 628.4
S729r

ISBN 978-85-7133-072-6

DEDICATÓRIA

A meus queridos pais, a quem tanto amo, pelo carinho,
apoio e educação a mim concedidos.
A todos que tentam cada vez mais edificar um mundo melhor.
Às futuras gerações humanas.
À água, pela expressão que tem para todos os seres do planeta,
como fonte de vida.

WANDERLEY DE J. SOUZA

SUMÁRIO

APRESENTAÇÃO

A proposta deste livro é transmitir conhecimentos, do nível básico ao avançado, sobre o uso de resíduos líquidos e sólidos resultantes de diversas atividades. Para melhor entendimento sobre o assunto, o livro foi dividido em capítulos que tratam desde a origem dos resíduos líquidos e sólidos até a parte normativa referente a seu destino.

No livro são tratadas as questões sobre os efluentes industriais, agroindustriais e domésticos de forma bem detalhada. Também são abordados os efeitos desses efluentes nos corpos hídricos, os problemas de poluição causados por produtos químicos e a eutrofização. Como não poderia faltar, é feita uma descrição dos sistemas de coleta dos resíduos líquidos e dos padrões de uso, assim como dos sistemas de tratamento descritos, analisando-se cada caso em separado. Uma questão muito importante e pouco discutida em outras publicações é abordada neste livro, enriquecendo-o ainda mais: ao tratar a disposição final dos resíduos, foi abordada tanto a disposição de efluentes líquidos tratados quanto o uso de lodo de esgoto/biossólidos, com ênfase na área agrícola.

O objetivo foi escrever um manual na forma de livro-texto, com informações úteis para técnicos que se iniciam na área de conhecimento do assunto abordado e que sirva de referência para os que precisam informar-se sobre as questões contidas neste livro. Nele encontram-se conhecimentos importantes e indispensáveis, tratados em disciplinas ministradas em cursos de graduação e pós-graduação da Universidade Federal de Viçosa e da Universidade de São Paulo.

Meus sinceros agradecimentos a todos que, direta ou indiretamente, contribuíram para a realização desta obra.

Sugestões e críticas com contribuições serão sempre bem-vindas para o aperfeiçoamento desta obra.

WANDERLEY DE J. SOUZA

PREFÁCIO

O acelerado crescimento da população mundial, nos últimos anos, associado a fatores como a intensa industrialização com vistas a atender à crescente demanda pelos mais variados produtos, tem contribuído fortemente para a geração de grande quantidade de resíduos sólidos e líquidos. Isto vem causando grande preocupação no mundo todo, em função dos efeitos prejudiciais à saúde dos seres vivos em geral que tais resíduos podem causar quando lançados de forma inadequada no meio ambiente. Os resíduos líquidos ou efluentes são produtos originados das indústrias, agroindústrias ou esgotos domésticos que, de alguma maneira, são lançados no meio ambiente ou reutilizados. Podem ser tratados ou não, e cabe aos órgãos ambientais a determinação e a fiscalização dos parâmetros e limites de emissão de efluentes industriais, agrícolas e domésticos. Para tanto, é necessária a implantação de um sistema de monitoramento confiável

A emissão de efluentes líquidos no ambiente foi regulamentada pelo Protocolo de Anápolis, da mesma forma que a emissão de gases foi regulamentada pelo Protocolo de Quioto. As exigências da legislação ambiental levaram as empresas a buscar melhores soluções para tornar seus processos de produção cada vez mais eficazes em relação ao emprego da água. O uso de sistemas de tratamento de efluentes visando a reutilização de insumos (água, óleo, metais, etc.) tornou-se cada vez mais frequente, minimizando o descarte para o meio ambiente.

No Brasil, a coleta e o tratamento ainda são precários. Conforme o IBGE (2008), pouco mais da metade dos municípios brasileiros (55,2%) têm serviço de esgotamento sanitário por rede coletora, que é o sistema apropriado, marca pouco superior à observada na pesquisa anterior, realizada em 2000, que registrava 52,2%. Ainda de acordo com o IBGE (2008), apenas 28,5% dos municípios brasileiros faziam tratamento de esgoto, o que impacta de modo negativo na qualidade de nossos recursos hídricos. Mesmo na Região Sudeste, onde 95,1% dos municípios possuíam coleta de esgoto, menos da metade (48,4%) o tratava. Além da Região Sudeste, o melhor desempenho nesse sentido foi observado nas regiões Centro-Oeste (25,3%) e Sul (24,1%). Cabe destacar que, na Região Nordeste, o número de municípios com tratamento de esgoto (341, representando 19,0% do total da região) corresponde a menos da metade dos que possuíam coleta de esgoto (819, representando 45,7% do total da região). A menor proporção de municípios com coleta (13,4%) e tratamento de esgoto (7,6%) foi observada na Região Norte, o que em parte se explica pela baixa densidade demográfica da região, combinada com a elevada capacidade de autodepuração de seus rios. Esses valores podem ser considerados muito baixos, tendo em vista a grande necessidade de reúso dos efluentes.

Para a concepção de um dimensionamento de sistema de coleta e tratamento de águas residuárias industriais, agroindustriais ou domésticas, devem-se definir primeiramente três itens importantes: os objetivos do tratamento, o nível do tratamento e o destino final do efluente tratado. Para tratamento visando o lançamento em corpos hídricos, deve-se ter em mente as exigências legislativas, alcançando o padrão de lançamento requerido para DBO (demanda bioquímica de oxigênio) de cinco dias (DBO de 60 $mg \cdot L^{-1}$), ou que tenha 85% de eficiência na remoção de DBO e o efluente tratado não altere a classe de enquadramento do corpo hídrico, sendo que a DBO pode ser representada na forma de DQO (demanda química de oxigênio). Caso se pretenda fazer disposição no solo ou irrigação, os critérios são menos rígidos, eliminando algumas etapas do tratamento; porém, critérios agronômicos de aplicação devem ser observados.

Existem várias etapas e tipos de sistemas para efetuar o tratamento de efluentes líquidos. Cada sistema deve ser adequado em função das características químicas, físicas e biológicas do efluente e das características que se pretende atingir. Para remoção de sólidos em suspensão, pode-se utilizar gradeamento, caixa de remoção de areia ou sedimentação. Para remoção de material orgânico biodegradável, pode ser utilizado o sistema anaeróbio, as lagoas de estabilização, o sistema de lodo ativado, a disposição no solo e o filtro biológico. Para remoção de patógenos, pode-se utilizar deposição do efluente no solo, lagoas de polimento, desinfecção com produtos químicos, ou radiação solar ou ultravioleta. Para remoção de nutrientes (N, P), pode ser utilizada lagoa de polimento, disposição no solo (remoção biológica) ou processo físico--químico, sendo a denitrificação utilizada para remoção de nitrogênio em água residuária.

Uma vez tratada, a água residuária pode ser utilizada em diversas atividades, inclusive para aplicação em culturas agrícolas via irrigação. Em alguns casos, pode ser utilizada sem tratamento, mas para isso deve atender a normas e padrões de qualidade requeridos. Isso contribui para garantir a proposta do Conselho Econômico e Social das Nações Unidas, pela qual, "a não ser que exista grande disponibilidade, nenhuma água de boa qualidade deve ser utilizada para usos que toleram águas de qualidade inferior". Dentre as diferentes atividades, a agricultura é a que utiliza maior quantidade de água e pode tolerar águas de qualidade mais baixa do que a indústria e o uso doméstico. Portanto, essa atividade possibilita um "sumidouro" de efluentes, todavia esta expressão não deve ser confundida com depósito de lixo, mas como local de reaproveitamento das águas residuárias resultantes das diversas atividades.

O uso de água residuária por meio da técnica de irrigação é uma alternativa que vem se mostrando viável por várias razões, dentre elas:

- A água é um recurso escasso, principalmente em regiões onde as culturas mais necessitam de irrigação, como em regiões áridas.
- Os benefícios pelo reúso da água são vários, abrangendo questões sociais, econômicas e ambientais.
- Além da água, as plantas podem aproveitar também os compostos dissolvidos nos efluentes, tais como substâncias húmicas, nitrogênio, fósforo, potássio e micronutrientes.

Normalmente, as águas residuárias, sobretudo de origem industrial e agroindustrial, apresentam agentes patogênicos. A redução de problemas de contaminação por micro-organismos da água residuária pode ser feita com o uso de culturas que não sejam diretamente comestíveis, tornando-se uma alternativa viável em termos econômicos.

1

Efluentes industriais

O setor industrial é composto por um conjunto de atividades que, em geral, necessitam de grande quantidade de água com boa qualidade, tanto química quanto física e biológica, para emprego nos diversos processos produtivos. As águas utilizadas apresentam composição diferente no início e no final dos processos de que fazem parte. Isso faz que essas águas – também chamadas de águas residuárias, efluentes ou resíduos líquidos – necessitem passar por processos de tratamento antes de seu lançamento no meio ambiente ou de seu reúso.

As águas residuárias industriais, domésticas e agroindustriais apresentam, em geral, elevadas cargas de poluição (carga orgânica, elementos tóxicos, metais pesados, agentes patogênicos, etc.). Quando lançadas de forma indevida no meio ambiente, podem contaminar o solo, as águas superficiais e subterrâneas e os seres vivos que com elas entram em contato. Para que esses problemas não ocorram, o tratamento dos efluentes deve ser realizado de acordo com os padrões estabelecidos pelas normas ambientais. Isso incorre em um custo elevado tanto para o tratamento quanto para a disposição final, que é tanto maior quanto mais concentrada é a poluição desses efluentes.

No Brasil e em vários outros países, a legislação ambiental regula o descarte de efluentes em corpos d'água, limitando a carga poluidora lançada de acordo com o tipo de uso estabelecido para a água do corpo receptor (classe da água). Além disso, órgãos internacionais de financiamento de empreendimentos, como o Banco Mundial, adotam normas próprias de limitação de poluição causada por indústrias financiadas. Independente de sua composição, no Brasil os efluentes líquidos industriais devem atender à legislação, seguindo as normas prescritas pela resolução do Conama 357 (2005).

CONSUMO DE ÁGUA E GERAÇÃO DE EFLUENTES NA INDÚSTRIA

Os efluentes líquidos industriais são originados de descargas, lavagens, resfriamentos, extrações, tratamentos químicos e outras operações que ocorrem dentro e fora da indústria e variam de acordo com os processos de fabricação. Isso pode ser verificado nas grandes descargas de água de refrigeração que causam poluição térmica, bem como naquelas descargas relativamente pequenas com elevadas concentrações de substâncias químicas. Alguns efluentes industriais ocasionam dificuldades para seu tratamento nas estações. Como exemplos, metais tóxicos e produtos químicos podem destruir a atividade biológica nas estações e cursos d' água, dificultando ou inviabilizando o aproveitamento posterior.

Os diversos usos da água originam diferentes efluentes. O grau de poluição destes efluentes deve ser analisado quantitativa e qualitativamente, para fins de tratamento, aplicando-se aquele mais adequado, conforme será visto adiante. Dessa forma, os efluentes originados nas indústrias provêm do uso em diversos processos, podendo ser mencionados:

- incorporação em produtos;
- bebidas, alimentos, tintas, medicamentos, cosméticos, produtos químicos em solução aquosa;
- processos físico-químicos de produção, extração e refino de metais, alvejamento e tingimento têxtil, produção de produtos químicos, tratamento de gases, tratamento de minérios, extração e refino de petróleo;
- lubrificação de equipamentos;

- aquecimento (água de caldeiras);
- resfriamento (água de refrigeração);
- lavagem de pisos, tubulações e equipamentos;
- irrigação;
- lavagem de frutas e hortaliças;
- consumo humano e usos sanitários.

As atividades industriais devem ser bem projetadas, de forma que utilizem o mínimo de água, uma vez que o excesso de consumo provoca aumento de custos no processo de tratamento do efluente. Com o consumo exagerado de água, a vazão efluente para a ETE (estação de tratamento de esgoto) será maior e, em consequência, as unidades de tratamento também serão maiores. Ocorrerá aumento no consumo de energia, de produtos químicos, será exigida maior quantidade de mão de obra para operações de tratamento e disposição do efluente. A redução no consumo de água pela indústria pode ser obtida de várias formas, desde nos processos de lavagem de equipamentos e até mesmo nos processos produtivos. Sistemas que utilizam águas provindas de outros setores, como é o caso de águas de refrigeração e condensação, podem ser utilizados como forma de manter a recirculação da água da indústria.

Em alguns casos, os processos industriais podem gerar resíduos sólidos (que serão abordados no Capítulo 9) e efluentes líquidos. Estes efluentes, após serem tratados em uma ETE ou na indústria, podem ser reutilizados pela própria indústria, ou em outro setor, ou lançados em cursos d'água, dependendo da qualidade do efluente tratado. Os efluentes lançados nos rios podem novamente ser captados por uma ETA (estação de tratamento de água), ser tratados e entrar novamente no ciclo industrial.

Na Figura 1.1. ilustra-se o processo de uso da água, geração de efluentes na indústria, tratamento e possíveis formas de destinação dos resíduos (efluentes líquidos e resíduos sólidos).

PARÂMETROS SANITÁRIOS

Os parâmetros sanitários indicam o melhor dimensionamento das estruturas para tratamento e controle da poluição dos efluentes.

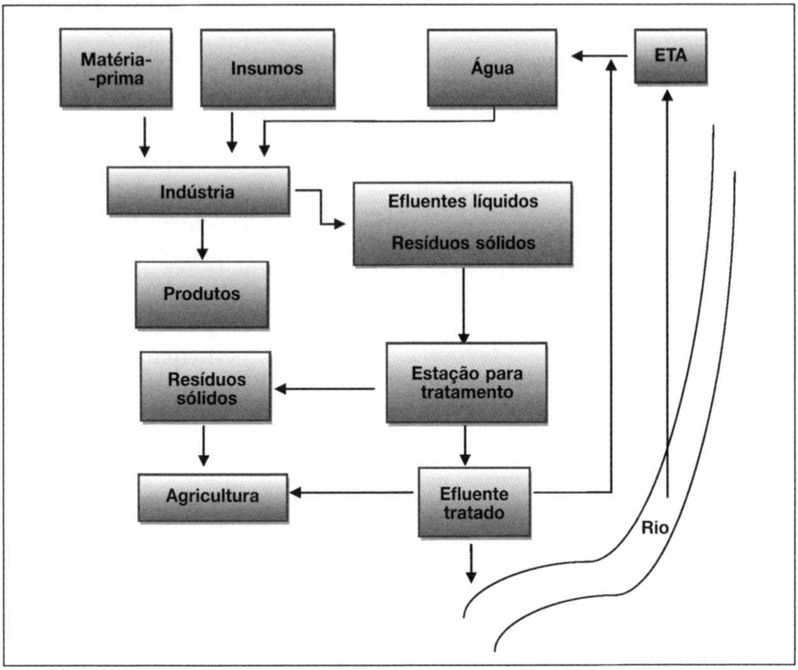

Figura 1.1. Uso da água, geração de efluentes na indústria, tratamento e destinação dos resíduos sólidos e líquidos.

COMPOSIÇÃO DOS EFLUENTES INDUSTRIAIS E POSSÍVEIS IMPACTOS AMBIENTAIS

Além do uso da água em processo industrial, ela também é necessária para fins sanitários. Os esgotos gerados na maioria das vezes são tratados pela indústria, separados em tratamentos específicos ou tratados conjuntamente nas etapas biológicas dos tratamentos de efluentes industriais. As águas residuárias – neste caso, os esgotos sanitários – contêm excrementos humanos líquidos e sólidos, produtos diversos de limpeza, resíduos alimentícios, produtos desinfetantes e pesticidas. A partir dos excrementos humanos, principalmente, originam-se os micro-organismos presentes nos esgotos.

Os esgotos sanitários, conforme será visto no Capítulo 3, são compostos por material orgânico e inorgânico. Os principais constituintes orgânicos são: proteínas, açúcares, óleos e gorduras, micro-organismos, sais orgânicos e componentes dos produtos saneantes. Os principais constituintes inorgânicos são: sais formados por ânions (cloretos, sulfatos, nitratos, fosfatos) e cátions (sódio, cálcio, potássio, ferro e magnésio) (Von Sperling, 1996).

O lançamento *in natura* de efluentes líquidos industriais, agroindustriais ou domésticos no meio ambiente provoca diversos problemas, resultando em impactos negativos de cunho econômico, ambiental e social. Os potenciais impactos ambientais estão relacionados à presença de certas substâncias, micro-organismos e a alterações de algumas características da água quando um manancial recebe cargas de esgoto. Na Tabela 1.1. são relacionados os impactos e as principais consequências no meio ambiente, provocados por fatores relacionados ao esgoto.

O lançamento dos despejos industriais nos esgotos produz variação nas características físicas, químicas e biológicas dos efluentes. Esta variação ocorre dentro dos processos produtivos e em função dos diferentes

Tabela 1.1. Fatores impactantes do efluente e as consequências no meio ambiente.

Aspecto em foco	Consequências
Sólidos suspensos e dissolvidos	• Diminuição da vazão do rio e do volume de armazenamento (assoreamento) → inundações • Soterramento de animais e ovos de peixes. Aumento da turbidez da água → redução da transparência da água → diminuição da atividade fotossintética → redução do oxigênio dissolvido → impactos sobre a vida aquática
Nutrientes	• Eutrofização da água • Proliferação de algas e de vegetação aquática • Prejuízos para a recreação e a navegação
Presença de micro--organismos patogênicos	• Tansmissão de doenças ao homem
Mudanças no pH	• Efeitos sobre a fauna e a flora
Compostos tóxicos	• Danos à saúde humana • Danos à vida aquática
Corantes	• Danos à vida aquática • Prejuízos ao uso
Substâncias tensoativas	• Danos à fauna • Geração de espumas
Substâncias radioativas	• Danos à saúde humana e animal

Fonte: Adaptado de Mota (1997).

processos. Na Tabela 1.2. são apresentadas, para diferentes efluentes líquidos, originados de diversas atividades econômicas, as concentrações dos seguintes poluentes: demanda bioquímica de oxigênio (DBO), sólidos suspensos (SS), demanda química de oxigênio (DQO) e graxas.

Tabela 1.2. Concentração de poluentes do esgoto bruto de algumas atividades econômicas.

Atividade	DBO ($mg \cdot L^{-1}$)	SS ($mg \cdot L^{-1}$)	DQO ($mg \cdot L^{-1}$)	Graxas ($mg \cdot L^{-1}$)
Abatedouro de bovinos	1.300	960	2.500	460
Sorvete	0910	260	1.830	–
Queijo	3.160	970	5.600	–
Laminação de metais	0008	027	0036	–
Farinha	0330	330	0570	–
Laticínios	1.400	310	3.290	–
Lavanderia industrial	0770	450	2.400	520
Industria farmacêutica	0270	150	0390	160
Abatedouro de aves	0200	310	0450	–
Refeições	0270	060	0420	–
Refrigerantes	0480	480	1.000	–

Fonte: Adaptado de Mendonça (1990).

CARACTERIZAÇÃO DOS EFLUENTES INDUSTRIAIS

Os efluentes industriais apresentam diversas características, que os definem tanto para reúso quanto para lançamento em corpos hídricos. Dessa forma, após a utilização das águas pelas indústrias, os diversos resíduos e/ou energias são incorporados, alterando suas características físicas, químicas e sensoriais e gerando os efluentes líquidos. Para a avaliação da carga poluidora dos efluentes industriais, são necessárias medições de vazão *in loco* e a coleta de amostras para análise de diversos parâmetros sanitários que representam a carga orgânica e a carga tóxica dos efluentes. Os parâmetros utilizados são conjugados de forma que melhor descrevam as características de cada efluente.

As características dos efluentes industriais são inerentes à composição das matérias-primas utilizadas, das águas de abastecimento e do processo industrial. Sua determinação constitui o primeiro passo para o estudo preliminar em projetos de tratamento de efluentes industriais, a partir do qual é possível estabelecer o potencial poluidor deles. A variação da concentração dos poluentes em efluentes industriais é grande, mesmo dentro da própria atividade, e isto ocorre em função da diversidade de matérias-primas e dos próprios processos industriais.

Os principais indicadores da poluição encontrados em efluentes industriais são: matéria orgânica, demanda bioquímica de oxigênio, demanda química de oxigênio, sólidos totais, sólidos em suspensão, cor e odor, pH, temperatura, compostos tóxicos, nutrientes.

Matéria orgânica

A matéria orgânica é um composto considerado o principal poluente dos corpos d'água, pelo fato de que os micro-organismos utilizam-na nas suas atividades metabólicas, ocasionando o consumo de oxigênio dissolvido. Sua composição é constituída principalmente por elementos como C, H, O e, dependendo da origem, podem ser encontrados outros, como N, P, S e Fe. Os principais compostos orgânicos presentes em efluentes urbanos e industriais são proteínas, carboidratos, lipídios, fenóis, ureia, surfactantes, pesticidas e outros.

O nitrogênio e o fósforo são nutrientes essenciais para o crescimento dos micro-organismos que degradam a matéria orgânica. Normalmente, encontram-se em elevada concentração em efluentes urbanos. Proteínas são encontradas em grande concentração nos alimentos crus e nas carnes magras, e em pequenas concentrações em frutas que contêm muita água. Os açúcares, amidos e celulose são os carboidratos mais encontrados em águas residuárias. Os açúcares são solúveis, o amido e a celulose são insolúveis. A celulose é mais resistente à degradação microbiana e é empregada na fabricação de papel, fios de algodão, películas fotográficas. Os lipídios (gorduras, óleos e graxas) são insolúveis em água e solúveis em solventes orgânicos (hexano, clorofórmio, benzeno); são encontrados em carnes, cereais e algumas frutas; não são facilmente degradados pelos micro-organismos. A concentração de matéria orgânica é expressa a partir da análise de DBO e DQO.

Demanda bioquímica de oxigênio

Nas águas residuárias provenientes de esgoto, os micro-organismos heterotróficos alimentam-se de materiais orgânicos biodegradáveis, transformando-os em produtos finais estáveis ou mineralizados, tais como água, gás carbônico, sulfatos, fosfatos, amônia, nitratos, etc. Nesse processo, há consumo de oxigênio da água e liberação da energia contida nas ligações químicas das moléculas decompostas. Os micro-organismos desempenham esse importante papel no tratamento de efluentes, pois necessitam dessa energia liberada, além de outros nutrientes que porventura não estejam presentes em quantidades suficientes nos despejos, para exercer suas funções celulares, tais como reprodução e locomoção, o que genericamente se denomina síntese celular.

A poluição orgânica em um curso d'água tem como principal efeito o decréscimo de oxigênio nele dissolvido, e neste caso ela é analisada pela demanda bioquímica de oxigênio. A DBO expressa a quantidade de oxigênio necessária para oxidar bioquimicamente a matéria orgânica biodegradável até sua estabilização (morte dos micro-organismos). Este é um dos parâmetros mais importantes na medição da quantidade de material orgânico para efeito de dimensionamento de reatores biológicos e controle da poluição das águas. É entendido como sendo uma medida indireta da quantidade de carbono biodegradável contida no efluente

A estabilização completa demora, em termos práticos, cerca de vinte dias ou mais, dependendo da concentração no efluente. Convencionou-se proceder à análise no quinto dia (DBO_5). Esse consumo do quinto dia pode ser relacionado com o consumo total final (DBO_u). O teste é realizado a uma temperatura de 20°C, já que temperaturas diferentes interferem no metabolismo bacteriano, alterando os resultados, podendo ser entendido da seguinte forma:

- No dia da coleta é determinada a concentração do oxigênio dissolvido (OD) da amostra.
- Cinco dias depois, com a amostra mantida em um frasco fechado e incubada a 20°C, determina-se a nova concentração, já reduzida, devido ao consumo de oxigênio durante o período.
- A diferença entre o teor de OD no dia zero e no dia 5 representa o oxigênio consumido para a oxidação da matéria orgânica, sendo, portanto, a DBO_5.

A realização do teste de DBO é muito importante nas decisões sobre o tratamento dos efluentes, possibilitando as seguintes informações:

- indicação aproximada da fração biodegradável do esgoto;
- taxa de degradação do despejo;
- taxa de consumo de oxigênio em função do tempo;

- determinação aproximada da quantidade de oxigênio requerido para a estabilização da matéria orgânica presente.

O teste também apresenta algumas limitações, podendo ser citadas:

- podem-se encontrar valores baixos de DBO_5 caso os micro-organismos não estejam adaptados ao despejo;
- metais pesados e outras substâncias tóxicas podem matar ou inibir os micro-organismos;
- necessidade de inibição dos organismos responsáveis pela oxidação da amônia, para evitar que o consumo de oxigênio para nitrificação (demanda nitrogenada) interfira na demanda carbonácea;
- a relação DBO_u/DBO_5 varia em função do despejo;
- a relação DBO_u/DBO_5 varia, para um mesmo despejo, ao longo da linha do tratamento da ETE;
- o teste demora cinco dias, não sendo útil para o controle operacional de uma ETE.

Apesar das limitações, o teste de DBO é amplamente empregado. Uma alternativa a ele é o uso da DQO, podendo ser utilizados em conjunto.

Demanda química de oxigênio

Representa a quantidade de oxigênio necessária para oxidar quimicamente a matéria orgânica. No teste de DQO, além da matéria orgânica biodegradável, também é oxidada a não biodegradável e outros compostos inorgânicos, como os sulfetos. Esse teste também é usado na quantificação de matéria orgânica, principalmente quando há a presença de substâncias tóxicas.

A demanda química de oxigênio consiste em uma técnica utilizada para a avaliação do potencial de matéria redutora de uma amostra, através de um processo de oxidação química em que se emprega o dicromato de potássio ($K_2Cr_2O_7$). Neste processo, o carbono orgânico de um carboidrato, por exemplo, é convertido em gás carbônico e água. Sabe-se que o poder de oxidação do dicromato de potássio é maior do que o que resulta mediante a ação de micro-organismos. Como na DBO mede-se apenas a fração biodegradável, quanto mais esse valor se aproximar da DQO, mais facilmente biodegradável será o efluente. Entretanto, os valores de DQO costumam ser maiores do que os observados pelo teste de DBO. A relação DQO/DBO é importante no estudo de possíveis tipos de tratamento, haja vista que é essencial conhecer o grau de biodegradabilidade das águas residuárias. Portanto, podem-se eliminar os testes de DBO caso se chegue à conclusão de que há uma relação praticamente constante.

As principais vantagens desse teste são:

- Curto tempo de realização da análise (duas a três horas).
- O resultado do teste fornece uma indicação do oxigênio requerido para estabilização da matéria orgânica.
- O teste não é afetado pela nitrificação, dando uma indicação da oxidação apenas da matéria carbonácea, e não da nitrogenada.

As principais limitações são:

- O teste superestima o oxigênio a ser consumido no tratamento biológico, uma vez que são oxidadas tanto a fração biodegradável quanto a fração inerte do despejo.
- O teste não fornece informações sobre a taxa de consumo da matéria orgânica ao longo do tempo.
- Certos constituintes inorgânicos podem ser oxidados e interferir no resultado.

Para esgotos urbanos brutos, a relação DQO/DBO varia em torno de 1,7 a 2,4. Para efluentes industriais, a relação é bastante variável. A relação DQO/DBO varia também à medida que o esgoto passa pelas diversas etapas do tratamento. A tendência é a relação aumentar à medida que a fração biodegradável vai sendo reduzida, ao passo que a fração inerte permanece inalterada (tratamento biológico).

No Quadro 1.1. são apresentadas algumas conclusões sobre as relações DQO/DBO.

Quadro 1.1. Análise das relações DQO/DBO.

Relação DQO/DBO alta	Relação DQO/DBO baixa
A fração não biodegradável é alta	A fração biodegradável é alta
Se a fração não biodegradável não for importante, possível indicação para tratamento biológico	
Se a fração não biodegradável for importante, possível indicação para tratamento físico-químico	Indicação para tratamento biológico

No Quadro 1.2. são apresentados os valores de DBO e DQO de alguns efluentes industriais.

Quadro 1.2. DBO e DQO de alguns efluentes industriais.

Fonte	Poluente	DBO (mg·L^{-1})	DQO (mg·L^{-1})
Açúcar	Carboidratos	850	1.150
Cervejaria	Carboidratos e proteínas	550	320
Lavanderias	Carboidratos, sabões e detergentes	1.600	2.700
Polpa de madeira	Carboidratos, lignina, sulfatos	25.000	76.000
Refinaria de petróleo	Fenóis, hidrocarbonetos, sulfetos, mercaptanas, cloretos	850	1.500
Curtume	Proteínas, sulfetos, álcalis	3.300	5.100
Esgoto doméstico	Sólidos, óleos, graxas, carboidratos e proteínas	300	300

Fonte: Adaptado de Tocchetto (2008).

O procedimento para determinação da DQO com o uso do espectrofotômetro pode ser descrito conforme se segue.

Equipamentos, vidrarias e materiais

- Digestor
- Espectrofotômetro
- Tubos de DQO (Hach)
- Micropipeta de volume fixo (2,0 mL)
- Balões volumétricos

Reagentes

- Solução de ácido sulfúrico + sulfato de prata (dispensador)
- Solução de dicromato de potássio + sulfato de mercúrio (dispensador)

Procedimento experimental

Adição das soluções e amostra aos tubos de DQO:

1. Adicione 1,5 mL da solução de digestão (dicromato de potássio + sulfato de mercúrio) ao tubo de DQO, com o auxílio do dispensador.

2. Em seguida, adicione 3,5 mL da solução de ácido sulfúrico + sulfato de prata ao tubo de DQO, também com o auxílio do dispensador.
3. Adicione 2,0 mL da amostra pura ao tubo de DQO, com o auxílio da micropipeta de volume fixo, quando a DQO esperada para ela for menor que 800 mg/L, se não promover a diluição necessária.
4. Prepare o branco adicionando 2,0 mL de água destilada ao tubo de DQO.
5. Feche perfeitamente cada tubo de DQO e agite-os bem para completa homogeneização do seu conteúdo.
6. Caso as amostras não possam ser digeridas imediatamente, guarde-as sob a proteção da luz.

Digestão das amostras:

1. Ligue previamente o digestor para que a temperatura desejada (150°C) seja atingida.
2. Atingida a temperatura de 150°C, introduza os tubos de DQO no digestor e ajuste o timer para operar por duas horas (120 minutos). Aguarde o período de digestão.
3. Findo o período de digestão, retire o timer da tomada, espere alguns minutos para que os tubos resfriem e em seguida guarde-os em local protegido da luz até a leitura no espectrofotômetro.

Leitura no espectrofotômetro:

1. Ligue o espectrofotômetro e verifique as instruções para o seu uso (muito importante).
2. Anote a curva analítica da DQO para leitura no espectrofotômetro usado (novo ou velho).
3. Proceda à leitura, em absorbância, com comprimento de onda de 620 nm, para todos os tubos, não esquecendo de zerar o equipamento com a amostra de água destilada digerida (branco).

Cálculos

$$\text{DQO}\ (\text{mg}\cdot\text{L}^{-1}) = a \,.\, x + b \qquad \textbf{(1.1)}$$

em que:

a – constante da curva analítica de DQO (coeficiente angular da reta de ajuste)

b – constante da curva analítica de DQO (coeficiente linear da reta de ajuste)

x – absorbância lida no espectrofotômetro, com comprimento de onda de 620 nm

Caso as amostras tenham sido diluídas, multiplicar o valor obtido na Equação 1.1. pelo inverso do fator de diluição.

Preservação da amostra

- Frasco: polietileno, vidro neutro ou borossilicato (pirex).
- Amostra: 200 mL.
- Preservação: H_2SO_4 até ph < 2 e refrigeração a 4°C.
- Prazo: 7 dias.
- Para efluentes contendo óleos vegetais e/ou gelatinas, não acidular, mantendo apenas a refrigeração a 4°C.

Sólidos totais

Sólidos totais são aqueles que permanecem como resíduo da evaporação de uma amostra à temperatura de 105°C (inclui os sólidos dissolvidos e os sólidos suspensos). Podem ser classificados quanto a:

- tamanho e estado: sólidos em suspensão, sólidos dissolvidos;
- características químicas: sólidos voláteis, sólidos fixos;
- decantabilidade: sólidos sedimentáveis, sólidos flutuantes.

Analiticamente, são consideradas como sólidos dissolvidos as substâncias ou partículas com diâmetros inferiores a 1,2 µm, e como sólidos em suspensão as que possuem diâmetros superiores.

O teor de sólidos dissolvidos representa a quantidade de substâncias dissolvidas que alteram as propriedades físicas e químicas da água. O excesso de sólidos nela dissolvidos pode causar alterações no sabor e problemas de corrosão.

Os sólidos em suspensão provocam a turbidez da água, gerando problemas estéticos e prejudicando a atividade fotossintética. Podem ser classificados quanto a suas características químicas: com T = 550°C, a fração orgânica é oxidada (sólidos voláteis), enquanto a inorgânica é representada pelos sólidos fixos.

Os sólidos fixos são de composição inorgânica, enquanto os voláteis são de composição orgânica.

Os sólidos sedimentáveis e os flutuantes são aqueles que se separam da fase líquida por diferença de densidade.

pH

O potencial hidrogeniônico (pH) indica o caráter ácido ou básico dos efluentes. Nos tratamentos de efluentes, o pH é parâmetro fundamental para o controle do processo. A eficiência da precipitação química, assim como da coagulação-floculação, depende do pH do efluente a ser tratado e do ponto ótimo para ocorrência das reações.

Temperatura

A temperatura da água residuária pode ser decorrente do processo industrial ou das condições climáticas da região. Temperaturas altas diminuem a concentração de oxigênio dissolvido e interferem na velocidade de degradação, elevando a atividade dos micro-organismos, com acréscimo do consumo de oxigênio, no caso de tratamento biológico aeróbio. Nos sistemas anaeróbios, as temperaturas muito baixas (abaixo de 30°C) retardam o processo de digestão. Nos sistemas físico-químicos por coagulação-floculação, a temperatura influencia a formação de flocos, sendo as mais altas favoráveis (até certo limite) a reações mais rápidas.

Cor e odor

As características sensoriais dos efluentes – notadamente o odor e a cor aparente – são muito importantes, pois despertam a atenção tanto dos usuários quanto das autoridades.

O odor, nos efluentes industriais, pode provir da exalação de substâncias orgânicas ou inorgânicas devido a: reações de fermentação decorrentes da mistura com o esgoto (ácidos voláteis e gás sulfídrico); aromas (indústrias farmacêuticas, essências e fragrâncias); solventes (indústrias de tintas, refinarias de petróleo e polos petroquímicos); amônia do chorume.

A cor dos efluentes é outra característica confusamente controlada pela legislação (Giordano, 1999). O lançamento de efluentes coloridos atrai a atenção de quem observa um corpo hídrico. A cor no ambiente de lançamento é a cor aparente, composta de substâncias dissolvidas (corantes naturais ou artificiais) e coloidais (turbidez).

Compostos tóxicos

Nas águas residuárias industriais, compostos tóxicos, tais como cianetos e sulfetos, e metais pesados, como cromo, cobre, chumbo, níquel, cádmio, mercúrio, etc., são encontrados em altas concentrações (galvanoplastia, por exemplo). Em muitos casos, o tratamento biológico torna-se inviável, devido à toxicidade.

Metais pesados

Os metais pesados são elementos químicos com número atômico superior a 22, ainda que não pertençam às famílias dos metais alcalinos, alcalinoterrosos e de transição. Do ponto de vista da saúde pública, eles são definidos, de uma forma mais genérica, como elementos químicos nocivos, capazes de produzir afeitos adversos à saúde humana, como intoxicação pela ingestão de alimentos contaminados – um dos efeitos mais sérios.

As concentrações de cromo e outros metais pesados são indicativas de efluentes oriundos de atividades de mineração e industriais. Uma concentração elevada de metais pesados no meio aquático é nociva a ele. Uma vez detectado o tipo de metal, tem-se um indicativo da natureza da atividade que originou tal efluente, a exemplo do cromo, que pode estar associado a efluentes de curtumes.

No Quadro 1.2. são mostrados alguns efeitos nocivos causados no organismo humano por metais pesados.

Nutrientes

O nitrogênio e o fósforo estão presentes nos esgotos sanitários e nos efluentes industriais e são essenciais ao crescimento dos micro-organismos, causando problemas de eutrofização, devido à proliferação de plantas aquáticas (algas e cianobactérias) nos corpos receptores. A maioria dessas plantas acaba morrendo, porém, durante o processo de decomposição delas por micro-organismos, ocorre remoção de oxigênio, causando, em alguns casos, morte de peixes e outros animais. Além disso, algumas espécies de algas (cianotoxinas) produzem toxinas que contaminam as fontes de água potável.

Quadro 1.2. Efeitos nocivos causados por metais pesados e possíveis fontes.

Fonte	Elemento	Efeitos
Berílio	Indústria nuclear, mineração, carvão	Câncer, envenenamento agudo e crônico
Arsênio	Tintas, fungicidas, inseticidas, fabricação de vidros	Envenenamento crônico e agudo, carcinogênico
Selênio	Enxofre, petróleo, carvão	Cárie em animais
Cádmio	Lonas de freio, fumaça de cigarro, carvão	Hipertensão, doenças cardiovasculares e gastrointestinais
Cromo	Curtumes, cromo	Carcinogênico
Chumbo	Pigmentos, galvanoplastia	Convulsões, problemas cerebrais
Zinco	Galvanoplastia, mineração, carvão	Danos nos peixes, efeitos no pulmão
Alumínio	Solo	Problema do mal de Alzhimer, efeito tóxico às plantas
Cobre	Indústrias, canalizações, controle de algas	Tóxico às plantas, danos no fígado

Há diferentes processos para remoção de nitrogênio e fósforo:

- **Denitrificação** – requer condições anóxicas (ausência de oxigênio) para que as comunidades biológicas apropriadas se formem. A denitrificação é facilitada por grande número de bactérias. Métodos de filtragem em areia, lagoas de polimento, etc. podem reduzir a quantidade de nitrogênio. O sistema de lodo ativado, se bem projetado, também pode reduzir significativa parte do nitrogênio.
- **Remoção de fósforo** – pode ser feita por precipitação química, em geral com sais de ferro (por exemplo, cloreto férrico) ou alumínio (por exemplo, sulfato de alumínio). O lodo químico resultante é difícil de tratar e o uso dos produtos químicos torna-se caro. Apesar disso, a remoção química de fósforo requer equipamentos muito menores do que os usados para remoção biológica.

As principais fontes de nitrogênio são proteínas e ureia; as de fósforo são detergentes sintéticos e proteínas. Algumas indústrias que possuem características ideais para o tratamento biológico são: laticínios, matadouros, frigoríficos e indústrias alimentícias.

Nos esgotos sanitários, os nutrientes são provenientes dos próprios excrementos humanos, mas atualmente os produtos de limpeza domésticos e/ou industriais, tais como detergentes e amaciantes de roupas, são importantes fontes de nutrientes (Von Sperling, 1996, p. 31). Nos efluentes industriais, podem ser originados em proteínas, aminoácidos, ácidos fosfóricos e seus derivados.

Uma das principais preocupações com relação aos nutrientes é a eutrofização de corpos d'água (que será vista em detalhes no Capítulo 4), considerando que os efluentes, mesmo tratados, podem carrear concentrações desses nutrientes suficientes para fazer proliferar grande quantidade de algas.

Eutrofização

A eutrofização é o crescimento excessivo das plantas aquáticas, tanto planctônicas quanto aderidas, a níveis tais que sejam consideradas causadoras de interferências com os usos desejáveis do corpo d'água (Thomann & Mueller, 1987). Como será visto neste capítulo, o principal fator de estímulo é um nível excessivo de nutrientes no corpo d'água, principalmente nitrogênio e fósforo. O processo é mais frequente em lagos, lagoas e represas. As principais causas da eutrofização são: ocupação por matas e florestas (decomposição de material), agricultura (fertilizantes) e urbanização (assoreamento, drenagem pluvial e esgotos). Estas ações oferecem condições para o desenvolvimento de algas e, ainda, são fonte de N e P, como a agricultura e os esgotos.

Os principais efeitos da eutrofização são:

- Problemas estéticos – diminuição do emprego da água para recreação, balneabilidade e outros usos em geral, devido às frequentes florações das águas, crescimento excessivo da vegetação, distúrbios com mosquitos e insetos, maus odores e mortandade de peixes.
- Condições anaeróbias no fundo do corpo d'água – no fundo predominam as condições anaeróbias, em função da deposição de sólidos e da reduzida penetração de oxigênio, bem como da ausência de fotossíntese (falta de luz). Com a anaerobiose, predominam condições redutoras, com compostos e elementos no estado reduzido – o ferro e o manganês encontram-se na forma solúvel, trazendo problemas ao abastecimento; o fosfato também se encontra na forma solúvel, representando uma fonte interna de fósforo para as algas; e o gás sulfídrico causa problemas de toxicidade e mau cheiro.

- Mortandade de peixes – em função das condições de anaerobiose e do aumento da concentração de amônia – a toxicidade da amônia (NH_3) é maior que a forma NH_4^+.
- Problemas com o abastecimento de água industrial – elevação dos custos de tratamento e maior consumo de produtos químicos, devido a alterações de sabor, cor, odor; maior concentração das algas e maior frequência na limpeza dos filtros.
- Desaparecimento gradual do lago – em decorrência da eutrofização e do assoreamento, aumenta o acúmulo de matérias e de vegetação. O lago torna-se cada vez mais raso, até desaparecer. Esta tendência de desaparecimento de conversão de brejos ou áreas pantanosas é irreversível, porém em geral é lenta. A interferência do homem pode acelerar o processo.

DIAGNÓSTICOS DA POLUIÇÃO INDUSTRIAL

TÉCNICAS PARA REDUZIR CARGAS POLUIDORAS

A melhor maneira de controlar a poluição por efluentes industriais é aumentar a eficiência nos processos industriais, no que diz respeito ao uso da água e de produtos que contenham cargas poluidoras.

Em um primeiro momento, é importante analisar as perdas de água e matérias-primas existentes na indústria, de modo a tentar evitá-las ou minimizá-las. Neste caso, é importante observar as tubulações, os pisos, os processos de limpeza de tanques, pois estes são aspectos importantes na geração de cargas poluidoras.

Quando possível, a remoção dos resíduos na forma sólida ou semissólida possibilita reduzir a vazão efluente. Tal procedimento pode ser aplicado na limpeza de pisos, reatores, etc. Outras fontes que produzem aumento de carga poluidora são vazamentos em bombas ou tubulações e o descarte de materiais fora da especificação.

Nos casos de indústrias a serem implantadas, no projeto devem-se considerar os tanques e as tubulações, de forma a favorecer a limpeza e obter a melhor relação entre volume e superfície interna, para que, no caso de limpeza, ocorram as menores perdas possíveis, que podem ser ocasionadas por produtos aderidos à superfície das tubulações e tanques. Além disso, é importante otimizar o menor comprimento das tubulações, utilizando um número reduzido de conexões.

LEVANTAMENTO DE DADOS NA INDÚSTRIA

Com base nos processos industriais, é possível caracterizar a carga poluidora do efluente e definir um programa de amostragem. Para tanto, é necessário obter algumas informações importantes, como: matéria-prima utilizada, principalmente aquelas que podem ser carreadas com os efluentes; identificação dos pontos de lançamento dos efluentes e sua forma (contínuo ou intermitente); definição do sistema de medição de vazão. Além disso, é importante tomar conhecimento dos turnos de trabalho e operações de limpeza, manutenção e sazonalidade (produtos têxteis, industrialização de frutas, bebidas, etc.).

A caracterização dos efluentes deve ser realizada por parâmetros que sejam representativos da carga poluidora; sirvam para a determinação do processo de tratamento e dimensionamento da estação de tratamento; atendam ao programa de monitoramento estabelecido para o atendimento à legislação ambiental.

Serviços de determinação em campo e controle analítico de laboratório relativos a parâmetros sanitários e ambientais são realizados para caracterização físico-química das águas, dos esgotos sanitários, dos efluentes industriais e também dos resíduos sólidos industriais (que serão vistos no Capítulo 9).

Diversos parâmetros de controle analítico são necessários, em virtude dos diferentes tipos de poluentes lançados nos corpos receptores. Normalmente, são utilizados parâmetros de natureza física, química e biológica. Além deles, a medição de vazão é necessária para o controle da carga poluente lançada e o monitoramento da qualidade do efluente.

Amostragem de efluentes

Um programa de amostragem baseado nos dados industriais levantados é composto por: período de amostragem definido, método para quantificar as vazões afluentes e efluentes, coleta das amostras, análises laboratoriais, interpretação dos resultados e comparação com a legislação vigente.

▶ PERÍODO DE AMOSTRAGEM

Pode ser definido pela indústria, em função das características da unidade, ou pelo órgão ambiental de atribuição local. Alguns fatores podem influenciar na definição do período de amostragem, como:

- fatores climáticos;
- variabilidade da produção;
- sazonalidade da produção (indústrias têxteis, de cosméticos, de bebidas, etc.).

▶ Coleta de amostras em diferentes unidades

As amostras de efluentes podem ser classificadas em simples ou compostas, sempre considerando que alguns dados de medições diretas devem ser coletados no local. A amostra simples representa o que está ocorrendo naquele momento; se o manancial não varia muito, ela pode ser representativa. A amostra composta é formada por várias e pequenas alíquotas coletadas ao longo do tempo. A cada turno (8 horas, 24 horas), coletam-se alíquotas que formam as amostras compostas, que podem ser obtidos por:

- alíquotas variáveis, que são aquelas nas quais o volume varia de acordo com a vazão (neste caso, são amostras de alíquotas proporcionais à vazão); por este motivo, em medições de água e esgoto, deve haver um medidor de vazão, que pode ser um vertedor, perto do ponto de coleta da amostra;
- alíquotas preestabelecidas ou volume preestabelecido.

O tipo de coleta é determinado em função da matriz a ser analisada, podendo ser: águas subterrâneas (fontes ou poços), águas naturais superficiais (rios, represas, lagoas, lagos e mar), esgotos sanitários e efluentes industriais tratados ou não, resíduos industriais.

A seguir são apresentadas as matrizes mais comuns, de acordo com Giordano (2005).

Rios, represas, lagos, lagoas e mar

Coletam-se amostras para verificar o enquadramento do manancial em consequência do lançamento de efluentes industriais. No caso de rios, os pontos de amostragem devem estar situados à montante e à jusante do ponto de lançamento dos efluentes da indústria, conhecendo-se a zona necessária para a mistura.

Esgotos sanitários

Podem-se coletar as amostras que caracterizam o esgoto bruto e tratado ou em pontos do processo de tratamento. O objetivo pode ser o tratamento conjunto dos efluentes ou o monitoramento independente. Em alguns casos, há a possibilidade de interferência nos sistemas coletores de esgotos sanitários e industriais.

Águas de abastecimento, com origem na rede pública, em águas subterrâneas

Para análise das águas de abastecimento fornecidas por algum órgão de saneamento, coletam-se amostras na rede de distribuição, nos reservatórios de água e nos pontos de consumo. As amostras de poços freáticos ou artesianos devem ser coletadas nos pontos imediatamente após o bombeamento e as águas de fonte, no ponto de surgência. É importante o conhecimento das características físico-químicas, principalmente no que se refere às características inerentes à estabilidade (incrustação, corrosão), bem como o atendimento aos padrões de potabilidade.

Piezômetros

As amostras são coletadas conforme a norma brasileira, com o objetivo de monitorar os aterros sanitários, de resíduos industriais e áreas com solo contaminado. As técnicas de coleta são definidas a partir da matriz (águas, esgotos sanitários, efluente industrial e/ou resíduos), que por sua vez define os parâmetros representativos a serem analisados. Os parâmetros são definidos também pelos objetivos, ou seja, pela utilização dos resultados analíticos.

Efluentes industriais

As amostras dos efluentes brutos servem para quantificar a carga poluidora, verificar a sua variabilidade, definir o processo de tratamento, dimensionar os sistemas de tratamento e verificar a sua eficácia e eficiência.

Amostragem de efluentes industriais

As amostragens são realizadas em certos períodos (dias, horas e frequência), analisados em função dos custos, prazos e implementação técnica, de forma tal que sejam representativas. Por exemplo, se as operações industriais são diárias, em um prazo de três dias é possível obter amostras representativas; por outro lado, se são sazonais, a caracterização do efluente poderá estender-se por vários períodos de cada safra. Assim, tem-se:

Metodologia

Uma vez determinados os objetivos e a matriz a ser caracterizada, podem ser definidos os períodos de coleta, os materiais e os parâmetros a serem analisados. Sempre é bom lembrar que as amostras devem ser representativas e manter-se preservadas nas condições de coleta até as análises laboratoriais.

Materiais e equipamentos a utilizar

Os materiais são listados em função do tipo de coleta e da matriz a ser analisada. Dessa forma, tem-se como exemplos:

- materiais para a coleta em corpos hídricos (rios, lagoas, lagos e represas) – colete salva-vidas, boia, corda, cinto de segurança, botas, garrafa de coleta e barco;
- materiais de uso comum – frascos específicos para os parâmetros a coletar (etiquetados, contendo os preservativos químicos ou não), gelo ou geladeira para as amostras, termômetro, fichas de campo, caneta esferográfica, caneta para retroprojetor, relógio, GPS, capas de chuva, réguas, frascos com alça ou cabo, equipamentos de campo (pH, oxímetro, condutivímetro);
- materiais para a coleta em sistemas de tratamento de esgotos e efluentes industriais – vertedores e outras instalações de medição de vazão.

Local da coleta

Os locais são determinados primeiramente por mapa e marcados ponto a ponto, por exemplo: debaixo de uma ponte, a tantos metros acima de algum acidente geográfico fixo, amarrar o ponto (coordenadas geográficas com a utilização de GPS), de maneira que, se daqui a alguns anos for necessário, seja possível voltar exatamente ao mesmo local. O local de coleta deve obedecer aos critérios técnicos, sempre buscando o melhor, mas não deve oferecer risco de vida aos técnicos

Medição da vazão

Existem vários dispositivos para medição de pequenas a grandes vazões. Neste livro serão listados apenas alguns, não se entrando em detalhes sobre cada um:

- métodos volumétrico e gravimétrico, utilizados para pequenas vazões (até 10 Ls^{-1});
- método do vertedor, utilizado para medir pequenas e médias vazões (de 10 a 300 Ls^{-1});
- método do molinete e da curva chave, para grandes vazões no caso de rio;
- método das coordenadas;
- método por orifícios.

REFERÊNCIAS BIBLIOGRÁFICAS

CONSELHO NACIONAL DE MEIO AMBIENTE – CONAMA. **Resolução 357/2005.** Dispõe sobre a classificação dos corpos d'água e diretrizes ambientais para seus enquadramentos, bem como estabelece as condições e padrões de lançamento de efluentes, e dá outras providências. Conama, março de 2005.

GIORDANO, G. **Avaliação ambiental de um balneário e estudo de alternativa para controle da poluição utilizando o processo eletrolítico para o tratamento de esgotos.** Niterói, RJ, 1999. 137f. Dissertação (Mestrado em Ciência Ambiental) – Universidade Federal Fluminense.

GIORDANO, G. **Tratamento e controle de efluentes industriais.** Campo Grande, 2004. Disponível em: http://www.ufmt.br/esa/Modulo_II_ efluentes_industriais / apost_EI_2004_1ABES_Mato_Grosso_UFMT2.pdf. Acesso em: 17 abr. 2011.

INSTITUTO BRASILEIRO DE GEOGRAFIA E ESTATÍSTICA – IBGE. **Pesquisa nacional de saneamento básico.** Ministério do Planejamento e Gestão, 2008. 219p.

MENDONÇA, S. R.; CEBALOS, B. S. de O. **Lagoa de estabilização e aerada mecanicamente: novos conceitos.** João Pessoa, 1990. 388p.

MOTA, S. **Introdução à engenharia ambiental.** Rio de Janeiro: Abes, 1997.

THOMANN, R. V.; MUELLER, J. A. **Principles of Surface Water Quality Modeling and Control.** Harper Collins Publishers, 1987.

TOCCHETTO, M. R. L. **Efluentes líquidos.** Curso de Química Industrial. UFSM – RS, 2008. 117p.

VON SPERLING, M. **Tratamento e destinação de efluentes líquidos da agroindústria.** Brasília: Abeas; Viçosa: DEA/UFV, 1996. 92p. (Módulo 6.2).

2

Efluentes agroindustriais

Os processos agroindustriais, assim como aqueles que ocorrem nas indústrias, geram o produto, os resíduos sólidos e líquidos. Os resíduos sólidos têm tratamento e destinação diferentes dos líquidos e serão abordados no Capítulo 9.

Os resíduos agroindustriais são gerados no processamento de fibras, couro, alimentos, madeira, na produção de açúcar e álcool, etc. Sua produção é condicionada pela oferta da matéria-prima na agroindústria. Os efluentes líquidos originados dessa atividade têm provocado grandes problemas de poluição do solo, em águas subterrâneas e superficiais. As águas residuárias agroindustriais podem resultar do processamento de alimentos, fibras, madeira, da produção de álcool e açúcar, do processamento de animais em abatedouros, laticínios, do beneficiamento de produtos como café, laranja, etc. Seu lançamento em corpos hídricos, sem o devido tratamento, pode modificar de modo significativo suas condições ecológicas, inclusive reduzir a concentração de oxigênio dissolvido no meio.

Os efluentes agroindustriais são indicados para tratamento biológico. Possuem elevada concentração de material orgânico biodegradável, dependendo dos processos e tipos de produtos gerados na agroindústria. Enquanto as águas residuárias provenientes de processos industriais contêm, em geral, maior percentual de sólidos suspensos e dissolvidos inorgânicos, as águas residuárias de atividades agropecuárias, agroindustriais e domésticas podem conter partículas de solo, fertilizantes, pesticidas, patógenos e, comumente, grande carga orgânica. Esta carga confere a esse tipo de efluente características adequadas para tratamentos biológicos, conforme será visto adiante.

Águas residuárias do processamento de produtos animais, como aquelas geradas em laticínios, matadouros e curtumes, são muito poluidoras. Podem conter gordura, sólidos orgânicos e inorgânicos, além de substâncias químicas que podem ser adicionadas durante as operações de processamento. Já as águas residuárias geradas no processamento de produtos de origem vegetal podem conter, além de elevado conteúdo de material orgânico, outros poluentes, como solo, restos de vegetais e pesticidas.

A remoção dos poluentes contidos nas águas residuárias provenientes de atividades agroindustriais, de forma a adequar suas características para serem lançadas no meio ambiente, de acordo com a legislação vigente, é obtida por meio de sistemas de tratamento apropriados a cada efluente, de acordo com a composição da carga poluidora de cada um.

CARACTERIZAÇÃO DOS RESÍDUOS AGROINDUSTRIAIS

Os resíduos gerados na agroindústria podem ser sólidos ou líquidos. O conhecimento de suas características físicas, químicas e biológicas é de grande importância para a concepção e o dimensionamento dos sistemas de tratamento a utilizar. Neste capítulo serão abordados os resíduos líquidos obtidos a partir dos processos agroindustriais.

EFLUENTES LÍQUIDOS AGROINDUSTRIAIS

O aumento de DBO nos corpos hídricos provoca diversos problemas ambientais, como: redução do oxigênio dissolvido no meio; alteração da temperatura; aumento da concentração de sólidos suspensos (SS) e sólidos dissolvidos totais (SDT) na água; eutrofização dos corpos hídricos; e proliferação de doenças veiculadas pela água. O principal responsável por tais problemas é o lançamento inadequado dos efluentes, provenientes também das agroindústrias, em diversos ramos de atividades, como: criatório de animais, agroindústrias para processamento de produtos, usinas sucroalcooleiras, laticínios, matadouros, curtumes, indústrias de processamento de frutas e hortaliças, indústrias de processamento de carne, dentre outras.

Criatórios de animais

Os locais onde se criam animais são uma fonte de produção de resíduos líquidos e sólidos. Neste caso, podem ser considerados os criatórios de bovinos, suínos, caprinos, etc. No caso dos animais criados em confinamento, os resíduos concentrados no local podem exceder a capacidade de absorção do ecossistema, portanto, devem ter destinação e tratamento corretos, para evitar a contaminação do solo e da água, e ser manejados de acordo com a legislação específica, uma vez que o lançamento de grande quantidade de dejetos em rios e lagos pode provocar sérios desequilíbrios ecológicos e poluição, em função da redução do teor de oxigênio dissolvido na água, alta demanda bioquímica de oxigênio e carga orgânica inerente, disseminação de patógenos e contaminação das águas por nitrato, amônia e outros poluentes. Os principais riscos relacionados ao manejo na forma líquida de resíduos de criatórios de animais estão associados a odores devidos a patógenos e NH_3, emissão de CH_4 e N_2O, lixiviação de elementos químicos, carreamento de elementos tóxicos e matéria orgânica.

Para efeito comparativo, normalmente o esgoto doméstico apresenta DBO em torno de 200 $mg \cdot L^{-1}$, enquanto o dejeto de suíno apresenta poder poluente muito maior, uma vez que a DBO contida nele oscila entre 30.000 e 50.000 $mg \cdot L^{-1}$ (Oliveira, 1993). Entende-se por dejeto de criatório de animais o efluente constituído por fezes, resíduos de ração, água proveniente de bebedouros e higienização, pelos, materiais adversos, como poeira, que possam entrar no sistema de criação dos animais. Os dejetos podem sofrer variação em sua composição, dependendo da forma como é efetuado o manejo dos resíduos, da quantidade de água e da concentração de nutrientes neles contidos.

Produção e composição dos efluentes

Podem-se realizar os sistemas de manejo utilizando os resíduos na fase sólida (esterco) ou líquida (liquame). Nos casos em que se opte pelo manejo de resíduos produzidos na forma líquida (liquame, com concentração de sólidos totais de 80 a 150 $g \cdot L^{-1}$, ou água residuária, com concentração de sólidos totais menor que 80 $g \cdot L^{-1}$), as quantidades produzidas e as características do resíduo serão alteradas pela diluição proporcionada pela adição de água (Matos, 2005).

A vazão de efluentes gerados nos criatórios de animais é função do número de animais confinados, da quantidade de água utilizada na higienização e do transporte hidráulico dos dejetos, do volume de água desperdiçada nos bebedouros; no caso de não haver sistemas de captação de águas pluviais, estas também farão parte do volume produzido. Além disso, as quantidades produzidas variam de acordo com o período do ano, o dia da semana e o horário do dia.

Em suinoculturas, nas quais o dejeto é transportado por meio hidráulico, geram-se, em média, entre 8 e 25 litros de água residuária por animal por dia. A produção diária de água residuária na bovinocultura confinada está em torno de 46 $g \cdot kg^{-1}$ da massa viva do animal. Ovinos geram, por dia, o equivalente a 36 $g \cdot kg^{-1}$ de sua massa viva como água residuária (Matos, 2005).

A composição dos dejetos de suínos varia em função do tipo de alimento e da idade dos animais. As fases de crescimento e terminação são aquelas que apresentam maior quantidade de resíduos líquidos.

Na Tabela 2.1. são apresentadas as variações nas quantidades de dejetos líquidos de suínos, produzidos em função das diferentes fases de criação.

Tabela 2.1. Produção média diária de dejetos líquidos de suínos nas diversas fases produtivas.

Fase produtiva dos animais	Esterco ($kg \cdot dia^{-1}$)	Esterco + urina ($kg \cdot dia^{-1}$)	Dejeto líquido ($L \cdot dia^{-1}$)	Produção ($m^3 \cdot animal^{-1} \cdot mês^{-1}$)
Suínos de 25 a 100 kg	2,30	4,90	7,00	0,25
Porcas de gestação	3,60	11,00	16,00	0,48
Porcas em lactação + leitões	6,40	18,00	27,00	0,91
Cachaço	3,00	6,00	9,00	0,28
Leitões na creche	0,35	0,95	1,94	0,05
Média	2,35	5,80	8,60	0,27

Fonte: Adaptado de Oliveira (1993).

As características físicas e químicas dos efluentes líquidos produzidos em criatórios de animais são muito variáveis, uma vez que a concentração de sólidos totais depende da taxa de diluição dos dejetos obtida pela água usada na higienização das baias, das perdas em bebedouros e da existência ou não de sistema isolado para captação e condução das águas pluviais. Uma composição básica das características físicas e químicas do liquame produzido em unidades de crescimento e terminação de suínos manejados em fossa de retenção é apresentada na Tabela 2.2. Na Tabela 2.3. apresentam-se as composições químicas dos efluentes de suínos para os valores máximo, médio e mínimo, conforme a Embrapa (1998).

Tabela 2.2. Características químicas e físicas dos dejetos de suínos em fase de crescimento e terminação.

Parâmetro	Valor médio
pH	6,94
Matéria seca ($g \cdot L^{-1}$)	89,90
Sólidos totais ($g \cdot L^{-1}$)	90,00
Sólidos voláteis ($g \cdot L^{-1}$)	750,50
Nitrogênio total ($g \cdot L^{-1}$)	6,00
Fósforo ($g \cdot L^{-1}$)	2,50
Potássio ($g \cdot L^{-1}$)	1,20
DBO ($g \cdot L^{-1}$)	52,27
DQO ($g \cdot L^{-1}$)	98,65

Fonte: Adaptado de Konzen (1993).

Tabela 2.3. Características químicas dos efluentes de suínos.

Parâmetros	Máximo ($g \cdot L^{-1}$)	Médio ($g \cdot L^{-1}$)	Mínimo ($g \cdot L^{-1}$)
DQO	38,45	25,54	11,53
Sólidos totais	49,43	22,40	12,70
Sólidos voláteis	39,03	16,39	8,43
Sólidos fixos	10,41	6,01	4,27
Sólidos sedimentáveis	0,85	0,43	0,22
Nitrogênio total	3,71	2,37	1,66
Fósforo total	1,18	0,58	0,32
Potássio total	1,14	0,54	0,26

Fonte: Embrapa (1998).

Na Tabela 2.4. são apresentadas algumas características físicas e químicas dos liquames e águas residuárias geradas por bovinos de corte, bovinos de leite, bezerros, frangos e cavalos.

Tabela 2.4. Características físicas e químicas dos liquames produzidos em criatórios de alguns animais.

Tipo de animal	ST (g·kg^{-1})	$N - NH_4^+$	N disponível	P total	K total	DBO (g·L^{-1})	SS (kg·un^{1})
		------------kg t^{-1} liquame------------					
Bovinos de corte	110	2,96	4,93	0,45	3,48	5,0-15,0	12
Vacas leiteiras	80	1,48	2,96	0,97	2,96	1,5-5,0	–
Bezerros	30	2,34	2,96	1,31	5,21	–	–
Frangos	130	7,88	9,86	1,92	9,82	–	–
Cavalos	90	–	0,45	0,12	0,22	5,0-10,0	12
Ovinos	–	–	–	–	–	2,0-3,0	15

Fonte: Matos (2005).

USO DE RESÍDUOS COMO ADUBO

As atividades agropecuárias que envolvem manejo de animais são responsáveis pela geração de grande quantidade de fezes, ricas em nutrientes. Estes resíduos, em alguns casos, são lançados no meio ambiente como uma forma de descarte, pois o produtor tenta se livrar deles. No entanto, sua utilização em áreas com solos pobres em matéria orgânica e nutrientes pode aumentar a produtividade das culturas e reduzir os problemas de impactos ambientais pela má disposição.

O manejo adequado de dejetos pecuários para disposição na agricultura na forma sólida (esterco) implicaria seu tratamento, armazenamento, transporte e distribuição nos campos, resultando em um custo equivalente para cada animal. Tal custo deve ser considerado como investimento, uma vez que a aplicação do esterco nas lavouras pode proporcionar aumento na produção e melhor qualidade do produto.

Na agricultura moderna, em que a produtividade é o alvo, existe a tendência de adotar a aplicação de fertilizantes formulados, com base em análises de solo. Já na agricultura orgânica, os dejetos animais são bastante utilizados, mas o estrume não pode ser proveniente de animais alimentados à base de rações, hormônios de crescimento, antibióticos e pesticidas em geral para que os alimentos sejam considerados orgânicos.

Em ambas as situações, o esterco pode ser utilizado para promover adubação do solo e nutrição das plantas, ou mesmo como complemento da adubação mineral, o que possibilita redução de custos com adubos químicos formulados, que em geral apresentam altos valores de aquisição. No entanto, a aplicação desses resíduos requer alguns cuidados no que se refere à sanidade e à quantidade a ser utilizada. Sempre deve ser evitado o uso excessivo, o que provocaria o carreamento de material sólido para as partes mais baixas do terreno e para os rios. As quantidades a aplicar dependem da composição química do solo e do esterco, com base em análise química dele e das necessidades da cultura implantada.

Antes da aplicação no solo, é necessário que o material orgânico presente nos estercos passe pelo processo de fermentação, que promove a redução de micro-organismos patogênicos e a toxicidade que esses resíduos podem causar às plantas. O uso de estercos frescos que se encontram em processo de estabilização é prejudicial às culturas, pois, ao esquentarem, podem inibir a germinação de sementes e o crescimento do sistema radicular, além de contaminar o operador, o solo e os vegetais. Por outro lado, o uso de esterco maduro, com o material orgânico estabilizado, pode ter efeito positivo no crescimento e desenvolvimento das plantas, uma vez que esse material contém nutrientes minerais, micro-organismos benéficos, substâncias húmicas, além de possibilitar melhoria nas características físicas do solo, como densidade global, retenção de água e aeração. A estabilidade ou maturidade é característica importante de qualidade para um adubo orgânico (Wu; Ma, 2001). Para reduzir os riscos envolvidos na reciclagem dos estercos de suínos, é prudente assegurar um tempo mínimo de fermentação e decomposição desses resíduos antes de usá-los como fertilizante.

Mecanismos seguros para acelerar a decomposição da matéria orgânica devem ser adotados para cada tipo de resíduo. Para o dejeto líquido, pode-se usar a agitação com motor e hélice, de modo a manter a matéria orgânica em movimento, o que permite o aumento da concentração de oxigênio e a multiplicação das bactérias decompositoras. No caso de estercos sólidos, a compostagem constitui um processo muito eficiente e seguro, desde que bem conduzida, levando-se em consideração o binômio tempo e temperatura para que esses resíduos passem por processos de fermentação e a inativação de possíveis contaminantes, além de sua caracterização quanto aos aspectos químicos, físicos e microbiológicos (Matos; Sediyama, 1995).

Os estercos de suínos, quando submetidos à fermentação aeróbia, perdem somente carbono, na forma de CO_2, e água, na forma de vapor (Sediyama et al., 2008), resultando em resíduo final de melhor qualidade para uso como adubo orgânico, em função do menor teor de umidade, da mineralização do nitrogênio e da solubilização parcial de alguns nutrientes. Desta forma, quando aplicados ao solo, esses estercos ou adubos orgânicos são eficientes em promover a nutrição das plantas e podem substituir em parte ou eliminar a necessidade do uso de adubos minerais na agricultura.

Na Tabela 2.5. apresenta-se a composição média e a relação de proporção NPK para alguns fertilizantes orgânicos provenientes de estrumes de animais, para o material seco. A Tabela 2.6. apresenta a composição típica de materiais orgânicos de origem animal sem secar.

Tabela 2.5. Composição média e relação de proporção de NPK para diversas fontes de fertilizantes orgânicos.

Fertilizantes orgânicos	% na matéria seca			Proporção NPK
	N	P	K	
Esterco de cavalo	0,7	0,4	0,3	2-1-1
Esterco de coelho	2,0	1,3	1,2	1,5-1-1
Esterco bovino de curral curtido	5,0	2,5	5,0	2-1-2
Esterco bovino seco	2,0	1,5	2,2	1,5-1-1,5
Esterco de ovelha	2,0	1,0	2,5	2-1-2
Esterco de cabra	3,0	2,0	3,0	1,5-1-1,5
Esterco de galinha	4,0	4,0	2,0	2-2-1

Fonte: Adaptado de Dadonas (1989).

Tabela 2.6. Composição típica de materiais orgânicos de origem animal, sem secar, utilizados como adubos orgânicos.

Origem do esterco	C/N	U*	C	N	P	K	Ca	Mg	S	Zn	Cu
		g·kg^{-1}								mg·kg^{-1}	
Bovino seco	20	620	100	5	2,6	6	2	1	1	33	6
Bovino curtido	21	340	320	15	12	21	20	6	2	217	25
Galinha	10	550	140	14	8	7	13	5	2	138	14
Porco	9	780	60	7	2	5	12	3	-	242	264

U* Umidade

Fonte: Adaptado de Raiji et al. (1996).

AGROINDÚSTRIAS

O desenvolvimento de atividades agroindustriais está associado a certa degradação do meio ambiente, uma vez que os processos de fabricação acarretam problemas de poluição. O grau de degradação promovido pelas emissões poluentes varia de acordo com o tipo de agroindústria, as matérias-primas usadas, os produtos fabricados ou as substâncias produzidas e os processos de fabricação implementados.

De um modo geral, conforme Fabi et al. (2007), as principais origens da poluição agroindustrial são:

- tecnologias utilizadas, muitas vezes envelhecidas e fortemente poluentes, sem tratamento adequado dos efluentes, com rara valorização de resíduos;
- inexistência de sistemas de tratamento adequado dos efluentes;
- localização das unidades em solos agrícolas, causando a sua contaminação e prejudicando as culturas;
- localização das unidades em zonas ecologicamente sensíveis, perturbando e prejudicando a fauna e a flora;
- realização das descargas de efluentes em águas subterrâneas ou superficiais, com risco de contaminação das águas de consumo;
- depósito indevido de resíduos, causando poluição do solo e do meio hídrico.

Os resíduos agroindustriais também apresentam grande variabilidade nas suas características físicas e químicas. A vazão é função principalmente das técnicas de processamento e da quantidade de matéria-prima processada. Estas razões justificam uma análise separada de cada tipo de produção agroindustrial.

LATICÍNIOS

A poluição das águas em corpos hídricos receptores provocada pelas indústrias de laticínios é significativa, sendo, portanto, necessário o tratamento prévio dos efluentes líquidos produzidos para posterior lançamento e disposição no meio ambiente. A introdução, por parte da indústria, de compostos poluentes na água, como: matéria orgânica (medida pela DBO e/ou DQO), gordura, fosfatos, nitratos, materiais sólidos, dentre outros, reforça a necessidade de tratamento dos efluentes, o que possibilita minimizar os efeitos de degradação do meio ambiente e da saúde animal, decorrentes da poluição dos efluentes.

Origem dos efluentes na indústria de laticínios

Conforme pode ser verificado em Machado et al. (2002), no processo de beneficiamento de leite, os efluentes líquidos podem ser gerados em diversas operações, como lavagem e limpeza, descartes e descargas de materiais, derramamentos e vazamentos, conforme se segue:

- descartes e descargas de materiais;
- descargas de misturas de sólidos de leite e água por ocasião do início e da interrupção do funcionamento de pasteurizadores, trocadores de calor, separadores e evaporadores;
- descarte de soro, leitelho e leite ácido nas tubulações de esgotamento de águas residuárias;
- descarte de finos oriundos da fabricação de queijos;
- descarga de produtos e materiais de embalagem perdidos nas operações de empacotamento, inclusive aqueles gerados em colapsos de equipamentos e na quebra de embalagens;
- produtos retornados à indústria;
- vazamentos e derramamentos de material;
- vazamentos de leite em tubulações e equipamentos correlatos devido à operação e à manutenção inadequadas dos equipamentos;
- transbordamento de tanques, equipamentos e utensílios diversos;
- negligência na execução de operações, o que pode provocar derramamentos de líquidos e de sólidos diversos em locais de fácil acesso às tubulações de esgotamento de águas residuárias;
- lavagem e limpeza;
- enxaguamento para remoção de resíduos de leite ou de seus componentes, assim como de outras impurezas, que ficam aderidos em latões de leite, tanques diversos (inclusive os tanques de caminhões de coleta de leite e silos de armazenamento de leite), tubulações de leite e mangueiras de soro, bombas, equipamentos e utensílios diversos utilizados diretamente na produção;
- lavagem de pisos e paredes;
- arraste de lubrificantes de equipamentos da linha de produção durante as operações de limpeza.

Outros tipos de despejos que podem aumentar o volume de efluentes e poluentes em uma indústria de laticínios são: óleos e combustíveis que porventura venham derramar; água e produtos químicos utilizados em sistemas de refrigeração; cinzas de caldeira; pó de carvão; águas originadas de lavagens de carros e caminhões, incluindo restos orgânicos, barro, areia e outros materiais que estejam aderidos à parede dos automóveis. No entanto, tais poluentes e efluentes não devem ser conduzidos junto às tubulações das águas residuárias, mas separadamente.

Natureza e composição dos efluentes de laticínios

As águas residuárias de laticínios abrangem os efluentes líquidos da indústria, esgotos sanitários e águas pluviais, caso não sejam captadas em separado.

Os esgotos sanitários e as águas pluviais são normalmente conduzidos por tubulações independentes. As águas pluviais jamais devem ser conduzidas junto aos demais efluentes. Nos trechos finais, as tubulações de esgoto sanitário e efluentes industriais normalmente convergem para uma mesma tubulação, pela qual os efluentes são conduzidos para a estação de tratamento de esgoto (ETE). Se esta estação não existe, esses efluentes são conduzidos para uma rede de esgoto municipal ou para corpos hídricos. Entretanto, tais procedimentos devem ocorrer de acordo com as normas legislativas vigentes para disposição de efluentes.

Nem todas as águas provenientes dos processos agroindustriais são consideradas efluentes líquidos. É o caso das águas de caldeiras e refrigeração, que são, em alguns casos, recirculadas, utilizadas para lavagem de pisos e outras atividades em que a qualidade da água seja compatível. Por outro lado, as águas provenientes dos processos de produção são aquelas com potencial poluidor do meio ambiente, em função de sua carga de resíduos poluentes, caracterizando os efluentes agroindustriais.

A composição dos efluentes de laticínio é bastante variável, podendo conter: leite e seus subprodutos; soro da manteiga (soro leitelho – líquido resultante da batedura do leite), coágulos, materiais sólidos e flutuantes originados de diversas fontes, como detergentes, desinfetantes, lubrificantes e esgoto doméstico; gorduras, carboidratos, proteínas e pedaços de frutas, no caso de produção de iogurtes, que são normalmente diluídos na água proveniente da lavagem de equipamentos, tubulações, equipamentos e instalações. A quantidade e a carga poluente dependem sobretudo da água utilizada, do tipo de processo realizado e do controle exercido (físico, químico e biológico) sobre as várias descargas de resíduos. Devido aos elevados valores nutritivos e às elevadas cargas orgânicas, o soro, o leitelho e o leite ácido não devem ser misturados aos demais efluentes da indústria. Devem ser captados, conduzidos em separado, de modo que possam ser aproveitados para fabricação de outros produtos ou diretamente como alimentação animal.

Vazão dos efluentes

A vazão e a qualidade do efluente gerado por agroindústrias dependem, entre outros fatores, dos processos de produção empregados; do porte e tipo da indústria; do volume de leite processado; das condições e do tipo de equipamentos utilizados; do volume usado em reaproveitamento; da adoção de práticas para redução da carga poluidora; do volume total de efluentes; do consumo de água nas operações, etc.

Na indústria de laticínios, a vazão dos efluentes líquidos varia ao longo do dia, dependendo principalmente das operações de processamento e/ou limpeza realizadas, das estações produtivas, das modificações introduzidas no perfil qualitativo e/ou quantitativo da produção, dos horários de produção, entre outros. Essa variação interfere no volume de armazenamento para tratamento, e os projetos devem sempre ser desenvolvidos para condições críticas.

A vazão dos efluentes líquidos das indústrias de laticínios está relacionada diretamente com o volume de água utilizado nos diversos processos. A vazão diária, medida em $m^3 \cdot dia^{-1}$, costuma ser avaliada por meio do coeficiente de volume de efluente líquido, expresso pelo volume de efluentes líquidos gerados pela indústria dividido pelo volume de leite que recebe. Recomenda-se o limite ideal para esse coeficiente entre 0,75 e 0,95. Muitos projetistas adotam valor igual a 1 (um), por medida de segurança, mas é importante analisar cada caso em particular. Por essa razão, é extremamente importante o conhecimento do volume de água consumido por uma indústria de laticínios, pois, de posse desse dado, é possível avaliar a correspondente vazão de efluentes líquidos por ela produzidos. Na Tabela 2.7. são apresentados alguns dados referentes à variação e à média das taxas de consumo de águas provindas de indústrias de laticínios em Minas Gerais.

Tabela 2.7. Variação e média das taxas de consumo de água das indústrias de laticínios em Minas Gerais.

Laticínio	Agrupamento (L de leite recebido)	Quantidade de laticínios	Ta (L de água/L^{-1} de leite recebido)	
			Variação	Média
Laticínios de cooperativas	10.001 a 20.000	3	0,9 a 2,0	1,5
	> 20.000	25	0,4 a 7,1	2,3
Laticínios independentes	Até 10.000	12	1,4 a 5,6	2,9
	10.001 a 20.000	9	0,3 a 6,7	3,0
	> 20.000	6	1,5 a 5,1	3,5

Ta – Taxa de consumo de água
Fonte: Minas Ambiente/Cetec (1998a).

Características dos efluentes de laticínios

Os poluentes inorgânicos, em especial nitrogênio e fósforo, são gerados em grande quantidade em processadoras de laticínios, uma vez que o leite possui em torno de 3% de proteínas e 1.000 mg·L^{-1} de fósforo. Embora essenciais como nutrientes para tratamentos biológicos, quando em excesso ocasionam extrapolações no efluente gerado, o que pode causar a eutrofização dos rios.

É grande a variedade de produtos obtidos em laticínios, sendo produzidos: leite pasteurizado, queijo em diversas modalidades, requeijão, sorvetes, manteiga, cremes, leite em pó, iogurtes, leite condensado, entre outros.

Os efluentes agroindustriais de indústrias de laticínio sempre apresentam DBO e sólidos suspensos com valores altos. Na Tabela 2.8., apresentam-se os valores de DBO, sólidos suspensos (SS) e pH obtidos para vários produtos na agroindústria de laticínios.

Tabela 2.8. Valores médios para DBO, sólidos suspensos e pH de efluentes de laticínios em função do produto obtido.

Produto	DBO (mg·L^{-1})	SS (mg·L^{-1})	pH
Queijo	1045	306	3,57
Manteiga	873	354	8,1
Leite condensado	1.291	–	7,8
Leite em pó	2.150	–	–
Secagem de soro	15	24	7,7
Leite	1.010	250	7,9

Fonte: Braile; Cavalcanti (1993).

Além de material orgânico, os efluentes de laticínios contêm produtos químicos diversos utilizados nos processos produtivos. No processo de limpeza de equipamentos ocorre carreamento de várias substâncias, destacando-se os fosfatos, os alcalinos, os ácidos, os complexantes e os tensoativos. O hidróxido de sódio e a soda cáustica destacam-se dentre os principais agentes alcalinos utilizados; já entre os agentes ácidos inorgânicos estão os ácidos nítrico, fosfórico e clorídrico. Os compostos à base de iodo, cloro, ácido peracético, amônia quaternária e peróxido de hidrogênio destacam-se dentre os sanitizantes químicos mais usados.

Estudos indicam baixa influência dos detergentes, lubrificantes e sanitizantes, quando se trata dos efeitos tóxicos nas águas residuárias de laticínios, uma vez que esses produtos normalmente se encontram em baixas concentrações. Entretanto, isso não quer dizer que não se deva controlar o uso de tais produtos em operações de limpeza ou manutenção, uma vez que para seu uso eficiente recomenda-se que contribuam para a redução de custos na produção e no tratamento dos efluentes. A seguir enumeram-se alguns dados importantes no que diz respeito à redução de efluentes (Machado et al., 2002):

- Agentes hidrófilos e surfactantes apresentam valores de DBO na faixa de 0,05 a 1,2 kg de DBO por quilo de produto.
- Os ácidos usados em detergentes aplicados em indústrias de laticínios possuem valores de DBO na faixa de 0,25 a 0,85 kg de DBO por kg de produto.
- Pelas suas características, detergentes e sanitizantes podem contribuir significativamente, dependendo das quantidades aplicadas, para os teores de DBO_5, de DQO recalcitrante e de fosfato em efluentes líquidos.

As águas residuárias do processamento do leite fresco são ricas em material orgânico dissolvido e muito pobres em material orgânico suspenso. A DBO do leite integral é de cerca de 100.000 $mg \cdot L^{-1}$, exigindo alta demanda de oxigênio para sua decomposição. Entretanto, seu valor nos efluentes dependerá do tipo de produto obtido e do processamento ao qual o leite foi submetido. Geralmente, a água residuária proveniente desse processo contém em média 4,2 $g \cdot L^{-1}$ de DBO. Em laticínios com processos produtivos de queijo, as águas residuárias geradas apresentam maior carga orgânica, em razão do soro produzido, que contém cerca de 40 $g \cdot L^{-1}$ de sólidos e altos valores de DBO: em geral se encontram de 30 a 60 $g \cdot L^{-1}$.

Apesar de os efluentes decorrentes de processos produtivos em laticínios apresentarem características similares, sua composição, a rigor, é influenciada por vários fatores. O primeiro é o tipo de processo desenvolvido, o qual será influenciado pelo volume de leite processado e, em consequência, de resíduos gerados. Outro fator importante é o tipo de prática adotada no processo produtivo, de forma a reduzir a carga poluidora e o volume final de efluentes. Isso pode ser conseguido com base na redução da quantidade de água utilizada nas operações de limpeza de equipamentos, refrigeração e aquecimento, dentre outras. Diante dos motivos apresentados, sugere-se que seja realizado monitoramento na própria indústria quanto à composição e ao volume dos efluentes gerados na agroindústria. No entanto, valores obtidos em experimentos podem ser correlacionados com processos similares, para se ter uma aproximação em fase de projeto.

Na Tabela 2.9. apresentam-se valores médios para as principais variáveis químicas, bioquímicas e físicas de efluentes originados em diversos processos desenvolvidos em laticínio.

Tabela 2.9. Características químicas, bioquímicas e físicas de efluentes gerados em diversos processos desenvolvidos em laticínio.

Parâmetro	Tipos de indústria						
	A	B		C	D	E	F
DBO_5 (mg·L^{-1})	1.033	487	1.319	3.420	290	875	761
DQO (mg·L^{-1})	1.397	873	1.740	4.430	2.010	1.365	1.370
SST (mg·L^{-1})	520	329	494	420	915	776	471
ST (mg·L^{-1})	–	–	993	3.300	–	1.870	1.406
Sólidos sedimentáveis (mg·L^{-1})	–	–	14	1	1,5	0,1	1,7
N total (mg·L^{-1})	–	26,5	43,2	86,2	56,7	25,5	11,3
P total (mg·L^{-1})	5,75	4,5	5,9	14,2	18,8	6,8	0,8
Óleos e graxas (mg·L^{-1})	562	–	253	575	–	100	–
Temperatura (°C)	–	–	29	31	29	38	28
Vazão (m^3·t^{-1} leite processado)	1,06	1,47	0,83	4,1	5,5	3,2	5,4
Leite processado (t)	18,5	29,4	48,4	226,2	59,7	80,0	63,4

A Posto de recepção e refrigeração do leite
B Leite pasteurizado e manteiga
C Leite pasteurizado e iogurte
D Leite esterilizado e iogurte
E Leite condensado
F Leite em pó
Fonte: Adaptado de Cetesb (1990).

A DBO é o parâmetro padrão usado para avaliar o potencial poluidor de efluentes líquidos em que predomina a matéria orgânica biodegradável, no caso em questão, indústrias de laticínios, sendo considerado fundamental para a definição do tratamento mais adequado para esse tipo de efluente. Em estudos relacionados a efluentes de indústrias de laticínios, a DBO normalmente é medida em termos de kg de DBO por m^3 (ou tonelada) de leite beneficiado, sendo esta expressão designada como "carga específica de DBO". Esse procedimento é vantajoso por fornecer a DBO relacionada com o volume de leite processado, não dependendo do volume de efluente líquido produzido. Este último é mais difícil de quantificar, uma vez que varia muito ao longo do processo produtivo. Na Tabela 2.10. são apresentados alguns valores de DBO para vários produtos de laticínios.

A caracterização físico-química do efluente da indústria de laticínios pode ser determinada pela relação DBO/DQO. Os efluentes líquidos brutos (não tratados) apresentam valores de DBO/DQO na faixa de 0,50 a 0,70. Quanto maior esse valor, maior a fração biodegradável dos efluentes e mais indicado é o tratamento por processo biológicos. Valores de DBO/DQO fora da faixa de 0,50 a 0,70 são indicadores de efluentes incomuns, como aqueles contaminados por amônia ou glicol oriundos das instalações de água fria, ou por outras substâncias tóxicas ao teste de DBO (Machado et al., 2002).

Geração de águas residuárias nos processos produtivos

Dentre as operações que geram águas residuárias no processamento do leite para consumo *in natura*, destacam-se: lavagem e desinfecção

Tabela 2.10. Valores citados na literatura para DBO de vários produtos de laticínios.

Produtos	Porcentagem de sólidos orgânicos	DBO (ppm) Faixa de variação	DBO_u* (mg/L)
Leite desnatado	8,2	40.000-73.000	82.000
Leite integral	11,7	84.350-125.000	117.000
Creme – 40%	44,9	399.000	449.000
Leite concentrado (2:1)	26,2	208.000	262.000
Sorvete	34,0	292.000	340.000
Manteiga batida	6,8	55.000-72.000	68.000
Soro (fresco)	6,0	25.000-120.000	60.000

* Assumindo oxidação de 100% da matéria orgânica (DBO_u = DBO total).
Fonte: Cavalcanti (1979).

de tanques, centrífugas, pasteurizador, homogeneizador, tubulações, latões, etc.; manuseio incorreto de embalagens contendo leite, possibilitando derramamento do produto; perda nas enchedeiras. Em média, produzem-se cerca de 3,25 litros de água residuária para cada litro de leite processado e 2 kg ou mais de DBO por cada 1.000 kg de leite processado (Matos, 2005).

Após o recebimento e/ou a estocagem, o leite é colocado em uma centrífuga, onde é feita a separação do creme de leite e do leite desnatado. O leite desnatado obtido por esse processo pode ser utilizado para a fabricação de iogurte, diversas variedades de queijos e leite condensado. O creme de leite, após separado, passa pelos processos de mistura, pasteurização e homogeneização. Estas são as fases críticas para a geração de águas residuárias decorrentes do processo de produção do creme de leite, cuja composição principal pode ser assim descrita: leite, materiais sólidos (substâncias graxas), desinfetantes, detergentes e lubrificantes. Na produção de leite condensado e em pó são obtidas águas residuárias com características semelhantes, mas com maior carga orgânica.

Na fabricação do queijo, o leite desnatado ou puro é submetido ao processo de coagulação com adição de determinadas enzimas. Em seguida, a massa é quebrada, separando-se uma parte sólida (coágulo) e outra líquida (soro). Esta última é o resíduo preocupante, pela significativa carga orgânica que contém. Para se ter uma ideia do potencial poluente, para cada litro de leite utilizado na fabricação de queijo são gerados entre 0,6 e 0,9 litros de soro. Além disso, são produzidos entre 3 e 4 litros de água residuária para cada litro de leite processado.

Na fabricação de iogurte, grande quantidade de água residuária com carga orgânica é produzida, em função de adições de polpas de frutas, essências, açúcar, leite em pó, etc.

Possíveis impactos produzidos pelo lançamento de efluentes agroindustriais

Os efluentes de agroindústrias apresentam grande carga de resíduos, que lhes conferem características poluentes causadoras de impactos no meio ambiente. Nos processos industriais que beneficiam o leite e seus subprodutos, isso certamente ocorre, principalmente com o soro, o leite ácido e o leitelho. Dentre os subprodutos citados, considera-se como mais importante o soro, por apresentar características que permitem a produção de derivados lácteos, pelo seu alto poder poluente e pelo grande volume produzido nas indústrias. Dessa forma, o reaproveitamento do soro torna-se uma alternativa que pode ser até mesmo lucrativa. Uma vez que o soro é rico em nutrientes, ele pode ser utilizado na alimentação de animais. Alguns produtores utilizam o soro (não unicamente ele) para alimentar, dentre outros animais, bezerros, vacas e porcos, o que evita seu lançamento e os impactos no meio ambiente.

Soro

Da fabricação do queijo e de outros produtos que utilizam o leite, obtém-se o soro como subproduto. Nesses produtos, a caseína é coagulada e, junto com a gordura, separada mecanicamente.

O soro é um líquido de coloração entre o verde e o amarelo, de sabor fresco e aspecto turvo, ligeiramente doce ou ácido, dependendo do método utilizado para coagulação do leite. O soro ácido é resultante da manufatura de caseína ou queijos feitos com leite coagulado, inicialmente de 0,5% a 0,6% em ácido lático (Ponsano; Pinto; Castro-Gomes, 1992), podendo ser proveniente da fabricação de queijos do tipo Ricota e Cottage.

No caso do queijo tipo Cottage, uma quantidade significativa de lactose do leite é convertida em ácido lático antes que o soro seja separado da massa. À medida que aumenta a acidez, ocorre solubilização do cálcio, devido à dissociação dos sais de cálcio no leite. Dessa forma, a fabricação de queijo tipo Cottage dá origem a um tipo de soro com acidez titulável mais elevada em relação ao soro doce; além disso, esse soro apresenta teor de lactose mais baixo, teor de cálcio mais alto e perfil de minerais diferente do soro doce.

O soro doce tem sua origem na coagulação enzimática do leite, com pH próximo de 6,7, sendo um subproduto da fabricação de queijos tipo Cheddar, Suíço, Mozzarela, Frescal e outros similares. Esse tipo de soro contém menos ácido lático, percentual de lactose mais elevado e menor teor de cálcio, em comparação com o soro ácido. A maior parte dos produtos de soro é derivada de soro doce.

As pesquisas revelam que aproximadamente 80% (75 a 85%) do leite utilizado na fabricação de queijo é transformado em soro. A composição do soro varia de acordo com a qualidade do leite trabalhado, bem como com o tipo de queijo processado e as perdas ocorridas nesse processo. O soro possui os mesmos componentes solúveis do leite, tais como: lactose, proteínas, sais, dentre outros, em igual proporção às do produto original (Minas Ambiente/Cetec, 1998b). Dessa forma, tem-se a importância justificada de um manejo adequado com reaproveitamento.

Na Tabela 2.11. apresenta-se a composição aproximada do soro de queijo e caseína.

Tabela 2.11. Composição aproximada do soro de queijo e caseína.

Constituinte	Soro de queijo	Soro de caseína
Sólidos totais (%)	6,4	6,5
Água (%)	93,6	93,5
Gordura (%)	0,05	0,04
Proteína verdadeira (%)	0,55	0,55
Nitrogênio não proteico (%)	0,18	0,18
Lactose (%)	4,8	4,9
Minerais (%)	0,5	0,8
Cálcio (%)	0,043	0,12
Fósforo (%)	0,04	0,065
Sódio (%)	0,05	0,050
Potássio (%)	0,16	0,16
Cloreto (%)	0,11	0,11
Ácido lático (%)	0,05	0,04

Fonte: Adaptado de Dairy (2003).

Dados estatísticos da FAO registrados no Brasil em 1985 mostram uma produção de aproximadamente 4.140.000 toneladas de soro de queijo por ano. Dessa forma, para efeito ilustrativo, considerando-se os dados da Tabela 2.12. adiante, deixa-se de reaproveitar de modo adequado cerca de 22.770 toneladas de proteína, 20.700 toneladas de minerais pelo soro de queijo, por ano, no Brasil, se lançado incorretamente no meio ambiente.

A disposição incorreta do soro pode causar sérios problemas, como: poluição das águas, tendo como consequência a mortandade da vida aquática; odores desagradáveis; comprometimento da estrutura físico-química do solo. Inviável também seria tratar esse tipo de efluente em estações de tratamento biológico, pois o custo de implantação e operação delas seria alto e pouco acessível para a grande maioria dos laticínios (Minas Ambiente/Cetec, 1998b).

A forma de uso do soro do leite depende da estrutura industrial e dos interesses do produtor. Deve ser utilizada aquela que seja mais econômica, financeira e ambientalmente viável. O manejo do soro pode ser realizado com diversas destinações, destacando-se as seguintes:

- o lançamento diretamente nos cursos d'água (manejo incorreto), que deve ser evitado, devido aos diversos problemas já mencionados;
- a utilização do soro como matéria-prima para a fabricação da ricota, sendo esta uma excelente alternativa;
- a utilização, doação ou venda desse subproduto para alimentação de suínos ou até mesmo de bois e bezerros. Algumas indústrias possuem reservatórios em que parte desse soro pode ser utilizada para fabricação de ricota, e outra, para alimentação de animais;
- o lançamento do soro a céu aberto não constitui uma boa alternativa, devido à proliferação de vetores e mau cheiro;
- a produção de bebida láctea é uma das melhores ou, em alguns casos, a melhor opção para o aproveitamento do soro. O consumo deste produto vem crescendo nos últimos tempos, e sua produção é realizada por grandes indústrias e cooperativas, que possuem maquinário sofisticado, utilizam mão de obra especializada e divulgam seus produtos nos grandes meios de comunicação.

A destinação mais adequada para o soro é, sem sombra de dúvida, a sua utilização como matéria-prima para a fabricação de bebidas lácteas e para a alimentação animal. Além disso, uma vez desidratado, o soro pode ser utilizado na panificação, para a produção de biscoitos e bolos, confeitaria, sorvetes, alimentação dietética e infantil, e na fabricação de cosméticos.

Dessa forma, pelo seu múltiplo uso, descartá-lo nos cursos d'água constitui uma prática a ser evitada, pelo lado social, pois ocorrem perdas enormes de um alimento altamente nutritivo; pelo lado econômico, por trazer retorno financeiro para o produtor quando vendido, utilizado em alimentação animal ou na produção de alimentos; e pelo lado ambiental, por ser altamente nocivo para a vida aquática.

Leitelho

O leitelho é originado da fabricação da manteiga. Normalmente, este subproduto é misturado ao soro antes de ser utilizado. Possui alto teor de fosfolipídios, o que o torna indicado como ótimo emulsificante. Sua composição, quando puro, é semelhante à do leite desnatado, mas costuma encontrar-se diluído, em razão da introdução de água durante o processo de fabricação da manteiga. Na Tabela 2.12. apresentam-se alguns elementos que compõem o leitelho.

Tabela 2.12. Composição média do leitelho.

Elemento	Conteúdo (%)
Água	91
Lactose	4,5
Proteínas	3,4
Lipídios	0,4

Fonte: Minas Ambiente/Cetec (1998b).

Assim como o soro de queijo, o leitelho apresenta características de um efluente altamente poluente, com elevada DBO, responsável pela redução do oxigênio disponível nos corpos d'água. O que difere de maneira significativa esses dois subprodutos é o volume produzido, maior para o soro de queijo.

O manejo do leitelho é semelhante ao que pode ser realizado com o soro de leite. Seu reaproveitamento pode ser feito na produção de requeijão (muito raro) ou na alimentação de animais, como suprimento de minerais e proteína.

Leite ácido

O leite ácido é proveniente do leite em estado de "contaminação", devido à falta de asseio no seu manuseio. Muitas vezes, isso ocorre em ordenha manual, na qual a higiene é precária, sendo incorporadas ao leite diversas impurezas que alteram sua qualidade. Além disso, a temperatura contribui para agravar esse problema. Caso o leite não seja resfriado até chegar à indústria de beneficiamento, podem desenvolver-se micro-organismos que se reproduzem e alteram a qualidade da matéria-prima. O leite ácido apresenta composição química semelhante à do leite em boas condiçoes. A diferença está na acidez do primeiro, uma vez que esta característica confere redução na concentração de lactose e de outros componentes, como lipídios, proteínas, vitaminas e sais, devido à sua utilização, como alimento, pelos micro-organismos presentes no leite.

No caso das cooperativas, uma vez constatado que o problema de acidez ocorre na ordenha, o leite normalmente é devolvido ao produtor. O uso deste leite pode ser variado: fabricação de requeijão, mussarela, queijo parmesão, manteiga (uso do creme) e ricota; alimentação de animais, principalmente porcos e bezerros.

Controle dos efluentes

A redução e o controle de efluentes líquidos, tanto em volume como em carga poluidora, constituem tarefas básicas e de grande importância nas indústrias de laticínios, uma vez que o leite e seus derivados possuem valor econômico e potencial poluidor significativos. Assim, seu descarte pela indústria conduz a dois problemas que merecem atenção: a perda de capital, devido ao que se deixa de ganhar pelo produto a mais que poderia ser comercializado; o custo que se terá a mais com o tratamento de maiores volumes de cargas poluidoras que são incorporadas aos efluentes líquidos. Este problema pode ser reduzido com investimentos em pesquisas e publicações sobre controle e redução de efluentes na indústria laticinista, além de maior conscientização dos pequenos e médios produtores sobre os benefícios que essa prática traz à produção e ao meio ambiente.

Duas ações básicas podem ser aplicadas para redução e controle dos efluentes. A primeira diz respeito aos problemas de engenharia dos processos, envolvendo técnicas aperfeiçoadas voltadas aos processos industriais, o que implica investimentos significativos. A segunda está relacionada ao gerenciamento dos processos, sendo de aplicação simples e imediata, com custos menores.

Na Tabela 2.13. apresentam-se algumas ações que podem ser adotadas para controle de efluentes na indústria de laticínios.

Tabela 2.13. Ações a serem adotadas para controle de efluentes líquidos na indústria de laticínios.

Item	Ação
Processo	• Estudo do processo produtivo, incluindo a realização de balanços, materiais para quantificar as perdas de produto e determinar os locais de sua ocorrência, de modo a identificar as mudanças cabíveis e as necessidades de manutenção dos equipamentos danificados. • Racionalizar o número de partidas e paradas requeridas em operações geradoras de efluentes, tais como separação, pasteurização e evaporação. • Otimizar a sequência de processamento, evitando limpezas desnecessárias entre intervalos de produção, de modo a minimizar as operações de lavagem, geradoras de volumes significativos de efluentes líquidos. • Elaborar e manter atualizado o cadastro de todas as tubulações de utilidades.

Continua...

... continuação

Item	Ação
Processo	• Minimizar os picos de volume e de concentração de efluentes líquidos, por meio do adequado escalonamento e execução das operações de limpeza. • Aprimorar o controle de qualidade dos produtos fabricados, que é uma medida importante para: (1) redução da quantidade de produtos devolvidos, os quais devem ser jogados fora ou dispostos de alguma maneira pela indústria; (2) redução das impurezas retidas em equipamentos como filtros e membranas, diminuindo assim os despejos associados à excessiva limpeza de tais equipamentos; (3) redução da frequência de fabricação de reduzidos volumes de produtos, possibilitando assim processamento mais eficiente e com menores descargas de efluentes líquidos por unidade de produto processado; (4) otimização do escalonamento da produção.
Equipamentos	• Instalação de dispositivos controladores de nível em unidades passíveis de transbordamento acidental, como tanques, cubas, equipamentos e utensílios diversos. • Instalação de recipientes para receber os líquidos oriundos da drenagem de tanques de armazenamento e da fabricação de queijo e outros produtos lácteos, desnatadeiras e outros equipamentos, como os coletores de respingo. Esse material pode ser vendido ou doado a produtores de ração ou a criadores de porcos ou ser aproveitado para a fabricação de produtos diversos. • Instalação de coletores de respingo em equipamentos como máquinas de enchimento, para evitar a queda de matéria-prima e produtos no piso. • Instalação de válvulas de fechamento automático em todas as mangueiras de água, impedindo o escoamento desnecessário.
Treinamentos	• Implantação de programas educacionais destinados ao pessoal que trabalha na produção, com a finalidade de desenvolver a conscientização sobre a importância do uso racional dos recursos naturais e da proteção do meio ambiente. • Treinamento do pessoal, voltado à correta operação e manutenção dos equipamentos e instalações diversas.
Rotinas operacionais	• Manter em boas condições de uso e de funcionamento os tanques, as cubas e tubulações, evitando perdas por vazamento. • Implantar uma rotina para a verificação permanente das válvulas das máquinas de enchimento, para não haver sobras de produtos nas operações de embalagem. • Operar os equipamentos com um nível de líquido suficientemente baixo, prevenindo perdas na ebulição. • Implantar uma rotina para verificação permanente das tubulações e dos acessórios do sistema CIP e de seus respectivos suportes. Essas tubulações devem ter fixação adequada, para evitar vazamentos. • Eliminar excessos de produção e o correspondente retorno de produtos devolvidos.

Fonte: Machado et al. (2002).

A operação imprópria de equipamentos na indústria pode contribuir para o aumento significativo dos efluentes, tendo efeito contrário ao esperado. Desta forma, algumas das ações mencionadas na Tabela 2.13. necessitarão de um investimento significativo, com algum grau de automação, exigindo operadores especializados e manutenção constante, de modo que seja aproveitado o seu máximo potencial de produção.

SETOR SUCROALCOOLEIRO

O setor sucroalcooleiro possui grande importância econômica, social e ambiental, capaz de contribuir para a redução do êxodo rural. Anualmente, são produzidas milhões de toneladas de cana no mundo. Desse total, uma quantidade insignificante é direcionada para a alimentação de animais, servindo como suprimento nutricional, e a maior parte é utilizada para a produção de álcool e açúcar. Nos processos industriais para a produção desses dois produtos, geram-se três tipos de resíduos: o bagaço, incluindo as pontas e folhas, a vinhaça e a torta de filtro.

Para o segmento sucroalcooleiro, o bagaço, as pontas e folhas são muito utilizados como fonte de energia. Alternativamente à cogeração dentro das próprias usinas e destilarias, o bagaço pode ter uso energético fora delas; como insumo para volumoso de ração animal; na fabricação de elementos estruturais; na hidrólise para a produção de álcool. Tecnologias de produção de etanol a partir da hidrólise do bagaço estão em desenvolvimento e poderão atingir estágio comercial em um futuro próximo. As pontas e folhas da cana-de-açúcar normalmente são deixadas no campo, podem representar até 30% da biomassa total e servir de material orgânico para o solo.

A vinhaça é um resíduo pastoso que apresenta cheiro desagradável, gerado após a destilação fracionada do caldo da cana-de-açúcar, na produção de etanol (álcool etílico). Para cada litro de álcool, normalmente são produzidos de 12 a 16 litros de vinhaça, que são deixados como resíduos. Dessa forma, percebe-se a importância da destinação correta desse efluente.

Quando disposta no rio ou incorretamente no solo, a vinhaça constitui séria fonte de poluição para o meio ambiente. Seu aproveitamento energético é possível através da biodigestão anaeróbia, com obtenção de biogás. Atualmente, o principal destino da vinhaça é a ferti-irrigação na lavoura de cana-de-açúcar e café, devido à sua riqueza em nutrientes, principalmente potássio.

A torta de filtro é um material orgânico sólido obtido da produção de açúcar, muito utilizada em adubação dos canaviais.

Gestão dos resíduos

A gestão de resíduos pode ser complexa e ao mesmo tempo desafiadora. Caso o resíduo industrial não seja bem manejado, pode se tornar um problema para o meio ambiente; por outro lado, se bem utilizado, pode ser uma oportunidade para a redução de custos na produção e de riscos ambientais. Além disso, uma adequada gestão dos resíduos pode representar melhoria da imagem da empresa e oportunidades de negócios.

No setor sucroalcooleiro, a integração das atividades desenvolvidas tem sido cautelosamente considerada para a correta gestão de resíduos. Assim, o que é resíduo em uma atividade pode tornar-se insumo em outra.

A gestão de resíduos é mais que apenas a reutilização desses insumos. Deve ser considerado que uma modificação no sistema produtivo pode acarretar problemas de redução ou incremento na produção de resíduos. Além disso, é importante ter uma visão geral que identifique as possibilidades de integração e, de forma complementar, uma visão mais restrita, que permita o entendimento e a modificação nos setores produtivos. Dessa forma, nota-se a grande importância da formação e do treinamento de recursos humanos para enfrentar os desafios da gestão de resíduos como parte do negócio no setor sucroalcooleiro, considerando os aspectos econômicos, ecológicos e sociais.

Destinação dos resíduos

Os resíduos gerados na indústria sucroalcooleira têm destinações diferentes, em função de cada tipo.

A vinhaça é um resíduo líquido, normalmente aplicado em áreas agrícolas como ferti-irrigação em lavouras cafeeiras ou no próprio canavial. Essa prática deve ser realizada com bastante cuidado, em função do potencial poluente desse efluente.

O bagaço de cana e as palhas obtidas são resíduos sólidos muitas vezes utilizados em compostagem e alimentação animal; na maioria das vezes, servem para cogeração de energia.

A torta de filtro é também um resíduo sólido rico em nutrientes, que pode ser utilizado para aplicação direta no solo.

Vinhaça

A vinhaça, também conhecida por "vinhoto", "restilo" ou "garapão", é o principal efluente obtido da destilaria do álcool, tendo composição bastante variável. Em função da exposição ao ar, o processo de oxidação lhe confere uma coloração mais escura e, em função da presença de ácido sulfúrico livre, é corrosiva.

O problema da poluição pela vinhaça

Em destilarias de aguardente e álcool, geram-se, como água residuária, vinhaça e água amoniacal. A vinhaça é o principal resíduo com elevado potencial poluente, em razão de sua elevada DBO (> 20.000 $mg \cdot L^{-1}$). Isso provoca sérios problemas, como asfixia em animais aquáticos, quando lançada em rios, além de comprometer a vida da flora neles existente. Quando armazenada em reservatórios, a vinhaça contribui para a dispersão de doenças endêmicas, em função dos vetores e insetos que proliferam no ambiente.

A vinhaça é um efluente produzido em grande volume. Em geral, o processamento de 1.000 toneladas de cana-de-açúcar rende em média 910 m^3 de vinhaça nas usinas de produção de álcool. No caso de usinas açucareiras com destilaria, a produção de vinhaça é menor, ficando entre 150 e 300 m^3 para cada 1.000 toneladas de cana-de-açúcar processada.

Caracterização da vinhaça

O conhecimento da composição química, física e bioquímica da vinhaça é de fundamental importância na adubação, principalmente para a orientação quanto às dosagens a aplicar no solo, como uma forma de sua destinação, e para o conhecimento do possível potencial poluidor desse efluente. Diversos fatores interferem na composição química da vinhaça, ressaltando a natureza e a composição da matéria-prima, o tipo e a condução do aparelho de destilação, o método de fermentação adotado e o sistema de armazenamento, caso seja assim manejada.

A vinhaça apresenta diversos componentes, podendo-se destacar matéria orgânica basicamente sob a forma de ácidos orgânicos e cátions como K^+, Ca^{2+} e Mg^{2+}. O mosto é o principal responsável pela riqueza da vinhaça. A partir desta consideração, é possível dizer que, quando se tem um mosto de melaço, o efluente contém maior concentração de matéria orgânica, potássio, cálcio e magnésio; por outro lado, quando a origem do mosto é o caldo de cana, estes elementos decaem consideravelmente (Rosseto, 1987).

As características da vinhaça devem ser determinadas com no mínimo duas amostragens realizadas durante a safra anterior ao plano de aplicação no solo. Os principais parâmetros a analisar são:

- nitrogênio (nitrato); nitrogênio (nitrito); nitrogênio (amoniacal); nitrogênio (Kjeldahl total);
- condutividade elétrica;
- resíduo não filtrável total;
- dureza;
- pH;
- Na; Ca; K; Mg; SO_4; P_2O_5 total;
- DBO (demanda bioquímica de oxigênio);
- DQO (demanda química de oxigênio).

O íon potássio e a matéria orgânica destacam-se em maior concentração na composição da vinhaça. Na Tabela 2.14. é possível observar suas quantidades para diferentes mostos.

Tabela 2.14. Valores médios da composição química, física e bioquímica da vinhaça a partir da fermentação de diferentes mostos.

Elementos	Vinhaça de mosto		
	Melaço	**Caldo**	**Misto**
pH (unidade de de pH)	4,2-5,0	3,7-4,6	4,4-4,6
Temperatura (°C)	80-100	80-100	80-100
DBO (mg·L^{-1} O_2)	25.000	6.000-16.500	19.800
DQO (mg·L^{-1} O_2)	65.000	15.000-33.000	45.000
Sólidos totais (mg·L^{-1})	81.500	23.700	52.700
Sólidos voláteis (mg·L^{-1})	60.000	20.000	40.000
Sólidos fixos (mg·L^{-1})	21.500	3.700	12.700
N (mg·L^{-1} N)	450-1.610	150-700	480-710
P_2O_5 (mg·L^{-1})	100-290	10-210	9-200
K_2O (mg·L^{-1})	3.740-7830	1.200-2.100	3.340-4.600
CaO (mg·L^{-1})	450-5.180	130-1.540	1.330-4.570
MgO (mg·L^{-1})	420-1.520	200-490	580-700
SO_4 (mg·L^{-1})	6.400	600-760	3.700-3.730
C (mg·L^{-1})	11.200-22.900	5.700-13.400	8.700-12.100
Relação C/N	16-16,27	19,7-21,07	16,4-16,43
Matéria orgânica (mg·L^{-1})	63.400	19.500	3.800
Substâncias redutoras (mg·L^{-1})	9.500	7.900	8.300

Fonte: Adaptado de Prada; Guekezian; Suárez-Iha (1998).

Critérios e procedimentos para aplicação da vinhaça no solo

▶ NORMA TÉCNICA DA CETESB (2005)

Os critérios e procedimentos para aplicação de vinhaça no solo podem ser seguidos conforme descrito pela Cetesb (2005), desenvolvidos para o Estado de São Paulo. A normativa diz que a concentração máxima de K no solo não poderá exceder 5% da capacidade de troca catiônica (CTC). Quando esse limite for atingido, a aplicação de vinhaça ficará restrita à reposição desse nutriente, em função da extração média pela cultura, que é de 185 kg de K_2O por hectare, por corte. Para aplicação da vinhaça, é necessária a elaboração de um plano constituído de um memorial descritivo sobre a prática de aplicação pretendida, acompanhado de uma "planta" em escala 1:20.000 ou superior, contendo as taxas de dosagens a serem aplicadas, indicadas em $m^3 \cdot ha^{-1}$, diferenciadas em cores, com intervalos de aplicação a cada 150 m^3. Além disso, o plano deve conter a localização dos tanques de armazenamento, de canais mestres ou primários, dos cursos d'água, dos poços utilizados para abastecimento, dados geológicos e hidrológicos do local, análises do solo, áreas de interesse ambiental e formas de aplicação das dosagens de vinhaça.

A quantidade máxima que pode ser aplicada em solos agrícolas pode ser obtida com base na Equação 2.1., com base nas características do solo e na concentração de potássio.

$$Vv = [(0{,}05 \times CTC - ks) \times 3.744 + 185] / kvi \qquad \textbf{(2.1)}$$

em que:

Vv – volume de vinhaça a ser aplicado ($m^3 \cdot ha^{-1}$–)

0,05 – 5% da CTC

CTC – capacidade de troca catiônica, expressa em cmolc dm^{-3} a pH 7,0

ks – concentração de K no solo, expresso em cmolc dm^{-3}, à profundidade de 0,80 m

3.744 – constante para transformar os resultados da análise de fertilidade, expressos em cmolc dm^{-3} ou meq 100 cm^{-3}, para kg de K, em um volume de 1 hectare por 0,80 m de profundidade

185 – kg de K_2O extraído pela cultura por ha, por corte

kvi – concentração de K na vinhaça, expressa em kg de K_2O m^{-3}.

As áreas a serem utilizadas para a aplicação de vinhaça no solo deverão contemplar os seguintes aspectos:

- ela não pode ser aplicada no domínio da APP (área de preservação permanente ou de reserva legal) e deve considerar uma distância mínima de 50 m das APPs, além de estar protegida por terraços de segurança;
- deve estar afastada no mínimo 15 m da área de domínio de ferrovias e rodovias;
- deve distar no mínimo 1 km de núcleos populacionais;
- em áreas com declividade maior que 15%, deverão ser adotadas práticas conservacionistas, com medidas de segurança para evitar a erosão, além de efetuar a escarificação do solo, para melhorar sua capacidade de infiltração;
- caso a dosagem de vinhaça seja superior à capacidade de infiltração no solo, a aplicação deverá ser parcelada.

Os tanques de armazenamento de vinhaça deverão ser impermeabilizados com geomembrana impermeabilizante ou outra técnica de igual ou superior efeito. Este procedimento também se aplica aos canais mestres ou primários de uso permanente para distribuição da vinhaça durante o período de safra. Ao término de cada safra, deverá ser promovida a limpeza dos tanques e dos canais mestres.

Outros procedimentos para revestimento dos canais consiste na utilização de Pead (polietileno de alta densidade), concreto e manta asfáltica, conforme Figura 2.1. (a, b, c, respectivamente). O revestimento por concreto pode apresentar problemas, devido à reação da vinhaça em pH próximo de 4 com o cimento.

▶ Monitoramento da vinhaça no solo

A disposição da vinhaça no solo requer o acompanhamento de seu comportamento no que diz respeito a seus constituintes. Isto pode ser realizado utilizando poços de monitoramento na área de aplicação. Nesta fase, é importante avaliar os seguintes componentes: pH, DQO, DBO, sódio, potássio, condutividade elétrica, $N\text{-}NH_3$ total, $S\text{-}SO_4$, $P\text{-}PO_4$.

Os poços devem ser construídos em um número mínimo de quatro, sendo um poço testemunha a montante do local de aplicação e três poços a jusante. Normalmente, são construídos à profundidade de 2 a 3 metros abaixo do nível do tanque, com 6 polegadas de diâmetro, contendo um filtro interno.

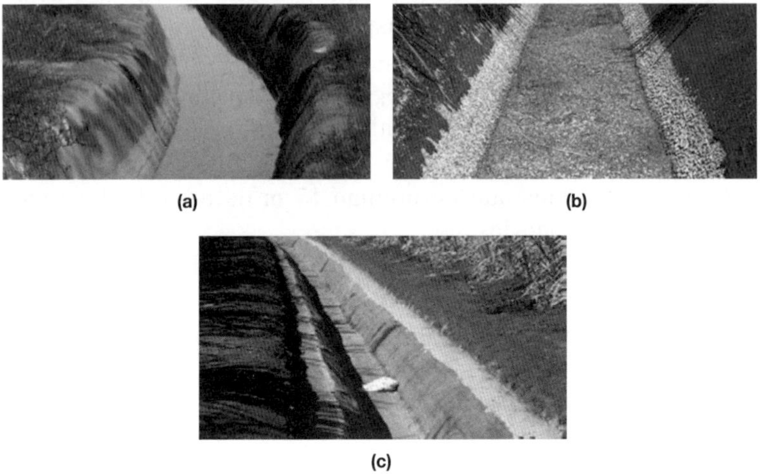

Figura 2.1. Canais revestidos por Pead (a), concreto (b) e manta asfáltica (c).

Os procedimentos de coleta consistem em:

- esgotar o poço;
- retirar uma amostra depois de 24 horas;
- fazer no mínimo duas amostragens anuais em cada poço.

Quando a vinhaça fica armazenada em tanques a céu aberto, recomenda-se que cal virgem seja adicionada ao efluente, para reduzir o cheiro desagradável e diminuir a multiplicação de insetos como moscas, por exemplo.

▶ Controle de vazão da vinhaça no canal

Quando a vinhaça é conduzida em canais abertos, o método mais utilizado para controle da vazão efluente é por meio da calha Parshall. A instalação deve ser realizada no início do canal, na saída do reservatório ou na adutora que abastece o canal.

O uso de medidores de vazão é importante, uma vez que possibilita evitar o transbordamento da vinhaça no canal e no ponto da estação elevatória, caso ocorra, o que pode provocar acidentes ambientais. Outra vantagem é que evita problemas de falta de efluente no canal quando em operação. A falta de vinhaça conduz a redução na rotação do conjunto moto-bomba, fazendo que a pressão e a vazão de trabalho diminuam. Esta operação tira o conjunto de suas características normais de trabalho.

▶ PROBLEMA DE SÓLIDOS NA VINHAÇA

Os problemas com sólidos são parcialmente resolvidos utilizando-se um conjunto de telas. Estas devem ser colocadas em número suficiente para reter as partículas de sólidos em suspensão, como fuligem, folhas de cana, levedura. A instalação deve ser realizada no canal, antes da caixa de sucção, uma vez que tais sólidos podem provocar entupimento na caixa e danos ao mangote e à bomba centrífuga, no caso de condução pressurizada do efluente.

BAGAÇO

O bagaço da cana-de-açúcar é um dos subprodutos da indústria da cana, assim como a sacarose e a palha. É constituído por celulose, hemicelulose e lignina. Atualmente, o bagaço gerado na usina é consumido para a produção de energia por meio da cogeração, tornando-a autossustentável energeticamente e, em alguns casos, sobrando energia para a venda de eletricidade.

O bagaço pode servir como matéria-prima na produção de etanol, por meio da hidrólise ácida ou da enzimática, nas quais as frações celulose e hemicelulose são convertidas a hexoses e pentoses. Após os processos de purificação, a mistura obtida pode ser fermentada para a produção de etanol. Além disso, pode ainda ser utilizado como matéria orgânica e na alimentação de animais (com baixo valor nutricional).

Torta de filtro

A torta de filtro é um resíduo composto da mistura de bagaço moído e lodo da decantação, proveniente do processo de clarificação do açúcar. Para cada tonelada de cana moída são produzidos de 30 a 40 kg de torta. É um composto orgânico (85% da sua composição) rico em cálcio, nitrogênio e potássio, com composições variáveis, dependendo da variedade da cana e da sua maturação. O modo de aplicação do produto é testado em diferentes formas nas unidades de produção, desde a aplicação na área total até nas entrelinhas ou nos sulcos de plantio.

A crescente utilização da torta de filtro como substituto de insumos tradicionais à base de potássio ocorre principalmente na operação de plantio. A torta de filtro é colocada no sulco juntamente com a muda de cana-de-açúcar. Esta prática propicia bons resultados para a agricultura, e as vantagens nutricionais do produto já são conhecidas desde a década de 1970. Porém, a prática de aplicação da torta de filtro e sua estocagem devem ser rigorosamente controladas, uma vez que esse material, similar à vinhaça, possui elevada demanda bioquímica de oxigênio, sendo uma fonte potencialmente poluidora.

BENEFICIAMENTO DE FRUTOS DE CAFÉ

IMPORTÂNCIA

Os maquinários para beneficiamento de frutos de café vem sendo cada vez mais utilizados pelos produtores desse produto, uma vez que constitui procedimento fundamental para obter grãos de melhor qualidade e maior valor comercial. Entretanto, essa atividade pode gerar grande quantidade de resíduos.

Os resíduos gerados no processamento, por via úmida, dos frutos de café, devido à lavagem e despolpa, provocam um problema ambiental que deve ser tratado seriamente, em razão dos grandes volumes de efluentes líquidos que são obtidos nos processos industriais, ricos em material orgânico em suspensão e constituintes orgânicos e inorgânicos em solução, além de grande quantidade de resíduos sólidos (cascas e polpas úmidas).

VAZÃO DOS EFLUENTES

A medição da vazão em uma agroindústria é muito importante para a determinação e o dimensionamento dos sistemas de tratamento dos efluentes, sendo condicionada em função do volume de frutos processados.

O consumo de água para beneficiamento do café depende do tipo de equipamento e de operação do sistema utilizado. Dados da literatura (Matos, 2004) indicam que, para cada litro de fruto lavado, obtém-se um litro de efluente e, para cada litro de fruto despolpado, tem-se em torno de quatro litros de efluente, se a recirculação da água não for realizada. Entretanto, um sistema industrial correto deve considerar a redução no consumo de água limpa. Com isso, a técnica de recirculação da água de lavagem e despolpa dos frutos de café minimiza o volume de água a ser gasto nessas operações, reduzindo esses valores para aproximadamente um litro de água para cada litro de fruto processado. Essa técnica contribui para minimizar custos com água, porém, com o aumento da concentração de material suspenso e em solução, a qualidade final do produto pode ficar comprometida.

Caracterização dos efluentes

As características químicas e bioquímicas dos efluentes originados do beneficiamento de café variam em função da variedade processada e são extremamente importantes na determinação do sistema de tratamento, bem como na gestão ambiental dos efluentes, no que diz respeito à sua adequação para disposição no ambiente.

Dentre os constituintes a avaliar, estão aqueles considerados de grande importância para a poluição do meio ambiente, ou que podem alterar a vida no ecossistema terrestre e aquático. São analisados valores de pH, DBO, DQO, nitrogênio, fósforo e potássio, sólidos suspensos (SS), sólidos dissolvidos (SD), sólidos totais (ST), por meio dos quais é possível avaliar a carga orgânica e os nutrientes contidos no efluente.

Nos efluentes originados do processamento de frutos do cafeeiro, a principal fonte de poluentes é a matéria orgânica, obtida no descascamento/despolpamento, quando se remove o mesocarpo, e a camada de mucilagem que envolve o pergaminho é desintegrada. Este material orgânico deve ser removido da água, pois sua presença gera problemas como eutrofização e redução do oxigênio disponível (em caso de lançamento nos corpos hídricos). Os sólidos solúveis da polpa misturam-se à água, tornando-se agentes contaminantes que podem conter carboidratos, açúcares, polifenóis e corante natural, e também devem ser monitorados e removidos. Além deles, é importante analisar os sólidos totais e sedimentáveis.

Na Tabela 2.15. apresentam-se algumas características químicas e bioquímicas das águas residuárias geradas no beneficiamento de frutos de café dos gêneros Conilon e Arábica, com recirculação da água e sem recirculação.

Tabela 2.15. Características químicas e bioquímicas dos efluentes obtidos pela lavagem (Lv) e descascamento/despolpa (DDp) dos frutos do café.

Gênero	Função	pH	DQO	DBO	N total	P total	K total	Na total	SS
			mg·L⁻¹						
Conilon	Lavador	4,9	1.520	411	76,8	5	41	25,5	380
Conilon	DDp	4,1	10.000-11.000	3.100-3.400	120-160	10,2-14,0	150-205	58-77	850
Conilon	DDp [2]	4,1	11.000	3.374	160	13,9	204,7	77,1	2.336
Arábica	DDp [1]	3,5-5,2	3.430-8.000	1.840-5.000	120-250	4,5-10,0	315-460	2,0-5,5	1.888
Arábica	DDp [2]	–	18.600-29.500	10.500-14.340	400	16	1.140	16,5	–

1 Sem recirculação; 2 com recirculação
Fonte: Adaptado de Matos (2005).

TRATAMENTOS E APLICAÇÃO DOS EFLUENTES DO BENEFICIAMENTO DE CAFÉ

Os sistemas de tratamento são vários, devendo sempre ser utilizado aquele que se mostre mais compatível com as características da indústria e com as questões econômicas e ambientais, procurando-se sempre a melhor eficiência no processo de tratamento.

A adoção de sistemas anaeróbios é uma boa alternativa para o tratamento desse tipo de efluente, uma vez que essa é uma opção simplificada e de baixo custo, podendo-se tratar efluentes produzidos sazonalmente. Destaca-se o uso de reatores anaeróbios como sistema para tratamento, mas as atividades de compostos de fenol, potássio e lignina podem limitar a atividade metanogênica nesse tipo de tratamento. Portanto, o uso de sistemas com biomasssa aderida apresenta-se como uma alternativa, uma vez que é possível eliminar as incertezas na formação de grânulos, pois o material suporte pode absorver parte dos compostos tóxicos presentes no efluente.

Alguns sistemas vêm surgindo nos últimos anos, como é o caso do reator anaeróbio horizontal de leito fixo (RAHLF), utilizado inclusive para tratamento de chorume.

A disposição em solo, de preferência de baixa permeabilidade, é considerada uma boa alternativa para tratamento, uma vez que apresenta vantagens como: baixo investimento, oscilando entre 30% e 50% do custo do tratamento convencional; benefício agrícola; baixo consumo de energia e custo de operação; aproveitamento dos nutrientes e da água pelas plantas. Além disso, esse método favorece a produtividade, contribuindo para a melhoria da qualidade dos produtos e das propriedades físicas do solo. Dentre as formas de disposição no solo, destacam-se o escoamento superficial e a ferti-irrigação por aspersão ou gotejamento, que serão descritas adiante.

A redução do consumo no processamento via úmida pode ser obtida com base na recirculação da água. Com isso, a água pode ser utilizada várias vezes no descascamento dos frutos. O problema é que a cada recirculação é necessário filtrá-la, podendo ser utilizados filtros orgânicos. Outro fator relevante é que, a cada recirculação da água, aumenta a carga poluente no efluente, o que acaba prejudicando a qualidade da bebida. Dessa forma, é importante o desenvolvimento de tecnologia com a qual seja possível remover a carga poluidora das águas em curto período de tempo.

Assim, a coagulação dos resíduos pode ser realizada ou com extrato de sementes de moringa, planta que pode ser cultivada na propriedade, ou com sulfato de alumínio [$Al_2(SO_4)_3$] e sulfato férrico [$Fe_2(SO_4)_3$]. Matos et al. (2004), avaliando a adição desses coagulantes à água residuária dos frutos do cafeeiro (ARC) no sistema floculação/sedimentação e filtração, concluíram que, a cada circulação, houve redução na concentração de sólidos em suspensão (87% para o $Fe_2(SO_4)_3$) e 85% para o extrato de moringa), como também na da água de recirculação, em 20% a 45%, quando adicionados os sulfatos férrico e de alumínio.

O resíduo sólido do filtro, caso se use pergaminho de café, a mucilagem retirada da semente do café e os minerais retidos seguem para a compostagem, servindo como adubo orgânico, rico em fósforo, potássio e nitrogênio, o que proporciona economia de fertilizantes na lavoura. As águas com resíduos também podem ser aplicadas diretamente em lavouras forrageiras, como alfafa, capim-colonião, pangola, braquearia--do-brejo e setária (Embrapa, 2005).

MATADOUROS

A disposição dos efluentes nos rios é uma prática inaceitável. Em geral, os efluentes de matadouros apresentam-se em grande volume e podem tornar as águas receptoras impróprias para a vida aquática e para qualquer tipo de abastecimento agrícola, comercial, industrial ou recreativo, principalmente quando despejados em pequenos cursos d'água. Desta forma, esse tipo de efluente constitui um agente de poluição do meio ambiente, em ameaça à saúde pública.

Devido à sua constituição, esses despejos são altamente putrescíveis. É comum começarem a se decompor poucas horas após sua liberação, produzindo mau cheiro, de forma que o ar fica irrespirável no ambiente ao redor de tais estabelecimentos. Sem sombra de dúvida, o público vê nos matadouros uma imagem muito ruim.

Características dos efluentes

Os efluentes de frigoríficos e matadouros, na sua maior parte, não possuem resíduos perigosos. São constituídos basicamente de matéria orgânica. As formas de tratamento utilizadas, porém, não necessitam de sistemas complexos e de custos elevados.

Normalmente, o efluente sai da indústria contendo alguma quantidade de sangue, gordura, sólidos intestinais e fragmentos de tecidos. Os teores de sólidos em suspensão e nitrogênio orgânico são relativamente altos, e a DBO pode variar de 800 a 32.000 $mg \cdot L^{-1}$.

As águas residuárias provenientes do processamento de carne bovina apresentam, além dos dejetos dos animais, sangue, sebo, pelos, parte da barrigada e aparatas. O sangue tem DBO e DQO nas faixas de 156.000 $mg \cdot L^{-1}$ a 218.300 $mg \cdot L^{-1}$, respectivamente, e pH em torno de 7,3.

Efluentes provenientes do empacotamento de carnes apresentam valores médios de DBO_5 em torno de 1.240 $mg \cdot L^{-1}$ e DQO de 2.940 $mg \cdot L^{-1}$, com sólidos suspensos em torno de 1.850 $mg \cdot L^{-1}$, além de N orgânico presente na faixa de 85 $mg \cdot L^{-1}$.

Nos abatedouros de frango, os valores de DBO e DQO nos efluentes apresentam-se mais elevados do que aqueles obtidos em águas provenientes de lavagens de pisos e maquinarias. Os valores de DBO e DQO normalmente estão nas faixas de 3.900 $mg \cdot L^{-1}$ e 16.230 $mg \cdot L^{-1}$, respectivamente, para lavagem de máquinas, enquanto para os efluentes de pisos os valores de DBO e DQO são menores, da ordem de 2.350 $mg \cdot L^{-1}$ e 4.850 $mg \cdot L^{-1}$, respectivamente.

Por outro lado, a concentração dos óleos e das graxas contidos nos efluentes é maior nas águas de lavagem, podendo chegar a 8.000 $mg \cdot L^{-1}$, enquanto nas águas de processamento fica em torno de 2.500 $mg \cdot L^{-1}$.

Águas residuárias de cozimento de peixes apresentam, em geral, DBO e DQO nas faixas de 2.700 $mg \cdot L^{-1}$ e 3.500 $mg \cdot L^{-1}$, respectivamente, sólidos totais de 4.200 a 21.800 mg·L^{-1} e sólidos suspensos de 2.200 a 3.000 mg·L^{-1}. Esses efluentes, assim como aqueles gerados pelo uso nos resfriadores e condensadores, costumam apresentar grandes volumes, mas sua carga orgânica é pequena.

Volumes de efluentes produzidos

A quantidade de despejos varia de acordo com a prática adotada e seu controle industrial, o tipo de equipamento utilizado nas operações industriais e o tipo de animal abatido e processado, diretamente relacionados com o volume de água consumida no estabelecimento. Como valor indicativo, normalmente se utilizam 15 m^3 de efluente por tonelada de animal abatido, podendo variar de 4 a 20 m^3.

Aspectos e impactos ambientais dos resíduos

Resíduos industriais

Os resíduos líquidos e sólidos gerados no abatedouro podem ser divididos em resíduos do abate e resíduos gerados fora do processamento.

- **Resíduos do abate** – esterco de currais, vômitos, conteúdo estomacal, conteúdo intestinal, resíduos do tanque de purificação de gorduras.
- **Resíduos gerados fora do processamento** – esgotos sanitários, lixo comum, lodo do sistema de tratamento de água industrial.

Impactos ambientais dos efluentes líquidos

De acordo com Scarassati et al. (2003), em consultas efetuadas junto a fabricantes e técnicos no setor de equipamentos para matadouros e frigoríficos, o consumo de água varia muito de um matadouro e frigorífico para outro, sendo difícil estimar um valor aproximado. Entretanto, utiliza-se como base de cálculo:

- Para abate de aves: 25 a 50 litros por cabeça.
- Para abate de bovinos: 2.500 litros por cabeça, assim distribuídos:
  - 900 litros na sala de matança;
  - 1.000 litros nas demais dependências, como bucharia, triparia, miúdos, sanitários, etc.;
  - 600 litros nos anexos externos, como pátios e currais, incluindo a lavagem de caminhões.

- Para abate de suínos: 1.200 litros por cabeça, assim distribuídos:
  - 300 litros na sala de matança;
  - 400 litros nas demais dependências;
  - 500 litros nos anexos externos.

Os efluentes líquidos dos abatedouros e frigoríficos apresentam aspecto desagradável, impróprio para lançamento no meio ambiente antes do tratamento adequado, podendo-se citar algumas características suas, como:

- DBO elevada (variando de 800 a 32.000 $mg \cdot L^{-1}$);
- presença de óleos e graxas;
- material flotável (gordura);
- alta concentração de sólidos: sedimentáveis e suspensos;
- alta concentração de nitrogênio orgânico;
- presença de sólidos grosseiros;
- presença de micro-organismos patogênicos.

Uma característica importante dos despejos líquidos dos abatedouros e frigoríficos é que, pela elevada DBO e por serem ricos em proteínas, são altamente putrescíveis, podendo provocar fortes odores. No tratamento dos despejos, deve ser avaliado criteriosamente o atendimento aos padrões de qualidade do corpo receptor de amônia.

SISTEMAS DE TRATAMENTO E DESTINAÇÃO DOS EFLUENTES

SISTEMAS DE TRATAMENTO UTILIZADOS

São vários os sistemas de tratamento que podem ser utilizados, destacando-se os processos citados a seguir. Os sistemas de tratamento de efluentes serão mais detalhados no Capítulo 7.

Processos anaeróbios

Esse processo é apropriado para efluentes agroindustriais, em função da alta DBO e dos sólidos em suspensão nele presentes (requisitos básicos para o sucesso desse tipo de tratamento). Uma vez que a DBO efluente é elevada, faz-se necessária uma unidade posterior de tratamento, sendo muito utilizadas as lagoas facultativas.

Algumas condições devem ser analisadas para tratamento anaeróbio:

- proximidade de áreas residenciais ou comerciais – aconselha-se que exista no mínimo uma distância de meio quilômetro das habitações isoladas e de 1 a 2 quilômetros das áreas residenciais;
- condições de solo – é importante a determinação da profundidade do lençol de água subterrânea e da natureza do solo, com respeito à sua permeabilidade e aplicabilidade. É essencial que a cobertura natural da lagoa seja desenvolvida tão rápido quanto possível, para minimizar odores e assegurar retenção adequada do calor. Coberturas artificiais, como PVC e Hypalon, também podem ser usadas. Sistemas para coleta de gás metano constituem um dos principais cuidados na construção de coberturas;
- se a água utilizada no processamento industrial contém altos teores de sulfatos, os despejos não podem ser tratados em lagoa anaeróbia. O oxigênio é separado de sulfatos por bactérias anaeróbias, produzindo gás sulfídrico, que causa graves problemas de odores.

Lagoas aeróbias

São projetadas com tempo de detenção que varia de 2 a 10 dias, com uma profundidade de lâmina d'água de 2,4 a 4,5 m. Em muitos casos, a turbulência não é suficiente para manter os sólidos do fundo em suspensão, ocorrendo a degradação anaeróbia deles. Quando existe turbulência suficiente, o sistema se aproxima de uma aeração prolongada, sem retorno de lodo.

Lodos ativados

É o tratamento mais eficiente e mais largamente utilizado nos matadouros e frigoríficos. O sistema de lodos ativados a ser escolhido dependerá do grau de tratamento desejado. Existem diversas variantes do processo de lodos ativados, mas as principais e mais utilizadas são:

- lodos ativados convencionais;
- lodos ativados com aeração prolongada;
- lodos ativados com fluxo intermitente.

Filtros biológicos de alta taxa

A finalidade principal da utilização de filtros biológicos em despejos de matadouros e frigoríficos é diminuir as cargas dos despejos e seus picos. Os filtros são em geral circulares e compreendem, basicamente, um leito de material grosseiro, tal como pedras, ripas e material plástico, sobre o qual o efluente é aplicado na forma de gotas ou jatos.

A classificação dos filtros biológicos é determinada pela quantidade de DBO aplicada. Desta forma, podem ser filtros biológicos de baixa carga ou de alta carga.

A principal função dos filtros biológicos é suavizar as cargas de choque e propiciar alguma redução inicial da DBO. Em muitos casos, esses dispositivos são usados antecedendo a algum tipo de lodo ativado.

Discos biológicos rotativos (biodiscos)

Nesse sistema, um conjunto de discos gira em torno de um eixo horizontal. Metade do disco é imersa no esgoto a ser tratado, geralmente de plástico de baixo peso, e gira, enquanto a outra metade fica exposta ao ar. As bactérias formam uma película aderida ao disco que, quando exposta ao ar, é oxigenada. Esta, ao entrar novamente em contato com o efluente, contribui para a oxigenação dele. Quando essa película cresce em demasia, ela se desgarra do disco e permanece em suspensão no meio líquido, devido ao movimento deste, contribuindo para um aumento da eficiência.

Esse sistema é limitado para o tratamento de pequenas vazões. O diâmetro máximo dos discos é reduzido, sendo necessário grande número de discos para vazões maiores.

Um biodisco é constituído por uma série de discos dispostos diametralmente em torno de um eixo horizontal sobre o qual realizam movimento de rotação e ficam parcialmente imersos na água residual, servindo de habitat à biomassa.

O tratamento por biodiscos faz-se por degradação da matéria orgânica em condições aeróbias, processando-se de forma idêntica ao tratamento por lodos ativados. A principal diferença resulta do fato de a cultura de micro-organismos não permanecer em suspensão, como no caso dos lodos ativados, mas fixa aos discos.

A rotação dos discos alterna o contato da biomassa com a matéria orgânica, quando mergulhados na água residual, e com a atmosfera, com absorção de oxigênio, quando emergidos. Durante esse processo, as células absorvem e assimilam o oxigênio do ar em quantidade suficiente para transformar as impurezas que se encontram na água, sob a forma de substâncias minerais decantáveis, formando também novas células que se reagrupam em flocos ou se integram ao filme biológico que cobre os discos. Ao tratamento biológico por biodiscos segue-se um decantador.

Essas estações são em geral fabricadas para uma população da ordem de 6.000 habitantes equivalentes. As principais vantagens da utilização de biodiscos são:

- boa qualidade do efluente final;
- redução do volume de lamas produzidas;
- baixo consumo energético.

Destinação dos efluentes

Uma vez que o efluente não pode ser lançado em sua forma natural nos cursos d'água, a indústria (matadouro) se obriga a providenciar seu tratamento, para não ter problemas sanitários com a saúde pública e o meio ambiente. Em alguns casos, o efluente, após tratamento preliminar, pode ser lançado sem causar grande dano na rede geral urbana, de onde será encaminhado para uma estação de tratamento de esgoto.

Os efluentes tratados podem ainda ser reutilizados em atividades com qualidade menos exigente, dependendo da sua origem no processo de abate. Como exemplo, pode-se citar a água de lavagem de animais, para lavagem de currais; a água da lavagem de carcaças de suínos, na depilação; ainda, pode-se reutilizar a água da purga de caldeira para limpeza geral.

CELULOSE E PAPEL

As indústrias de celulose e papel representam hoje um setor de extrema importância econômica e ambiental, neste último caso devido principalmente aos seus reflexos em corpos d'água, pelos despejos de efluentes.

Por utilizarem grandes volumes de água, geram também grandes quantidades de efluentes contendo forte coloração e substâncias muitas vezes tóxicas. Essa coloração pode ter grande interferência nos processos fotossintéticos naturais nos leitos dos rios, provocando alterações na biota aquática, principalmente nas imediações circundantes à descarga. Na etapa de branqueamento da celulose, é gerado o efluente com maior potencial poluidor. Dessa forma, percebe-se a importância de realizar tratamento antes da destinação do efluente gerado.

ORIGEM E CARACTERÍSTICAS DOS EFLUENTES LÍQUIDOS

Na indústria de papel, após a sua fabricação, ocorre a geração de um resíduo em forma líquida com alto teor de sólidos em suspensão.

As características dos efluentes gerados na indústria de celulose e papel dependem do tipo de processo, do tipo de madeira, da tecnologia aplicada, das práticas de gerenciamento, da recirculação de efluentes e da quantidade de água utilizada no processo.

Águas residuárias de polpação

O processo de polpação é responsável pela geração de um efluente chamado licor negro que representa de 10 a 15% do total de efluentes gerados, entretanto, contribui com cerca de 95% da carga total de poluentes. Em indústrias de maior porte, esse licor normalmente não é encaminhado para tratamento, mas é queimado para geração de energia e tratado para recuperação de produtos químicos, o que possibilita redução dos impactos gerados por esse estágio de produção. Em indústrias menores, o licor costuma ser tratado, devido aos custos associados ao processo de recuperação dos produtos químicos.

As águas residuárias de polpação provêm das seguintes fontes:

- descargas do digestor;
- lavagem dos resíduos de cal, filtros de lixívia, fornos de cal e gases;
- vazamento de lixívia negra;
- lavagem da polpa.

As características principais dos efluentes estão relacionadas a elevadas cargas de DBO e sólidos em suspensão. Além disso, são compostos por: compostos orgânicos e inorgânicos, sulfetos, ácidos resinosos, terebentina e compostos lignossulfonatos.

Águas residuárias do branqueamento

Os efluentes resultantes do processo de branqueamento da polpa celulósica contêm, via de regra, porções de resíduos dos principais componentes da madeira: celulose, hemicelulose, lignina e extrativos. Além desses compostos, outros, formados durante o processamento da madeira, como os organoclorados, também fazem parte do efluente.

As águas residuárias de branqueamento apresentam cor com intensidade elevada: tanino e lignina; fibras; cloro residual; pH normalmente entre 4,5 e 8,0; ST de 1.000 a 2.000 mg·L^{-1}; SST de 50 a 75 mg·L^{-1}; DBO de 50 a 100 mg·L^{-1}.

Águas residuárias da fábrica de papel

A água branca em geral apresenta fibras, sólidos em suspensão, cola, amido, material de enchimento, corantes, tinta, óleos e graxas.

Na Tabela 2.16. apresentam-se as características dos efluentes gerados por diferentes processos de fabricação de papel e celulose.

Tabela 2.16. Características dos efluentes de diferentes processos de fabricação de papel e celulose.

Processo	pH	ST	SS	DBO	DQO	COR
		----------------(mg·L^{-1})----------------				(Pt/Co)
Fábricas grandes	11	5.250	1.233	983	2.430	Preta
Fábricas pequenas	12	15.120	4.890	2.628	6.145	Preta/ marrom
Termomecânica	4,7	–	91	1.100	2.440	–
Kraft	8,2	8.260	3.620	–	4.112	4.668
Kraft não branqueado	8,2	1.200	150	175	–	250
Branqueamento	2,5	2.285	216	140	–	–
Fabricação de papel	7,8	1844	760	561	953	Preta

Pt/Co – Platina/cobalto
Fonte: Adaptado de Pokhrel; Viraraghavan (2004).

Volumes de efluentes produzidos

O volume de água utilizado tem relação direta com a geração/emissão de efluentes, entretanto, o potencial poluidor depende da operação da fábrica e do grau de fechamento de circuitos.

De acordo com Fonseca et al. (2003), estima-se que na polpação e no clareamento da celulose sejam liberados diariamente mais de 62 milhões de metros cúbicos de efluentes no mundo, o que corresponde ao consumo doméstico de água de aproximadamente 200 milhões de pessoas. Atualmente, pressionadas por essa tendência, as indústrias de papel e celulose buscam adequar-se às exigências legais destinadas a proteger o meio ambiente, por meio de ações modificadoras do processo, tais como redução de geração de efluentes na fonte, desenvolvimento de tecnologias para tratamento externo, recuperação e reaproveitamento de efluentes. A tributação dos recursos hídricos, que está em fase de regulamentação, é também outro fator motivador, especificamente para a implementação de projetos de fechamento de circuitos e otimização do consumo de água, já que o aspecto econômico é muito importante em um setor em que a consciência ambiental ainda não assumiu a devida importância.

Para cada tonelada de celulose produzida pelo processo kraft (polpação com sulfeto de sódio e hidróxido de sódio) são gerados entre 10 e 110 m^3 de efluentes (Diez et al., 2002).

Aspectos e impactos ambientais das cargas poluidoras

Apesar dos avanços tecnológicos nas últimas décadas, com o uso de equipamentos e processos que conduzem à redução na demanda de água e à substituição de agentes oxidantes durante o processo de branqueamento, a indústria de celulose e papel ainda é uma das maiores consumidoras de água, e os efluentes gerados estão entre os mais tóxicos para o meio ambiente. A carga poluidora varia para cada indústria, dependendo do tipo de polpeamento, da qualidade da matéria-prima empregada e do produto final desejado. Em geral, os efluentes são divididos, dependendo do seu estado físico, em matéria dissolvida e sólidos em suspensão. Além destes, o grande número de compostos químicos empregados nos processos industriais, como corantes, agentes de dispersão, biocidas, surfactantes e branqueadores, é deixado no processo como parte do efluente final e responsável pela sua elevada toxicidade.

O problema dos efluentes nos corpos hídricos está relacionado principalmente aos sólidos em suspensão e sedimentáveis, substâncias orgânicas dissolvidas, contaminantes tóxicos, substâncias inorgânicas e compostos de poluição visual, como cor e espuma.

Os sólidos sedimentáveis depositam-se nos leitos dos corpos receptores, originando bancos de lodo que dificultam a proliferação de micro-organismos, o desenvolvimento de peixes e outras formas de vida aquática. Além disso, sendo esses depósitos e bancos de lodo constituídos sobretudo de materiais orgânicos, característica dos despejos líquidos das fábricas de celulose e papel, ao entrarem em decomposição anaeróbia produzem odores, devido à formação de gases, como H_2S.

A maior parte dos sólidos não sedimentáveis presentes nos despejos líquidos das indústrias de celulose e papel encontram-se no estado coloidal. Consistem principalmente de fibras finamente divididas, dióxido de titânio, cola ou amido, materiais de enchimento (carga), tintas, corantes e outras substâncias de características coloidais. Causam aumento da turbidez e da cor na massa líquida dos corpos receptores, dificultando a penetração da luz solar, indispensável a algumas atividades fisiológicas dos seres aquáticos, como a fotossíntese das algas e outros vegetais submersos (Fonseca et al., 2003).

Do ponto de vista do ambiente aquático em corpo receptor desses efluentes, a fração de baixa massa molecular relativa (< 1 kDa – quilodáltons, unidade de massa atômica) e, em particular, os compostos clorados, capazes de penetrar nas células biológicas, devem ser considerados os mais tóxicos aos organismos aquáticos. Entretanto, compostos com valores elevados de massa molecular (> 1 kDa) podem ser potencialmente perigosos, devido à sua degradação no corpo receptor a compostos de menor massa molecular.

Tratamentos utilizados para disposição dos efluentes

Antes da disposição em corpos hídricos, a legislação exige que os efluentes sejam tratados para se adequarem às normas vigentes.

A modificação nos processos internos de fabricação pode possibilitar redução na geração de efluentes. Entretanto, o tratamento por diversos processos é essencial, podendo variar em função da diversidade de poluentes gerados na indústria.

Os sistemas de tratamento de efluentes mais utilizados na indústria de celulose e papel são os tratamentos biológicos, principalmente lagoas aeradas e lodos ativados, que são eficientes na remoção da matéria orgânica biodegradável. Apesar disso, apresentam limitações para a remoção da matéria orgânica recalcitrante e nem sempre geram resultados satisfatórios, em particular quando aplicados a efluentes contendo compostos inibidores, tóxicos ou resistentes ao tratamento biológico.

A adoção de tratamento anaeróbio tem crescido, graças sobretudo ao baixo custo operacional e à menor geração de lodo, quando comparado ao tratamento aeróbio. Dentre os processos anaeróbios mais comuns adotados, destacam-se o filtro anaeróbio, as lagoas anaeróbias, os reatores anaeróbios de manta de lodo (Uasb) e os contactores anaeróbios.

Os processos aeróbios apresentam uma eficiência que tem sido superada, principalmente no que se refere à remoção da cor pelo uso de tratamentos por fungos, como os da espécie *Penicillium pleurotus ostreatus*.

Nos últimos anos, vem crescendo o interesse pelo desenvolvimento de novas tecnologias, capazes de remover matéria orgânica recalcitrante, dentre as quais podem-se destacar os processos oxidativos avançados (POAs).

Nesse contexto, o processo oxidativo avançado empregando reagente Fenton apresenta-se como uma alternativa de tratamento que pode ser associada aos processos de tratamento biológico, já que esse tipo de tratamento é o mais empregado para aumentar a biodegradabilidade do efluente bruto, minimizando o tamanho das lagoas ou aumentando a vazão do efluente tratado, pois apresenta elevada eficiência na remoção de poluentes orgânicos, com custo relativamente baixo e facilidade operacional.

Os processos oxidativos avançados são definidos como processos que geram radicais hidroxila em quantidade suficiente para oxidar a maioria dos compostos químicos complexos presentes nos efluentes. O reagente de Fenton consiste na combinação de um sal de ferro com peróxido de hidrogênio em meio ácido, produzindo o radical hidroxil (•OH), conforme a Equação 2.2. O peróxido de hidrogênio é um oxidante eficiente, seguro e de custo acessível, utilizado há décadas em aplicações ambientais em todo o mundo.

$$Fe^{2+} + H_2O_2 \rightarrow Fe^{3+} + \bullet OH + HO^- \quad \textbf{(2.2)}$$

CURTUMES

As atividades industriais de processamento de couro são consideradas de grande importância nas questões financeiras no mercado mundial; nas sociais, pela geração de empregos; e nas ambientais, por se tratar de uma atividade que gera grande quantidade de resíduos para o meio ambiente.

De maneira geral, o curtume é o local onde se realizam os processos industriais com o couro cru, tornando-o utilizável para os ramos industriais e atacadistas. Esse couro pode ser utilizado para a confecção de calçados, revestimentos de mobília, estofamentos, vestuários e outros.

O processo de transformação do couro envolve três etapas principais: ribeira, curtimento e acabamento. O acabamento subdivide-se em acabamento molhado, pré-acabamento e acabamento final. Dessa forma, em cada uma das etapas são gerados resíduos sólidos e líquidos que não podem ser dispostos no meio ambiente sem os devidos tratamentos, devido à sua grande quantidade de cargas poluentes.

ETAPAS QUE GERAM RESÍDUOS

A geração de resíduos sólidos e líquidos está vinculada às diversas etapas de processamento do couro. Nas Tabelas 2.17. e 2.18. são apresentadas as etapas de processamento do couro, desde as peles frescas até o couro processado, bem como o tipo de resíduo gerado.

Tabela 2.17. Processamento de couro nas diferentes etapas e geração de resíduos nas operações de ribeira, curtimento e acabamento molhado.

Etapas de produção	Tipo de resíduo
Conservação das peles	Líquido, sólido e gasoso
Classificação e pesagem	–
Pré-remolho	Líquido
Pré-descarne	Líquido, sólido
Remolho	Líquido
Depilação e caleiro	Líquido, sólido e gasoso
Lavagem	Líquido
Descarne	Líquido, sólido
Recorte	Sólido
Divisão	Líquido
Raspa	Sólido
Lavagem	Líquido
Descalcinação e purga	Gasoso e líquido
Lavagem	Líquido
Píquel e curtimento	Líquido
Descanso	Líquido
Enxugamento	Líquido
Rebaixamento e recorte	Sólido
Neutralização	Líquido
Recurtimento	Líquido
Tingimento	Líquido
Engraxe	Líquido

Fonte: Adaptado de Pacheco (2005).

Tabela 2.18. Processamento de couro nas diferentes etapas e geração de resíduos nas operações de pré-acabamento e acabamento final.

Etapas de produção	Tipo de resíduo
Cavalete (proveniente do engraxe)	Líquido
Estiramento	Líquido
Secagem	–
Condicionamento	–
Amaciamento	–
Estaqueamento	–
Recorte	Sólido
Lixamento	Sólido
Desempoamento	Sólido
Inpregnação	Gasoso
Acabamento	Gasoso
Prensagem	–
Medição	–
Expedição	–

Fonte: Adaptado de Pacheco (2005).

Características dos efluentes

As características dos efluentes de curtumes são particulares, quando comparadas aos efluentes domésticos e a alguns tipos de efluentes industriais. Entretanto, podem variar para cada estabelecimento, em função das etapas realizadas e do volume de água utilizado para processamento do couro.

Conforme Braile e Cavalcanti (1993), dentre as diversas etapas realizadas para curtimento das peles, o remolho, a lavagem, a piquelagem, a caleação e a purga são responsáveis por 65% dos despejos. Os outros 35% são provenientes das etapas de curtimento, acabamento e lavagem final. Nas duas últimas atividades, gera-se cerca de 60% da DBO presente no efluente e, nas cinco primeiras, os 40% restantes.

As principais características qualitativas dos efluentes de curtumes são:

- cromo potencialmente tóxico;
- elevado pH;
- alta DQO;
- alta DBO contendo sangue, soro, subprodutos de decomposição de proteínas;

- cal e sulfetos livres;
- alto teor de sólidos em suspensão (graxas, pelos, fibras);
- alta salinidade;
- coloração leitosa, devido à cal, e azul ou verde, devido aos corantes.

Na Tabela 2.19. são apresentados os valores mínimos e máximo de parâmetros obtidos para efluentes coletados em diversos curtumes.

Tabela 2.19. Valores de diversos parâmetros de efluentes de curtumes.

Parâmetro	Valores	
	Mínimo	máximo
pH	8,4	11,8
DBO ($mg \cdot L^{-1}$)	532	1.500
DQO ($mg \cdot L^{-1}$)	2.500	3.500
SS ($mg \cdot L^{-1}$)	2.490	21.350
Oxidabilidade ($mg \cdot L^{-1}$)	346	2.300
N total ($mg \cdot L^{-1}$)	190	260
N amoniacal ($mg \cdot L^{-1}$)	65	216
Cloreto ($mg \cdot L^{-1}$)	400	3.200
Sulfato ($mg \cdot L^{-1}$)	246	1.650
Sulfeto ($mg \cdot L^{-1}$)	40	303
Graxas ($mg \cdot L^{-1}$)	154	976

Fonte: Adaptado de Foresti (1972).

Além dos dados apresentados na Tabela 2.20. (adiante), outro fator importante é o cromo. Os sulfetos (S^{2-}) e o cromo (Cr^{3+}) são encontrados em concentrações bastante variáveis. Podem apresentar teores elevados se os procedimentos para recirculação e reaproveitamento de cromo e oxidação dos sulfetos não são bem executados.

As águas das operações de ribeira são fortemente alcalinas e esbranquiçadas (cal em excesso) e contêm sebo, pelos, tecido muscular, gordura e sangue em suspensão. Em solução, sais (principais ânions – sulfeto, sulfato e cloreto; principais cátions – sódio, cálcio, amônio), proteínas e aminoácidos diversos; em menor quantidade, tensoativos (detergentes), aminas; e, eventualmente, alguns conservantes ou biocidas e inseticidas (produtos orgânicos).

O beneficiamento da carcaça gerada nos descarnes para a obtenção de sebo, graxa ou gordura gera um volume de efluentes relativamente pequeno. No entanto, tais efluentes apresentam concentrações elevadas de sólidos em suspensão, proteínas dissolvidas e pH na faixa ácida.

Os efluentes líquidos provenientes das operações de píquel e curtimento contêm sobretudo sal (cloreto de sódio), ácidos minerais (sulfúrico, clorídrico), orgânicos (láctico e fórmico), cromo e/ou taninos (orgânicos polifenólicos), proteínas e, eventualmente, alguns fungicidas (orgânicos aromáticos), em pequenas quantidades. São águas turvas, de cor verde escura (curtimento ao cromo) ou castanhas (curtimento por taninos), que apresentam pH ácido, podendo ter altas concentrações de DQO e DBO, conforme o curtente utilizado.

As principais águas residuais das operações de acabamento molhado ou pós-curtimento e de acabamento normalmente apresentam certo teor de cromo (do enxugamento e, por vezes, do recurtimento), sais diversos (da neutralização), cores diversas, devido aos corantes utilizados (do tingimento), muitos à base de anilina, azocorantes e temperatura mais elevada. Outras operações desses três grupos de etapas não apresentam efluentes líquidos ou eles são pouco significativos.

Na Tabela 2.20. são apresentados alguns valores médios (dados em $kg \cdot t^{-1}$ de pele) para parâmetros medidos nos efluentes brutos de curtumes com processos convencionais completos, tendo como matéria-prima a pele de bovinos salgada nas diferentes etapas de processamento.

Geração de resíduos

A transformação da pele em couro exige uso de água e produtos químicos. Alguns valores servem de referência para projetos de curtumes, como aqueles apresentados em Guia Técnica de Producción Más Limpia para Curtiembres (2002), em que a água consumida no processo oscila entre 15 e 40 m^3 por tonelada de pele fresca. Além disso, o efluente gerado contém alta DBO e compostos tóxicos, como sulfetos e cromo.

Na Figura 2.2. apresenta-se um balanço de massas, com valores médios das entradas e saídas, em processos industriais convencionais para couro bovino salgado, com o curtimento realizado ao cromo, tendo como base uma tonelada de peles salgadas brutas, até a obtenção do produto final.

A quantidade de água que entra nos processos de curtimento é quase a mesma que sai na forma de efluente líquido. O maior consumo

Tabela 2.20. Valores (kg t^{-1} de pele) para diversos parâmetros contidos nos efluentes brutos de curtumes com processos convencionais completos, distribuídos em cada etapa dos processos.

Parâmetro de análise	Etapas do processo				
	Ribeira	Curtimento	Pós-curtimento / acabamento molhado	Acabamento	Valor total
Uso de água (1) ($m^3 \cdot t^{-1}$)	7-25	1-3	4-8	0-1	12-37
DQO	120-160	10-20	15-40	0-10	145-230
DBO	40-60	3-7	5-15	0-4	48-86
Sólidos suspensos	70-120	5-10	01-10	0-5	85-155
Cromo (Cr^{+3})	—	2-5	01-02	—	3-7
Sulfeto	2-9	—	—	—	2-9
N total (2)	9-14	0-1	01-02	—	10-17
Cloreto	120-150	20-60	05-10	—	145-220
Sulfato	5-20	30-50	01-10	—	45-110
Óleos Graxas	5-8	1-2	03-08	—	9-18
Sólidos dissolvidos totais (3)	200-300	60-120	40-100	—	300-520

Fonte: Adaptado de IULTCS (2002).
(1) Volume de efluentes gerados - uso de água.
(2) N total – teor de nitrogênio total (orgânico e amoniacal).
(3) Resíduo não filtrável solúvel.

de água acontece nas etapas da ribeira, pois nelas são removidos os materiais não formadores do couro e são efetuadas lavagens com água e outros produtos auxiliares.

Além de outras emissões com altos valores de DBO e efluentes líquidos, o processo (para 1 t de peles) gera cerca de 600 kg de resíduos sólidos (podendo chegar até cerca de 1.000 kg), o que denota um potencial de impacto ambiental significativo da geração de resíduos sólidos na produção de couros.

Em termos de vazões efetivas de geração e de lançamento para fora dos curtumes, estas dependem dos procedimentos operacionais da estação de tratamento de efluentes (ETE de cada curtume). Na Tabela

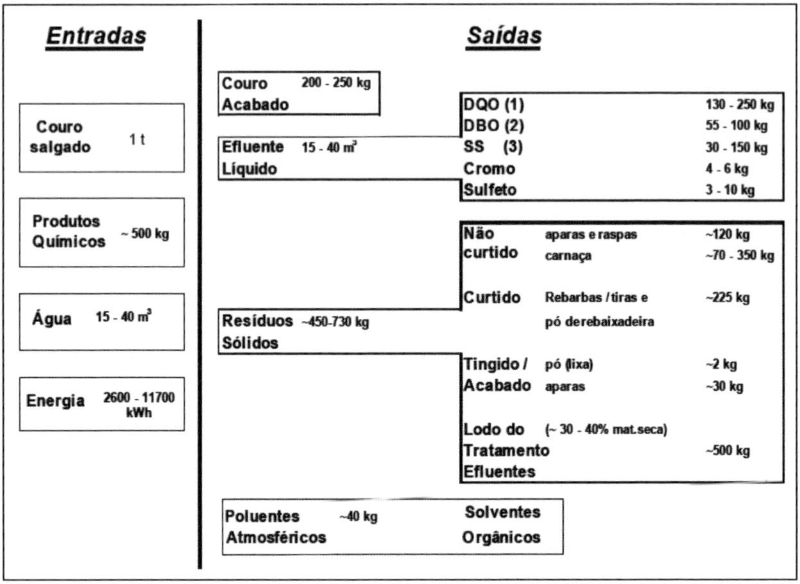

Figura 2.2. Principais fluxos básicos de um curtume, com entradas e saídas.
Fonte: IPPC – Adaptado de Cetesb (2005).
(1) DQO – demanda química de oxigênio.
(2) DBO – demanda bioquímica de oxigênio.
(3) Sólidos suspensos ou em suspensão.

2.21. apresentam-se os volumes de efluentes gerados nas diversas etapas em um curtume.

Aspecto dos curtumes e impactos ambientais

Os curtumes são conhecidos como grandes poluidores do meio ambiente, por utilizarem grande quantidade de água nos processos produtivos, empregarem produtos tóxicos como o sulfeto e gerarem altas cargas de DBO e DQO. O alto consumo de água deve-se ao fato de que o tratamento das peles ocorre em meio aquoso, em regime de bateladas, o que faz essa atividade gerar grande quantidade de efluentes líquidos, exigindo custo com investimentos e operação significativos, para que os padrões de emissão exigidos pela legislação sejam atendidos.

Os efeitos dos despejos, em cursos d'água, desse tipo de efluentes, sem tratamento, são bem evidentes. Esse tipo de efluente carrega grande quantidade de material putrescível, como sangue e proteínas,

Tabela 2.21. Geração de efluentes líquidos nas principais etapas geradoras (m^3 de efluentes para cada t de couro processado).

Macroetapa do processo	Etapa do processo	Efluentes gerados	
		m^3 / t couro	**% do total**
Ribeira	Pré-remolho	2,4	7,5
	Lavagem	1,3	4,1
	Remolho	2,4	7,5
	Depilação/caleiro	2,4	7,5
	Lavagem	4,0	12,5
	Lavagens pós-descarne	7,8	24,4
	Descalcinação e purga	1,3	4,1
Subtotal ribeira		21,6	67,6
Pré-curtimento e curtimento	Eventuais lavagens	4,3	13,5
	Píquel	1,3	4,1
	Curtimento	1,3	4,1
Subtotal pré-curtimento e curtimento		6,9	21,7
Acabamento	Enxugamento	0,13	0,4
	Neutralização	0,76	2,4
	Recurtimento	0,69	2,2
	Lavagens	0,55	1,7
	Tingimento	0,5	1,6
	Engraxe	0,8	2,5
Subtotal acabamento		3,53	10,7
Total geral do curtume		31,93	100

Fonte: Claas; Maia (1994).

e também materiais tóxicos, como sais de cromo, sulfeto de sódio e compostos arsenicais. Além disso, as altas concentrações de DBO, DQO e a alta alcalinidade contribuem para que a água do corpo receptor se torne imprópria para fins de abastecimento público, industrial, irrigação e recreativo, e também para a vida aquática, apresentando aspecto e cheiro repugnantes, como pode ser observado na Figura 2.3.

Pelos dados da Tabela 2.20., tomando 67 kg por tonelada de pele (48-86) como valor médio para DBO, é possível estimar o potencial de poluição do meio ambiente pelos resíduos provenientes de curtume, comparando-os com a produção de esgoto em uma cidade. Considerando uma carga orgânica média de esgoto com 54 g $DBO \cdot ha^{-1} \cdot d^{-1}$, uma

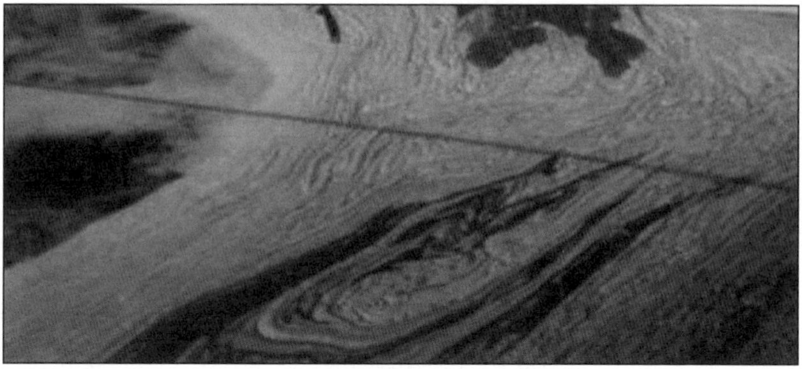

Figura 2.3. Aspecto do efluente de curtume.

produção de 1.000 peles por dia, com peso médio de 23 kg por pele, o potencial poluidor do curtume por dia é equivalente ao de uma cidade com aproximadamente 28.537 habitantes.

Dessa forma, nota-se que o potencial impacto ambiental gerado pelos efluentes líquidos é significativo. Nas situações em que não são tomados certos cuidados operacionais, os efluentes líquidos dos curtumes provenientes da ribeira podem apresentar problemas de odor, devido à formação de gás sulfídrico proveniente do sulfeto, gerando incômodos à população adjacente. Para evitar esse problema, os curtumes normalmente possuem estações de tratamento desses efluentes, visando minimizar seus impactos ambientais e atender à legislação vigente.

TÉCNICAS PARA TRATAMENTO DOS EFLUENTES

Conforme Pacheco (2005), o tratamento usualmente empregado para efluentes líquidos consiste das seguintes etapas:

- Segregação dos efluentes da ribeira daqueles do curtimento (principalmente curtimento ao cromo) e do acabamento. Entre outros aspectos, isso possibilita operações de reciclagem dos banhos de depilação e de curtimento, o que alguns curtumes já realizam. Os efluentes do curtimento ao cromo passam por tratamento específico para separação do cromo, normalmente por precipitação alcalina, como hidróxido de cromo trivalente. O sobrenadante da precipitação é encaminhado para a homogeneização ou equalização dos efluentes gerais. No entanto, há curtumes que não fazem essa segregação, procedendo à remoção do cromo no tratamento primário.

- Tratamento preliminar, em que é feita a remoção dos sólidos em suspensão maiores, mais grosseiros, por gradeamento e/ou peneiramento nas linhas de efluentes. Alguns curtumes também instalam caixas de gordura, principalmente para efluentes da ribeira.
- Oxidação prévia do sulfeto residual em meio alcalino, proveniente de banhos e lavagens da ribeira, antes de homogeneizá-los com outros efluentes ácidos, de forma a prevenir a formação de gás sulfídrico (H_2S), tóxico, precursor de corrosão e um dos principais responsáveis por problemas de odor nos curtumes.
- Homogeneização ou equalização dos efluentes.
- Tratamento primário dos efluentes equalizados, físico-químico, para remoção de parte da matéria orgânica e de alguns metais residuais, sobretudo cromocoagulação, floculação e decantação primária.
- Tratamento secundário biológico, normalmente lagoas aeradas, facultativas ou lodos ativados, para remoção da carga orgânica residual do tratamento primário.

Se bem projetado e operado, esse sistema de tratamento em geral permite adequar os efluentes dos curtumes aos padrões de lançamento estabelecidos pela legislação vigente.

Na Tabela 2.22. apresentam-se, para efeito ilustrativo, alguns valores típicos de eficiência para tratamentos de efluentes de curtumes com processamento convencional, desde a pele bruta até o couro acabado.

O PROBLEMA DOS ODORES PROVOCADOS PELOS EFLUENTES

Os odores são gerados por compostos voláteis liberados nos diversos processos dos curtumes, que geram problemas de saúde à população. Esses odores são, em alguns casos, tão fortes que podem atingir áreas fora dos limites das indústrias.

Nas instalações de armazenamento de peles, normalmente é emitida amônia proveniente da decomposição parcial de proteínas da pele. Nas

Tabela 2.22. Eficiência de alguns tipos de tratamento de efluentes na remoção de algumas cargas poluentes de curtumes.

Parâmetro	DQO		DBO		SS		Cr (1)	S^{2-} (2)	N total	
	%	$mg \cdot L^{-1}$	%	$mg \cdot L^{-1}$	%	$mg \cdot L^{-1}$	$mg \cdot L^{-1}$	$mg \cdot L^{-1}$	%	$mg \cdot L^{-1}$
Tratamento preliminar										
Remoção de gordura (flotação por ar dissolvido)	20-40	–	–	–	–	–	–	–	–	–
Oxidação de sulfeto (caleiro e lavagens)	10	–	–	–	–	–	–	10	–	–
Precipitação do cromo	–	–	–	–	–	–	1–10	–	–	–
Tratamento primário ou físico-químico										
Homogeneização + sedimentação	25-35	–	25-35	–	50-70	–	20-30	–	25-35	–
Homogeneização + tratamento químico + sedimentação	50-65	–	50-65	–	80-90	–	2-5	2-10	40-50	–
Homogeneização + tratamento químico + flotação	55-75	–	55-75	–	80-95	–	2-5	2-5	40-50	–
Tratamento biológico										
Primário ou físico-químico + aeração prolongada	80-95	200-400	90-97	20-60	90-98	20-50	< 1	< 1	50	150
Primário ou físico-químico + aeração prolongada + nitrificação e desnitrificação	80-95	200-400	90-97	20-60	90-98	20-50	< 1	< 1	80-90	30-60

Fonte: Adaptado de IPPC (2003), apud Cetesb (2005).
% Porcentagem de remoção ou redução do parâmetro pelo referido tratamento.
mg/L Concentração do parâmetro no efluente após o referido tratamento.
(1) Cr Cromo total
(2) S^{2-} Sulfeto

fases de ribeira até o pré-acabamento, substâncias como gás sulfídrico e amônia podem gerar odores desagradáveis. No acabamento, podem ser emitidos compostos voláteis provenientes de aerossóis, solventes orgânicos e material particulado por operações de lixamento, rebaixamento e desempoamento.

O odor é uma poluição ambiental que deve ser controlada pelo setor correspondente, assim como nos casos dos resíduos sólidos e líquidos, de acordo com a legislação vigente.

REFERÊNCIAS BIBLIOGRÁFICAS

CAVALCANTI, J. E. W. A. **Manual de tratamento de águas residuárias industriais.** São Paulo: Cetesb, 1979, p. 139-54.

COMPANHIA DE TECNOLOGIA DE SANEAMENTO AMBIENTAL – CETESB. **Determinação de biodegradação de resíduos:** método respirométrico de Bartha – método de ensaio. São Paulo, 1990.

COMPANHIA DE TECNOLOGIA DE SANEAMENTO AMBIENTAL – CETESB. **Norma técnica: P4.231.** São Paulo, 2005.

CLAAS, I. C.; MAIA, R. A. M. **Manual básico de resíduos industriais de curtume.** Porto Alegre: Senai/RS, 1994.

DADONAS, M. **A horta orgânica em seu quintal.** São Paulo: Ground, 1989. 175p.

DAIRY Handbook Processing. 2. ed. Lund: **Tetra Pak Processing Systems**, 2003. 440p.

DIEZ, M. C.; CASTILLO, G.; AGUILAR, L.; VIDAL, G.; MORA, M. L. Operational factors and nutrient effects on activated sludge treatment of *Pinus radiata* kraft mill wastewater. **Biosource Technol.** 83, 2002, p. 131-38.

EMBRAPA. **Livro do café:** tecnologias – Parte 2. Disponível em: http://www22.sede.embrapa.br/café.htm. Acesso em: 18 abr. 2005.

EMBRAPA. **Suínos:** o produtor pergunta, a Embrapa responde. Brasília, 1998. 243p.

FABI, L. M.; FRANÇA, R. G.; TOMAZELLI, I. B.; FILIPINI, T. A. Monitoramento de efluentes em agroindústrias de Chapecó, Santa Catarina. **Revista de Ciências Ambientais**, Canoas, v. 1, n. 2, 2007, p. 67-82.

FONSECA, J. A. V. M. da; BARBOSA, M.; PINTO, N. O.; SALAN, R. S.; SOBRINHO,G. D.; BRITO, N. N.; CONEGLIAN, C. M. R.; TONSO, S.; PELEGRINI, R. **Tratamento de efluentes líquidos de indústria de papel e celulose.** Centro Superior de Educação Tecnológica (Ceset) – Unicamp. 2003.

FORESTI, E. **Estudos preliminares das características e tratamento das águas residuárias de curtumes.** São Carlos, SP, 1972. 117f. Dissertação (Mestrado em Hidráulica e Saneamento) – Escola de Engenharia de São Carlos, Universidade de São Paulo.

GUÍA TÉCNICA DE PRODUCCIÓN MÁS LIMPIA PARA CURTIEMBRES. Centro de Promoción de Tecnologías Sostenibles – CPTS. La Paz, 2002.

INTERNATIONAL UNION OF LEATHER TECHNOLOGISTS AND CHEMISTS SOCIETIES – IULTC. **Minutes of the Annual Meeting of the IUE Environment and Waste Commission - CTC.** França, abr. 2002.

KONZEN, E. A. Manejo e utilização de dejetos de suínos. Concórdia: Embrapa, CNPSA, 1993. 32p. (Embrapa, CNPSA. Circular técnica, 6).

MACHADO, R. M. G.; FREIRE, V. H.; SILVA, P. C. da.; FIGUEIREDO, D. V.; FERREIRA, P. E. **Controle ambiental em pequenas e médias indústrias de laticínios.** Belo Horizonte: Segrac, 2002. 224p.

MATOS, A. T.; CABANELLAS, C. F. G.; EUSTÁQUIO JÚNIOR, V.; PEREIRA, A.; SILVA, J. S.; LO MONACO, P. A. Remoção de poluentes no tratamento por sedimentação/filtração da água em recirculação na despolpa de frutos do cafeeiro. In: CONGRESSO NACIONAL DE IRRIGAÇÃO E DRENAGEM, 14, **Anais...** Abid, 2004. Porto Alegre, RS. (CD-ROM).

MATOS, A. T.; SEDIYAMA, M. A. N. Riscos potenciais ao ambiente pela aplicação de dejeto líquido de suínos ou compostos orgânicos no solo. In: SEMINÁRIO MINEIRO SOBRE MANEJO E UTILIZAÇÃO DE DEJETOS DE SUÍNOS, 1, Ponte Nova. **Anais...** Viçosa: Epamig, 1995. p. 45-54.

MATOS, A. T. **Manejo e tratamento de resíduos agroindustriais.** Viçosa: Aeagri. 2005, 128p. (Série Cadernos Didáticos nº 31).

MINAS AMBIENTE/CETEC. **Pesquisa tecnológica para controle ambiental em pequenos e médios laticínios de Minas Gerais:** estado da arte. Belo Horizonte: Minas Ambiente/Cetec, 1998a. v. 1 – Efluentes líquidos, resíduos sólidos e emissões atmosférica.

MINAS AMBIENTE/CETEC. **Pesquisa tecnológica para controle ambiental em pequenos e médios laticínios de Minas Gerais:** estado da arte. Belo Horizonte: Minas Ambiente/Cetec, 1998b. v. 2 – Processo industrial.

OLIVEIRA, P. A. V. **Manual de manejo e utilização de dejetos de suínos.** Concórdia: Embrapa, CNPSA, 1993. 188p. (Embrapa, CNPSA. Documentos 27).

PACHECO, J. W. F. **Curtumes.** São Paulo: Cetesb, 2005. 76p. (1 CD).

POKHREL, D.; VIRARAGHAVAN, T. Treatment of pulp and paper mill wastewater – a review. **Science of the Total Environment**, Regina, v. 333, n. 1-3, 15 out. 2004, p. 37-58.

PONSANO, E. H. G.; PINTO, M. F.; CASTRO-GOMES, R. J. H. Soro de leite – Obtenção, características e aproveitamento: Revisão. **Semina: Ci. Agr.**, Londrina, v. 13, n. 1, mar. 1992, p. 92-6.

PRADA, S. M.; GUEKEZIAN, M.; SUÁREZ-IHA, M. E. V. Metodologia analítica para a determinação de sulfato em vinhoto. **Química nova**. São Paulo, v. 21, n. 3, 1998, p. 249-52.

RAIJI, B. VAN; CANTARELLA, H.; QUAGGIO, J. A.; FURLANI, A. M. C. **Recomendações de adubação e calagem para o Estado de São Paulo.** Campinas: Instituto Agronômico, 1996. 285p. (Boletim técnico, 100).

ROSSETO, A. J. Utilização agronômica dos subprodutos e resíduos da indústria açucareira e alcooleira. In: PARANHOS, S. B. **Cana-de-açúcar**: cultivo e utilização. Campinas: Cargill, v. 2, 1987, p. 435-504.

SCARASSATI, D.; CARVALHO, R. F.; DELGADO, V. L.; CONEGLIAN, C. M. R.; BRITO, N. N; TONSO, S.; SOBRINHO, G. D.; PELEGRINI, R. **Tratamento de efluentes de matadouros e frigoríficos.** Centro Superior de Educação Tecnológica (Ceset) – Unicamp. 2003.

SEDIYAMA, M. A. N.; VIDIGAL, S. M.; PEDROSA, M. W.; PINTO, C. L. O.; SALGADO, L. T. Fermentação de esterco de suínos para uso como adubo orgânico. **Revista Brasileira de Engenharia Agrícola e Ambiental**, v. 12, n. 6, 2008, p. 638-44.

WU, L.; MA, L. Q. Effects of sample storage on biosolids compost stability and maturity evaluation. **Journal of Environmental Quality**, Florida, v. 30, 2001, p. 222-8.

3

Efluentes domésticos

As águas residuárias domésticas são produzidas pelas atividades realizadas em residências, restaurantes, supermercados, bares etc. e contêm elevada concentração de agentes patogênicos (vírus, bactérias, protozoários, helmintos, entre outros), que prejudicam a saúde pública, podendo provocar diversas doenças, como hepatite, febre tifoide, cólera, etc.

O efluente doméstico, por ser resíduo altamente poluidor, provoca sérios impactos ambientais quando disposto diretamente no meio ambiente sem tratamento, sobretudo em cursos d'água. O principal problema é a contaminação das águas superficiais e subterrâneas, mais acentuado em zonas rurais e periféricas da cidade. Os efluentes domésticos são responsáveis por grande parte da carga poluente nos cursos d'água superficiais onde são despejados, os quais, por sua vez, vão fazer trocas com águas subterrâneas, que também serão poluídas. A existência de fossas sépticas/tanques sépticos construídos e/ou operados de modo inadequado também contribui, em grande medida, para a poluição das águas subterrâneas.

Em alguns casos, efluentes industriais parcialmente tratados são incorporados aos domésticos, contendo certa concentração de produtos tóxicos, dependendo do nível do tratamento. O aparecimento de metais pesados e outros produtos químicos nas águas residuais domésticas deve-se ao tipo de despejo industrial e às atividades realizadas pela população. Esses poluentes nem sempre ou quase nunca são eliminados na estação de tratamento de efluentes, devendo passar por tratamentos especiais. Os efluentes domésticos tratados podem ser utilizados em diversas atividades (agrícola, urbana, de recreação, etc.), devendo ser analisada a qualidade do efluente, conforme a legislação vigente.

CARACTERIZAÇÃO DOS EFLUENTES

As águas residuárias agroindustriais apresentam grande variação em suas características químicas, físicas e biológicas, em particular em função do tipo de produto processado. Já os esgotos sanitários variam espacialmente, em função de diversas variáveis, desde o clima a hábitos culturais. Além disso, variam também ao longo do tempo, o que torna sua caracterização complexa em termos qualitativos. Metcalf & Eddy (1991) apresentam uma classificação para os esgotos, com características físico-químicas (forte, médio e fraco), concentração de sólidos e concentração de organismos, conforme mostrado na Tabela 3.1.

Deve ser lembrado que as características dos esgotos são afetadas também pela infiltração de água subterrânea na rede coletora e pela possível presença de contribuições específicas, como indústrias com efluentes líquidos ligados à rede pública de coleta de esgotos.

Os esgotos sanitários possuem excesso de nitrogênio e fósforo. Por isso, ao serem submetidos a tratamento biológico, há incorporação desses micronutrientes nas células que compõem parte do sistema, mas o excesso ainda deverá ser grande. Esta é uma grande preocupação, em termos de tratamento de esgotos. São necessários sistemas avançados quando ocorre lançamento em represas, onde o problema da eutrofização poderá ter consequências drásticas, conforme será discutido no Capítulo 4. Por outro lado, para aplicação em culturas, o excesso de nutrientes é vantajoso, do ponto de vista econômico.

Na Tabela 3.2. apresenta-se a concentração de nutrientes para alguns resíduos orgânicos obtidos a partir dos efluentes líquidos.

Tabela 3.1. Caracterização dos esgotos.

Características físico-químicas			
Característica ($mg \cdot L^{-1}$)	**Forte**	**Médio**	**Fraco**
$DBO_{5,20}$	400	220	110
DQO	1.000	500	250
Carbono orgânico total	290	160	80
Nitrogênio total - NTK	85	40	20
Nitrogênio orgânico	35	15	08
Nitrogênio amoniacal	50	25	12
Fósforo total	15	08	04
Fósforo orgânico	05	03	01
Fósforo inorgânico	10	05	03
Cloreto	100	50	30
Sulfato	50	30	20
Óleos e graxas	150	100	50
Concentrações de sólidos			
Característica ($mg \cdot L^{-1}$)	**Forte**	**Médio**	**Fraco**
Sólidos totais	1.200	720	350
Sólidos dissolvidos	850	500	250
Sólidos dissolvidos fixos	850	500	250
Sólidos dissolvidos voláteis	525	300	145
Sólidos em suspensão totais	350	220	100
Sólidos em suspensão fixos	75	55	20
Sólidos em suspensão voláteis	275	165	80
Sólidos sedimentáveis	20	10	05

Concentrações de organismos	
Característica	**Valor médio**
Bactérias totais (/100 mL)	10^9 - 10^{10}
Coliformes totais (NMP/100 mL)	10^7 - 10^8
Coliformes fecais (NMP/100 mL)	10^6 - 10^7
Estreptococos fecais (NMP/100 mL)	10^5 - 10^6
Salmonella tifosa (/100 mL)	10^1 - 10^4
Cistos de protozoários (/100 mL)	102 - 10^5
Vírus (/100 mL)	10^3 - 10^4
Ovos de helmintos (/100 mL)	10^1 - 10^3

Fonte: Metcalf & Eddy (1991).

Tabela 3.2. Concentração de nutrientes em alguns resíduos orgânicos.

Tipo de resíduo	Conteúdo de nutrientes (% de matéria seca)		
	Nitrogênio total	P_2O_5	K_2O
Fezes humanas frescas	10,4-13,1	2,7-5,1	2,1-3,5
Estrume bovino fresco	0,3-1,9	0,1-0,7	2,1-3,5
Estrume de suínos	4-6	3-4	2,5-3
Estrume de aves	6	5	2,7
Biomassa	1-11	0,5-2,8	1,1-11

Fonte: Strauss; Blumenthal (1989).

CARACTERÍSTICAS DOS ESGOTOS TRATADOS E CUSTOS

Em estudo desenvolvido pelo Programa de Pesquisa em Saneamento Básico (Prosab), Chernicharo (2000) identificou as seguintes características dos esgotos tratados pelos diversos processos, bem como a composição de custos:

▶ PROCESSO POR LODO ATIVADO CONVENCIONAL

A operação sob alta taxa ocorre com idade do lodo (θ_c) inferior a três dias, sem que seja esperada a nitrificação dos esgotos. Os esgotos tratados apresentam DBO (demanda bioquímica de oxigênio em cinco dias) e SS (sólidos em suspensão) inferiores a 30 $mg \cdot L^{-1}$ e concentração de nitrogênio amoniacal (Namon) superior a 15 $mg \cdot L^{-1}$. O excesso de lodo produzido é da ordem de 35 a 40 g de SS $hab.^{-1} \cdot dia^{-1}$. O custo de implantação é estimado entre R$ 100,00 e R$ 130,00 por habitante, para populações entre 200 e 600 mil habitantes. O consumo de energia para aeração é estimado em 12 kWh $hab.^{-1} \cdot ano^{-1}$.

A operação sob taxa convencional acontece com idade do lodo entre quatro e sete dias, ocorrendo a nitrificação dos esgotos. Os esgotos tratados apresentam DBO_5 e SS inferiores a 20 $mg \cdot L^{-1}$ e concentração de nitrogênio amoniacal inferior a 5 $mg \cdot L^{-1}$. O excesso de lodo produzido é da ordem de 30 a 35 g de SS $hab.^{-1} \cdot dia^{-1}$. O custo de implantação é estimado entre R$ 120,00 e R$ 160,00 por habitante, para populações entre 200 e 600 mil habitantes. O consumo de energia para aeração é estimado em 20 kWh $hab.^{-1} \cdot ano^{-1}$.

▶ PROCESSO POR FILTROS BIOLÓGICOS AERÓBIOS DE ALTA TAXA

Os esgotos tratados apresentam DBO e SS inferiores a 30 $mg \cdot L^{-1}$ e concentração de nitrogênio amoniacal superior a 15 $mg \cdot L^{-1}$. O excesso de lodo produzido é da ordem de 35 a 40 g SS hab.$^{-1}$·dia^{-1}. O custo de implantação é estimado entre R$ 100,00 e R$ 130,00 por habitante.

▶ LODOS ATIVADOS COM AERAÇÃO PROLONGADA

A operação sob alta taxa ocorre com idade do lodo na faixa de vinte a trinta dias, com nitrificação dos esgotos. Os esgotos tratados apresentam DBO inferior a 20 mg·L^{-1}, SS inferior a 40 mg·L^{-1} e concentração de nitrogênio amoniacal inferior a 5 mg·L^{-1}. O excesso de lodo produzido é da ordem de 40 a 45 g SS hab.$^{-1}$·dia^{-1}. É estabilizado aerobiamente, mais difícil de desidratar. O custo de implantação é estimado entre R$ 60,00 e R$ 80,00 por habitante, para populações entre 50 e 150 mil habitantes. O consumo de energia para aeração é estimado em 35 kWh hab.$^{-1}$·ano^{-1}.

▶ REATOR UASB SEGUIDO DE LODOS ATIVADOS

A operação para a etapa de lodos ativados sob alta taxa ocorre com idade do lodo inferior a três dias, sem ser esperada a nitrificação dos esgotos. Os esgotos tratados apresentam DBO inferior a 20 mg·L^{-1}, SS inferior a 30 mg·L^{-1} e concentração de nitrogênio amoniacal superior a 20 mg·L^{-1}. O excesso de lodo produzido é inferior a 20 g SS hab.$^{-1}$·dia^{-1}. O custo de implantação é estimado entre R$ 50,00 e R$ 80,00 por habitante, para populações entre 50 e 500 mil habitantes. O consumo de energia para aeração é estimado em 6 kWh hab.$^{-1}$·ano^{-1}.

A operação sob taxa convencional ocorre com idade do lodo entre quatro e sete dias, esperando-se a nitrificação dos esgotos. Os esgotos tratados apresentam DBO inferior a 20 mg·L^{-1} e SS inferior a 30 mg·L^{-1} e concentração de nitrogênio amoniacal inferior a 5 mg·L^{-1}. O excesso de lodo produzido é da ordem de 22 a 27 g SS hab.$^{-1}$·dia^{-1}. O custo de implantação é estimado entre R$ 70,00 e R$ 100,00 por habitante, para populações entre 50 e 500 mil habitantes. O consumo de energia para aeração é estimado em 15 kWh hab.$^{-1}$·ano^{-1}.

▶ REATOR UASB SEGUIDO DE FILTRO BIOLÓGICO DE ALTA TAXA

Os esgotos tratados apresentam DBO e SS inferiores a 30 mg·L^{-1} e concentração de nitrogênio amoniacal superior a 20 mg·L^{-1}. O excesso de lodo produzido é da ordem de 25 a 30 g SS hab.$^{-1}$·dia^{-1}. O custo de implantação é estimado entre R$ 50,00 e R$ 80,00 por habitante, para populações entre 20 e 200 mil habitantes.

▶ Reator Uasb seguido de filtro biológico aerado submerso

Os esgotos tratados apresentam DBO inferior a 20 mg·L^{-1}, SS inferior a 30 mg·L^{-1} e concentração de nitrogênio amoniacal superior a 20 mg·L^{-1}. O excesso de lodo produzido é da ordem de 25 a 30 g SS hab.$^{-1}$·dia^{-1}. O custo de implantação é estimado entre R$ 80,00 e R$ 100,00 por habitante, para populações entre 20 e 200 mil habitantes. O custo com energia para aeração é da ordem de 6,0 kWh hab.$^{-1}$·ano^{-1}.

▶ Lagoas aeradas aeróbias seguidas de lagoas de decantação

Os esgotos tratados apresentam DBO inferior a 30 mg·L^{-1}, SS inferior a 40 mg·L^{-1} e concentração de nitrogênio amoniacal superior a 25 mg·L^{-1}. O excesso de lodo produzido é da ordem de 15 a 25 g SS hab.$^{-1}$·dia^{-1}, sendo estabilizado e removido a cada quatro a cinco anos. O custo de implantação é estimado entre R$ 50,00 e R$ 70,00 por habitante, para populações entre 30 e 200 mil habitantes. O gasto com energia para aeração é da ordem de 22 kWh hab.$^{-1}$·ano^{-1}.

VAZÃO DE EFLUENTES

A quantidade de poluentes lançados por cada habitante é um fator importante quando se trabalha com sistemas de tratamento de esgoto. No Brasil, costumam-se adotar contribuições *per capita* de 54 e 100 g hab.$^{-1}$·dia^{-1} para a DBO de cinco dias e para a DQO, respectivamente (Piveli, 2007).

Os esgotos estão sujeitos às mesmas variações consideradas para projetos de abastecimento, no que se refere ao consumo de água, variando de região para região, conforme principalmente o poder aquisitivo da população, o número de indústrias e a imigração. Como base, pode-se considerar uma contribuição típica de 160 L hab.$^{-1}$·dia^{-1}, referente ao consumo *per capita* de água de 200 L hab.$^{-1}$·dia^{-1} e um coeficiente de retorno água/esgoto igual a 0,8.

Para a determinação das vazões máximas de esgotos, costumam-se introduzir os coeficientes K_1 = 1,2 (relativo ao dia de maior produção) e K_2 = 1,5 (relativo à hora de maior produção de esgotos). Consequentemente, a vazão de esgotos do dia e da hora de maior produção é 1,8 vezes ou praticamente o dobro da vazão média diária.

PROBLEMAS SANITÁRIOS E AMBIENTAIS

Os esgotos domésticos são resíduos gerados diariamente. O que a população quer, em geral, é se livrar desses resíduos o mais rápido possível. Entretanto, a forma como é feito o descarte deve ser a melhor possível, devido aos impactos que podem ser gerados, com problemas para o meio ambiente e a saúde pública.

Os esgotos domésticos podem ser tratados com relativa facilidade antes de serem lançados no ambiente. Infelizmente, tratamento de esgotos nunca foi prioridade para o poder público e para a população em geral, o que resulta em baixos índices de coleta e tratamento, em especial em países subdesenvolvidos.

Ao abordar o problema do esgoto, deve-se pensar em dois tipos de impacto: o sanitário e o ambiental. O impacto sanitário envolve os problemas de saúde pública causados pelo esgoto, que propaga doenças quando não é coletado e tratado corretamente. A qualidade de vida da população está ligada diretamente a boas condições sanitárias. Por muito tempo, as ações públicas e individuais em relação ao esgoto deram prioridade somente ao aspecto sanitário. A questão ambiental só começou a ser considerada em épocas recentes. No mundo atual, porém, não faz sentido resolver apenas os problemas do esgoto que ameaçam a saúde da população. A saúde do ambiente também deve ser preservada, afinal, se ele se degradar, a qualidade de vida da população também cairá.

O investimento em saneamento proporciona redução de gastos com medicina curativa, uma vez que vários tipos de infecções podem ser transmitidos por excretas de humanos. Aliadas à subnutrição, podem interferir na morbidade e mortalidade, sobretudo infantil, devido à febre tifoide, esquistossomose, disenteria, hepatite, cólera e diversos tipos de verminoses que contribuem fortemente para reduzir, de modo gradativo, as resistências do organismo humano.

Pelo lado ambiental, os esgotos lançados *in natura* nos corpos d'água (rios, lagos, mares) são agravantes diretos à flora e fauna aquática. Os seres viventes nas águas sofrem, principalmente porque elas tendem a se autodepurar devido a fenômenos físicos, químicos e biológicos, utilizando o consumo indireto do oxigênio dissolvido, o qual é fundamental para a sobrevivência das espécies aquáticas.

REÚSO E DESTINAÇÃO DOS EFLUENTES DOMÉSTICOS

A reutilização de águas servidas pode, em parte, contribuir para a redução dos problemas de escassez hídrica e poluição do ecossistema, uma vez que está relacionada a dois fatores: captação da mesma água maior número de vezes (mais que apenas uma vez) e mitigação da carga poluente no meio ambiente.

O reúso de efluentes pode ter fins potáveis e não potáveis. O reúso potável resulta em altos custos e riscos à saúde pública e sua prática fica condicionada a situações de extrema escassez. O reúso para fins não potáveis pode ocorrer de forma direta.

O reúso não potável envolve menores riscos, portanto, deve ser considerado como primeira opção na área urbana. No entanto, quando o efluente entra em contato direto com o público, por meio de gramados, parques, jardins, hotéis, áreas turísticas e campos de esportes, devem ser tomados cuidados especiais.

Reúso agrícola

Caracterizado pela utilização de efluentes domésticos na irrigação de plantas comestíveis ou não. No grupo de plantas comestíveis, faz-se a subdivisão entre as consumidas cruas e cozidas, visto que são definidos os parâmetros de qualidade associados ao risco inerente a cada uso. O reúso agrícola traz, além dos benefícios relacionados ao tratamento dos efluentes, a redução nos custos com fertilizantes para as culturas. Nesse sistema, é importante analisar a qualidade da água em conjunto com o método de aplicação e o tipo de cultura a utilizar. As formas de aplicação são, normalmente, via irrigação localizada, por aspersão ou por superfície. Para tanto, é importante adequar a qualidade da água ao sistema mais conveniente.

Reúso urbano

Caracterizado pela utilização de efluentes domésticos tratados para suprir as várias atividades urbanas que admitem qualidade inferior à potável, tais como:

- prevenção contra incêndios;
- descarga em aparelho sanitário;
- lavagem de ruas, ônibus, praças e outros;
- irrigação de parques, jardins e campos esportivos.

Nos casos de reúso direto urbano, os problemas associados são principalmente dificuldades de operação, riscos de contaminação por conexões cruzadas e custos. Os custos devem ser considerados juntamente com os benefícios, relacionando-se a estes, à conservação da água potável e à mitigação do uso dos mananciais hídricos. Dentre os diversos usos não potáveis, podem ser citados aqueles para fins agrícolas, reúso urbano, reúso industrial, paisagismo, recarga de aquíferos e manutenção de vazão dos cursos d'água.

Reúso recreacional

É quando o efluente é utilizado para abastecer locais destinados à recreação pública. São exemplos:

- lagos, rios e reservatórios;
- piscinas públicas.

Reúso industrial

Consiste em utilizar os efluentes tratados para disposição no meio ambiente. Dessa forma, é necessário definir os sistemas e as unidades de tratamento, para obtenção de efluente com qualidade compatível com a aplicação. Os efluentes tratados podem ser utilizados em atividades industriais como:

- torres de resfriamento;
- lavagem de equipamentos e pátio;
- processamentos industriais;
- caldeiras;
- construção civil;
- irrigação de áreas verdes.

Os altos custos para obtenção da qualidade requerida têm levado as indústrias a avaliar as possibilidade de reúso interno. A água de utilidade, produzida pelo tratamento de efluentes secundários e distribuída por adutoras que servem a um agrupamento significativo de indústrias, tem sido um atrativo para abastecimento industrial a custos menores. Outro fator importante é a proximidade das estações de tratamento de esgoto em áreas de alta concentração industrial, uma vez que permite adutoras a custos unitários menores para tratamento.

Esgotos domésticos tratados têm sido amplamente empregados como água para resfriamento em sistemas de recirculação. Uma vez tratados para esse fim, podem ser utilizados em outras atividades menos restritivas em relação à qualidade, como lavagem de pisos e equipamentos. Além disso, a água tratada para resfriamento apresenta qualidade compatível para ser utilizada em uso urbano não potável, como irrigação de jardins e parques, construção civil, lagos para recreação e paisagismo. Algumas modalidades de reúso que exigem tratamentos mais avançados, com custos mais elevados, também devem ser consideradas. Neste caso, podem ser citadas a manufatura de papel e papelão, a indústria têxtil, os produtos químicos, petroquímicos, os curtumes, etc.

Aquicultura

De início, essa técnica foi empregada como complemento ao tratamento de esgotos, utilizando-se principalmente plantas aquáticas, como o aguapé. Com os avanços na pesquisa, passou-se a utilizar peixes, que aproveitam os nutrientes contidos no efluente e produzem proteínas. Esse sistema existe em várias regiões do mundo, como Bangladesh, Índia, Indonésia e Peru.

Paisagístico

Na maioria dos casos, na utilização dessa técnica, o homem não tem contato direto com o efluente. Pode ser uma alternativa viável para uso de águas com qualidade inferior, em situações em que as condições ambientais não sejam agravadas pela disposição do efluente, que pode ser utilizado em diferentes situações na manutenção de:

- espelhos d'água;
- irrigação de parques;
- chafarizes, etc.

Recarga de aquíferos

A utilização de efluentes domésticos tratados para recarga artificial de aquíferos é importante, uma vez que a extração crescente das águas e a recarga desses mananciais vêm preocupando os ambientalistas. Neste caso, surge outra preocupação, relacionada à qualidade da água de recarga. Isto porque a provável contaminação dos reservatórios ou do lençol freático pode ocorrer devido à água de qualidade inferior proveniente da recarga natural direta por precipitação ou escoamento, que promove a infiltração da água no solo, ou da recarga artificial, com efluentes provenientes de diversas fontes, dentre elas, a doméstica.

Um bom projeto de recarga artificial, confiável e sustentável, é realizado de forma que a qualidade do efluente a ser lançado no solo esteja dentro dos padrões adequados. Dessa forma, um tratamento adicional dos efluentes pode controlar a contaminação da água e do solo. Neste caso, devem ser analisadas as características do efluente, direcionando seu tratamento ou disposição de forma que a biodegradação da matéria orgânica ocorra mais rapidamente. Alguns sistemas de tratamento e ao mesmo tempo de disposição, como no caso da infiltração e percolação, vêm sendo utilizados para disposição de efluentes de origem agroindustrial e doméstica, dependendo das características físicas, químicas e biológicas do efluente. Equivalem a um tratamento auxiliar, permitindo que se obtenha qualidade equivalente a tratamentos avançados, o que depende também das condições hidrogeológicas locais.

Existem dois métodos de recarga de aquíferos, conforme Hespanhol (2002):

▶ INFILTRAÇÃO SUPERFICIAL UTILIZANDO BACIAS OU CANAIS DE INFILTRAÇÃO

Esse sistema também é conhecido como tratamento solo-aquífero (TSA). Vem sendo usado em várias partes do mundo, como na região do Dan, em Israel, no Chipre, na Califórnia, em Nevada, etc. com certo sucesso.

Nesse caso, são utilizados canais ou bacias de infiltração capazes de proporcionar tratamentos significativos, em função da passagem dos efluentes no perfil do solo, na camada insaturada e no próprio aquífero. Para tanto, as condições geológicas locais determinam sua aplicação, sendo desejável quando se tem solos permeáveis com taxas de infiltração média, aquífero não confinado, ausência de camadas impermeáveis, espessura da camada insaturada suficiente para estocar o volume de recarga e ausência de retenção excessiva de água no aquífero.

Uma análise dos parâmetros locais permite definir a implantação do projeto. Neste caso, é importante avaliar alguns parâmetros básicos como: tipo de solo; nível freático; volumes de recarga natural; características dos poços e bombeamentos existentes; vazão específica e transmissividade do aquífero; qualidade da água do aquífero no que se refere a cátions e ânions, poluição e fontes contaminantes que possam ocorrer.

Os custos com esse método são reduzidos em aproximadamente 40%, comparados a sistemas de tratamento convencionais equivalentes, que operam na superfície e apresentam eficiência na remoção de compostos orgânicos (DBO e DQO), patógenos (giárdia, vírus, coliformes fecais, criptosporídeos) e compostos inorgânicos (nitrogênio e metais pesados) (Hespanhol, 2002).

▶ Poços de injeção

Esse sistema requer a construção de poços projetados para tal finalidade, estritamente, que se estendem desde a superfície do solo até o aquífero.

O uso desses poços resulta em custos geralmente elevados, tanto para a construção do poço quanto para a aplicação do tratamento necessário ao efluente, visando a proteção da qualidade da água no aquífero.

Manutenção de vazão dos cursos d'água

Baseia-se na utilização de efluentes domésticos tratados na manutenção de vazão mínima em tempos de seca ou vazão ecológica, garantindo vazão para diluição de cargas poluidoras, manutenção da vida aquática e/ou condições de navegabilidade durante todo o ano.

REFERÊNCIAS BIBLIOGRÁFICAS

CHERNICHARO, C. A. L. **Reatores anaeróbios** – Princípios do tratamento biológico de águas residuárias. Departamento de Engenharia Sanitária e Ambiental da Universidade Federal de Minas Gerais, Belo Horizonte, 2000, v. 5.

PIVELI, R. P. **Notas de aula**: disciplina Tratamento de esgoto sanitário. Escola Politécnica da Universidade de São Paulo, 2007. 149p.

HESPANHOL, I. Potencial de reúso de água no Brasil – Agricultura, indústria, municípios e recarga de aquíferos, **Revista Brasileira de Recursos Hídricos**, v. 7, n. 4, out./dez. 2002, p. 75-95.

METCALF & EDDY, Inc. **Wastewater Engineering: Treatment, Disposal, Reuse**. 3. ed. McGraw-Hill: Nova York, 1991.

STRAUSS M.; BLUMENTHAL, U. J. **Human Waste Use in Agriculture and Aquaculture**: Utilization Practices and Health Perspectives. IRCWD Report n. 08/89, 1989. 250p.

4

Eutrofização em corpos d'água

CONCEITOS

Thomann e Mueller (1987) classificam as plantas aquáticas em duas categorias:

- plantas fixas – aderidas ou enraizadas: incluem as plantas aquáticas enraizadas de diversos tamanhos e as plantas microscópicas aderidas (algas bênticas);
- plantas que se movem livremente com a água – plantas aquáticas planctônicas: incluem o fitoplâncton microscópico, plantas flutuantes e outros tipos de plantas, como as algas cianofíceas, que podem flutuar na superfície e se mover com a corrente superficial.

Algas é uma designação abrangente de plantas simples, a maior parte delas microscópicas, que inclui tanto as plantas de movimentação livre, o fitoplâncton e as algas bênticas aderidas. Em todos os casos, as plantas obtêm a sua fonte de energia primária da energia luminosa, através do processo de fotossíntese.

A eutrofização é entendida como crescimento excessivo das plantas aquáticas, tanto planctônicas quanto aderidas, a níveis tais que sejam consideradas causadoras de interferências com os usos desejáveis do corpo d'água (Thomann; Mueller, 1987). Como se verá neste capítulo, o principal fator de estímulo é um nível excessivo de nutrientes no corpo d'água, principalmente nitrogênio e fósforo.

O processo de eutrofização pode ocorrer em rios, lagos e represas. É menos frequente em rios, devido ao fato de as condições ambientais serem mais desfavoráveis (turbidez e velocidades elevadas) para o crescimento de algas e outras plantas. Então, neste capítulo, serão enfocados, como corpos d'água, principalmente os lagos e as represas.

NÍVEIS DE EUTROFIZAÇÃO

O nível de eutrofização está comumente associado ao uso e à ocupação do solo predominante na bacia hidrográfica.

OCUPAÇÃO POR MATAS E FLORESTAS

Um lago situado em uma bacia hidrográfica ocupada por matas e florestas em geral apresenta baixa atividade biológica. Mesmo assim, ele tende a reter sólidos que se sedimentam, constituindo uma camada de lodo no fundo. Em função da decomposição do material sedimentado e do incremento do nível de nutrientes na massa líquida, há uma progressiva elevação na população de plantas aquáticas e, em consequência, de outros organismos situados em níveis superiores na cadeia alimentar.

Ao morrerem e caírem no solo, as plantas entram em decomposição, liberando nutrientes. Estes nutrientes infiltram-se no solo, juntamente com a água proveniente da chuva, e são absorvidos pelas raízes das plantas, fechando, desta forma, o ciclo. Assim, a contribuição dos nutrientes para o corpo d'água é reduzida.

OCUPAÇÃO AGRÍCOLA

O processo de deterioração de um corpo d'água é influenciado pela retirada da vegetação natural de uma bacia hidrográfica. As plantas cultivadas são retirados para consumo humano e, em consequência, há um decréscimo não compensado de nutrientes. A compensação para este decréscimo é realizada pela adição artificial de fertilizantes contendo nutrientes como nitrogênio e fósforo, muitas vezes em doses superiores à capacidade de assimilação das plantas. Assim, em casos em que a capacidade de infiltração no solo é reduzida, os nutrientes, em excesso, tendem a escoar superficialmente pelo terreno, até atingir, eventualmente, o lago ou a represa. Com o aumento no teor de nutrientes, cresce a população de algas e, em consequência, a vida aquática pode ser prejudicada, em função da redução do oxigênio disponível.

Ocupação urbana

A substituição da área agricultável por ocupação urbana gera uma série de consequências, conforme mostrado a seguir, que podem ocorrer de modo bem mais acelerado.

▶ Assoreamento

A urbanização provoca a movimentação de terra para construções e provoca a redução da capacidade de infiltração das águas no terreno. O solo carreado tende a seguir pelos fundos de vale, até atingir o lago ou a represa, onde sedimenta, devido à baixa velocidade de escoamento. Isso causa o assoreamento, reduzindo o volume útil do corpo d'água e servindo de meio suporte para o crescimento de plantas com maiores dimensões (macrófitas) próximo às margens do corpo hídrico.

▶ Drenagem pluvial urbana

A drenagem urbana transporta grande carga de nutrientes, o que contribui para uma elevação no teor de algas do corpo hídrico.

▶ Esgotos

Os esgotos oriundos das atividades urbanas são coonsiderados o maior fator de deterioração dos corpos hídricos, uma vez que contêm nitrogênio e fósforo, presentes nas fezes e na urina, nos restos de alimentos, nos detergentes e em outros subprodutos das atividades humanas. A contribuição de N e P através dos esgotos é bem superior à contribuição originada pela drenagem pluvial urbana.

Com o aumento de N e P, ocorre elevação nas populações de algas e outras plantas. Dependendo da capacidade de assimilação do corpo d'água, a população de algas poderá crescer a ponto de provocar uma série de problemas, dentre eles, a eutrofização. Em condições de alta taxa de fotossíntese, as algas poderão atingir superpopulações, constituindo uma camada superficial, similar a um caldo verde que impede a penetração da energia luminosa nas camadas inferiores do corpo hídrico, causando a morte das algas situadas nessas regiões e ocasionando uma série de outros problemas, como o mau cheiro.

PROBLEMAS DA EUTROFIZAÇÃO

Os principais problemas da eutrofização estão relacionados a estética, odores, mortandade de peixes, elevação nos custos de tratamento da água e desaparecimento do corpo hídrico.

▶ Problemas estéticos

Diminuição do uso da água para recreação e redução geral na atração turística, devido ao crescimento excessivo da vegetação, distúrbios com mosquitos e insetos, eventuais maus odores e eventual mortandade de peixes.

▶ Problemas de odores

No fundo do corpo d'água predominam condições anaeróbias, devido à sedimentação da matéria orgânica e à reduzida penetração do oxigênio, bem como à ausência de fotossíntese (ausência de luz). Com a anaerobiose, predominam condições redutoras, com compostos e elementos no estado reduzido:

- o ferro e o manganês, na forma solúvel, causam problemas ao abastecimento de água;
- o gás sulfídrico causa problemas de toxicidade e maus odores;
- o fosfato, também na forma solúvel, serve como fonte de fósforo para as algas.

Dependendo do grau de crescimento bacteriano, pode ocorrer mortandade de peixes e reintrodução dos compostos reduzidos em toda a massa líquida, com deterioração da qualidade da água, em períodos de mistura total da massa líquida (inversão térmica).

▶ Mortandades de peixes

A mortandade de peixes pode ocorrer em função da redução de oxigênio e da toxicidade por amônia.

Em condições de pH, a amônia apresenta-se em grande parte na forma livre (NH_3), tóxica aos peixes, ao invés de na forma ionizada ($NH4^+$), não tóxica.

▶ ELEVAÇÃO NOS CUSTOS DE TRATAMENTO E ABASTECIMENTO DA ÁGUA

Os custos para tratamento aumentam com o excesso de algas, devido à necessidade de remoção da própria alga, da cor, do sabor e do odor, além do maior consumo de produtos químicos e lavagens mais frequentes do sistema de filtragem.

O abastecimento para consumo humano, em alguns casos, pode não ser aceito, devido à toxicidade causada por secreções tóxicas de certas algas.

▶ DESAPARECIMENTO GRADUAL DO LAGO OU DA REPRESA

Em função da eutrofização e do assoreamento, pode ocorrer acúmulo de materiais e de vegetação, com redução na capacidade do lago, que pode desaparecer. Esse problema pode ser reduzido ou evitado com operações de controle/prevenção e dragagens, caso ocorra.

GRAUS DE TROFIA

Os níveis de trofia permitem caracterizar o estágio de eutrofização em que se encontra um corpo d'água, possibilitando a tomada de medidas preventivas e/ou corretivas. São classificados como:

- oligotrófico (lagos claros e com baixa produtividade);
- mesotrófico (lagos com produtividade intermediária);
- eutrófico (lagos com elevada produtividade, comparada ao nível natural básico).

Outros níveis tróficos, tais como: ultraoligotrófico, oligotrófico, oligomesotrófico, mesotrófico, mesoeutrófico, eutrófico, eupolitrófico, hipereutrófico (listados da menor para a maior produtividade) são apresentados de forma a se caracterizar com maior particularidade.

Um modo de caracterização qualitativa dos principais graus de trofia é apresentado no Quadro 4.1.

O nível trófico é mais difícil de ser quantificado em lagos tropicais. Além disso, ocorre variação em cada corpo hídrico. Corpos d'água tropicais apresentam maior capacidade de assimilação de fósforo do que corpos d'água de climas temperados. O nível de fósforo pode ser um indicativo para modelagens em lagos e represas e constitui uma variável representativa da poluição.

Quadro 4.1. Caracterização trófica de lagos e reservatórios.

Item	Classe de trofia				
	Ultraoligo-trófico	**Oligo-trófico**	**Meso-trófico**	**Eutrófico**	**Hipereu-trófico**
Biomassa	Bastante baixa	Reduzida	Média	Alta	Bastante alta
Fração de algas verdes	Baixa	Baixa	Variável	Alta	Bastante alta
Macrófitas	Baixa ou ausente	Baixa	Variável	Alta ou baixa	Baixa
Dinâmica de produção	Bastante baixa	Baixa	Média	Alta	Alta, instável
Oxigênio na camada superior	Normal-mente saturado	Normal-mente saturado	Variável em torno da supersa-turação	Frequente-mente super-saturado	Instável, de supersa-turação à ausência
Dinâmica de oxigênio na camada inferior	Normal-mente saturado	Normal-mente saturado	Variável abaixo da saturação	Abaixo da saturação para a completa au-sência	Bastante ins-tável, de su-persaturação à ausência
Prejuízo aos usos múltiplos	Baixo	Baixo	Variável	Alto	Bastante alto

Fonte: Adaptado de Vollenweider (apud Salas; Martino 1991).

No Quadro 4.2. apresentam-se faixas de valores de concentração de fósforo total para os principais graus de trofia.

Quadro 4.2. Faixas de valores aproximados de fósforo total para os principais graus de trofia.

Grau de trofia	Fósforo total na represa ($mg{\cdot}m^{-3}$)
Hipereutrófico	> 100
Eutrófico	25-100
Mesotrófico	10-50
Oligotrófico	< 10-20
Ultraoligotrófico	< 5

Fonte: Adaptado da base nos dados apresentados por Von Sperling (1994).

NUTRIENTE LIMITANTE

Denomina-se nutriente limitante aquele que, sendo essencial para determinada população, limita seu crescimento. Em baixas concentrações, o crescimento populacional é limitado. Com a elevação da concentração do nutriente limitante, o crescimento populacional também aumenta. Isso ocorre até o ponto em que a concentração desse nutriente passa a ser tão elevada no meio que outro nutriente torna-se o fator limitante, por não se apresentar em concentrações suficientes para suprir os elevados requisitos da grande população.

Com base na relação entre as concentrações de nitrogênio e fósforo (N/P), Thomann e Mueller (1987) sugerem a estimativa preliminar de controle do crescimento de algas em um lago conforme se segue:

- grandes lagos, com predominância de fontes não pontuais:
  N/P >> 10: limitação por fósforo;
- pequenos lagos, com predominância de fontes pontuais:
  N/P << 10: limitação por nitrogênio.

A maioria dos lagos tropicais da América Latina apresentam problemas de limitação por fósforo. Portanto, quando se pretende controlar a eutrofização em um corpo d'água, esse nutriente tem preferência no controle de suas fontes. Além disso, mesmo que se controle o fornecimento externo de nitrogênio, há algas com capacidade de fixá-lo do ar.

CARGA DE FÓSFORO AFLUENTE A UM LAGO OU REPRESA

Os esgotos domésticos são, na realidade, a maior fonte de contribuição de fósforo, conforme já mencionado. Com relação aos esgotos industriais, é difícil generalizar a sua contribuição, em virtude da grande variabilidade apresentada entre sistemas de produção e tipos de indústrias.

Na Tabela 4.1. apresentam-se valores típicos da contribuição unitária de fósforo, compilados de diversas referências nacionais e estrangeiras por Von Sperling (1986), para diversas fontes e tipos de uso.

CONCENTRAÇÃO DE FÓSFORO NO CORPO HÍDRICO

Uma série de modelos empíricos simplificados para estimar a concentração de fósforo no corpo hídrico, em função da carga afluente, do

Tabela 4.1. Contribuições unitárias de fósforo típicas para diferentes fontes.

Fonte	Tipo	Valores típicos	Unidade
Drenagem	Áreas de matas e florestas	10	$kgP \cdot km^{-2} \cdot ano^{-1}$
	Áreas agrícolas	50	$kgP \cdot km^{-2} \cdot ano^{-1}$
	Áreas urbanas	100	$kgP \cdot km^{-2} \cdot ano^{-1}$
Esgotos	Domésticos	1	$kgP \cdot km^{-2} \cdot ano^{-1}$

Fonte: Von Sperling (1986).

tempo de detenção e das características geométricas, é apresentada na literatura por vários autores, como Von Sperling (1995), Vollenweider (1968), Salas e Martino (1991). Os modelos empíricos podem ser utilizados com uma das seguintes aplicações:

- estimativa do nível trófico, com base nas considerações anteriores;
- estimativa da carga máxima admissível para que a concentração de fósforo resultante esteja dentro de um valor inferior ao da eutrofia.

A preferência tem sido dada à avaliação por métodos empíricos em relação à conceitual, devido à dificuldade de elaborar modelos de base física para o fósforo em uma represa, bem como de obter os valores dos coeficientes e dados de entrada necessários. O modelo empírico de Vollenweider (1976, apud Salas; Martino, 1991) é o mais conhecido, de abrangência mundial, desenvolvido para lagos em regiões temperadas. Para o nosso caso, o modelo para determinação da concentração de fósforo – P ($gP\ m^{-3}$) é apresentado em função da carga afluente de fósforo – L ($kgP \cdot ano^{-1}$), do volume da represa – V (m^3), do tempo de detenção hidráulica – t (ano), do coeficiente de perda de fósforo por sedimentação – K_s (ano^{-1}), conforme Equação 4.1.

$$P = L \cdot 10^3/\{V\{(1/t) + K_s\}\} \quad \textbf{(4.1)}$$

O valor de Ks foi obtido por análise de regressão em função do tempo de detenção na represa, conforme Equação 4.2.

$$K_s = t^{-0,5} \quad \textbf{(4.2)}$$

Em um lago tropical, o valor de K_s foi determinado por Castagnino (1982), ao analisar teoricamente a perda de fósforo por sedimentação. O valor encontrado foi 2,5 vezes o valor encontrado por Vollenweider. Este coeficiente de majoração de 2,5 é um fator composto pela multiplicação de 1,3, para a sedimentação facilitada pelas maiores temperaturas, e 1,9, pela aceleração na taxa de crescimento do fitoplâncton. Assim, o valor de K_s, corrigido para as condições tropicais, é dado pela Equação 4.3.

$$K_s = 2{,}5(t^{-0{,}5}) \qquad \textbf{(4.3)}$$

O valor de K_s também foi obtido por Salas e Martino (1991), por análise da regressão, verificando dados de 40 lagos e reservatórios na América Latina e no Caribe. Na Equação 4.4. é expresso o valor de K_s para essa situação.

$$K_s = 2(t^{-0{,}5}) \qquad \textbf{(4.4)}$$

Com os valores de K_s é possível realizar uma análise do balanço de massa pela Equação 4.1., que pode ser rearranjada para determinar a carga máxima admissível de fósforo (L) no lago ou na represa, para que não seja suplantado um valor máximo para a concentração de fósforo no lago, conforme Equação 4.5.

$$L = 0{,}001 \cdot P \cdot V \cdot \{(1/t) + K_s\} \qquad \textbf{(4.5)}$$

O valor de L é estimado de forma que P se situe abaixo do limite da eutrofia, principalmente quando se tem múltiplos usos da represa ou do lago.

CONTROLE DA EUTROFIZAÇÃO

As medidas para controle podem ser preventivas, com atuação na bacia hidrográfica e redução das fontes externas, ou corretivas, com atuação diretamente no lago ou na represa, por meio de processos mecânicos, biológicos e químicos. Sempre que possível, é melhor atentar para medidas preventivas, pois possibilitam menores custos e maior eficiência.

▶ Medidas preventivas

As medidas preventivas para redução de fósforo através de atuação nas fontes externas podem incluir estratégias relacionadas aos efluentes ou à drenagem pluvial.

O controle pelos efluentes líquidos pode ser realizado com o tratamento deles em nível terciário, obtendo-se remoção de nutrientes; com tratamento convencional e lançamento à jusante da represa; com transposição para outra bacia hidrográfica que não possua lagos ou represas; e com a disposição no solo.

A retirada de nutrientes pelo tratamento pode ser realizada com base em processos físico-químicos e biológicos. Com a remoção biológica de fósforo, podem-se atingir efluentes com concentrações em torno de 0,5 $mgP \cdot L^{-1}$.

O controle por drenagem pluvial pode ser realizado com base no controle do uso e da ocupação do solo na bacia, na faixa verde ao longo da represa e tributários, na construção de barragens de contenção.

▶ MEDIDAS CORRETIVAS

As medidas corretivas a serem adotadas, apresentadas no Quadro 4.3., podem incluir uma ou mais estratégias. Essas medidas, em alguns casos, podem implicar maior custo financeiro e ser trabalhosas. Sempre que possível, as medidas preventivas devem ser preferidas.

Quadro 4.3. Medidas corretivas para controle da eutrofização em função do processo utilizado.

Processo	Medida adotada
Mecânico	Aeração Remoção dos sedimentos Retirada de águas profundas Remoção de algas Remoção de macrofilas Sombreamento
Químico	Precipitação de nutrientes Uso de algicidas Oxidação do sedimento com nitratos Neutralização
Biológico	Biomanipulação Uso de cianófagos Uso de peixes herbívoros

ESTIMATIVA DA CARGA DE FÓSFORO - EXEMPLO

Pode-se estimar o grau de trofia em um reservatório com base na concentração de fósforo. Em caso de condições eutróficas, deve-se estimar a carga máxima admissível para que sejam evitadas, sendo dados:

- vazão média afluente: 50×10^5 $m^3 \cdot ano^{-1}$
- volume do reservatório: 10×10^5 m^3
- área de drenagem: 60 km^2

- área de matas: 40 km^2
- área agrícola: 10 km^2
- área urbana: 10 km^2
- características do esgoto: esgoto doméstico bruto
- população contribuinte: 8.000 habitantes.

Assim:

a) Estimativa da carga de P afluente ao reservatório

Com base nos valores de carga unitária propostos na Tabela 4.1., obtêm-se as seguintes cargas afluentes:

- Esgotos domésticos brutos: 8.000 hab. × 1,0 $kgP \cdot hab.^{-1} \cdot ano^{-1}$ = 8.000 $kgP \cdot ano^{-1}$
- Escoamento das áreas de matas: 40 km^2 × 10 $kgP \cdot km^{-2} \cdot ano^{-1}$ = 400 $kgP \cdot ano^{-1}$
- Escoamento das áreas agrícolas: 10 km^2 × 50 $kgP \cdot km^{-2} \cdot ano^{-1}$ = 500 $kgP \cdot ano^{-1}$
- Escoamento das áreas urbanas: 10 km^2 × 100 $kgP \cdot km^{-2} \cdot ano^{-1}$ = 1.000 $kgP \cdot ano^{-1}$

Carga total afluente ao reservatório:

8.000 + 400 + 500 + 1.000 = 9.900 $kgP \cdot ano^{-1}$

b) Estimativa do tempo de detenção hidráulica (t)

O tempo de detenção hidráulica é dado por:

$t = V/Q = 10 \times 10^6\ m^3/50 \times 10^6\ m^3 = 0{,}20$ ano

c) Estimativa da concentração de fósforo no reservatório

Adotando o modelo de Salas e Martino (1991) para K_s, Equação 4.1., tem-se:

$$P = L \cdot 10^3/\{V\{(1/t) + (2/t^{0,5})\}\}$$

$$P = 9.900 \cdot 10^3/\{10 \times 10^6\{(1/0,2) + (2/0,2^{0,5})\}\}$$

$$P = 105\ mgP \cdot m^{-3}$$

d) Avaliação do grau de trofia do reservatório

Com base na concentração de P de 105 $mgP\ m^{-3}$ e na interpretação do Quadro 4.2., tem-se que o reservatório está aproximadamente no limite entre eutrofia e hipereutrofia. São necessárias medidas de controle para que o lago não se apresente em condições eutróficas.

e) Redução da carga afluente de fósforo

A carga afluente deve ser reduzida até um valor abaixo do limite de eutrofia. Isso pode ser realizado com medidas preventivas de controle de esgotos e drenagem pluvial.

Com base no Quadro 4.2., pode-se admitir um valor não muito conservador, de 50 $mgP \cdot m^{-3}$ como limite entre mesotrofia e eutrofia. Nestas condições, a carga máxima admissível de fósforo ao reservatório é dada pela Equação 4.5., utilizando o valor de K_s dado por Salas e Martino (1991):

$$L = 0{,}001 \cdot P \cdot V \cdot \{(1/t) + (2/t^{0{,}5})\}$$

$$L = 0{,}001 \times 0{,}05 \times 10 \times 10^6\{(1/0{,}2) + (2/0{,}2^{0{,}5})\}$$

$$L = 4.736 \text{ kgP} \cdot \text{ano}^{-1}$$

A redução da carga afluente deverá ser de 9.900 $kgP \cdot ano^{-1}$ para 4.736 $kgP \cdot ano^{-1}$. Isso poderá ocorrer com ação integrada no controle dos esgotos e do escoamento superficial.

REFERÊNCIAS BIBLIOGRÁFICAS

CASTAGNINO, W. A. **Investigación de models simplificados de eutroficación em lagos tropicales.** Pan American Health organization (PAHO), Pan American Center for Sanitary Engineering and Environmental Sciences (Cepis). Revised version. Lima, 1982. 30p.

SALAS; MARTINO. A Simplified Phosphorus Trophic State Model for Warm-Water Tropical Lakes. **Wat. Res.** v. 25, n. 3, 1991, p. 341-50.

THOMANN, R. V.; MUELLER, J. A. **Principles of Surface Water Quality Modeling and Control.** Harper Collins, 1987.

VOLLENWEIDER, R. A. **Scientific Fundamentals of the Eutrophication of Lakes and Flowing Waters, with Particular Reference to Nitrogen and Phosphorus as Factors in Eutrophication.** Report to the Organization of Economic Cooperation and Development, Paris. DAS/CSI/68, 27, 1, 1968.

VON SPERLING, M. **Introdução à qualidade das águas e ao tratamento de esgotos - princípios do tratamento biológico de águas residuárias.** 2. ed. Belo Horizonte: Departamento de Engenharia Sanitária e Ambiental, Universidade Federal de Minas Gerais, 1995, v. 1. 240p.

VON SPERLING, M. **Princípios do tratamento biológico de águas residuárias.** Universidade Federal de Minas Gerais: Departamento de Engenharia Sanitária e Ambiental, 1986, v. 3, p. 14-5.

VON SPERLING, M. Critérios de dados para uma seleção preliminar de tratamento de resíduos de esgoto. **Bio**, São Paulo, 1994, v. 3, n. 1, p. 7-21.

5

Padrões para reúso e destinação dos efluentes

A questão sobre o reúso de água já vem sendo tratada desde a criação da Agenda 21 (1996), que aborda o tratamento e a reutilização segura dos resíduos líquidos domésticos e industriais em zonas urbanas e rurais. O reúso é uma forma de destinação dos efluentes no final das atividades de que participam, em que se utiliza a água duas ou mais vezes após ser tratada. Com isso, é possível minimizar os impactos causados pelo lançamento de efluentes sem tratamento nos corpos hídricos, preservando os recursos naturais e contribuindo para a sustentabilidade. O reúso planejado já é uma solução que vem sendo adotada com sucesso em vários países, em diversos processos.

O processo de reúso e destinação final dos efluentes implica atender aos padrões de qualidade, para que possa ocorrer de forma sanitária, de acordo com as diretrizes de cada país ou região. As diretrizes apresentam formas de gestão, regulamentam os usos, abordam as condições de outorga e licenciamento e tratam sobre aspectos sanitários dos efluentes.

PADRÕES PARA REÚSO E RISCOS INERENTES À SAÚDE

A determinação dos padrões para cada tipo de reúso ou destinação deve estar embasada em vários fatores, como:

- eficiência e segurança obtidas no tratamento dos efluentes;
- conhecimento dos possíveis riscos;
- conhecimento das características dos efluentes;
- conhecimento das condições ambientais;
- conhecimento dos problemas epidemiológicos;
- condições tecnológicas e outros.

Um bom sistema de reúso e destinação final de efluentes pode proporcionar muitas vantagens para a população e o meio ambiente. Dentre elas, podem-se destacar:

- preservação dos recursos hídricos superficiais e subterrâneos;
- mitigação da poluição por descargas de efluentes no meio ambiente;
- preservação do solo e melhoria de suas características físicas e químicas pela matéria orgânica e pelos nutrientes dispostos;
- possibilidade de aumento na produção agrícola, quando se utiliza o efluente para ferti-irrigação.

Por outro lado, o reúso indiscriminado, sem controle, pode provocar problemas de risco à saúde e ao meio ambiente, comprometendo a implementação dessa prática. Os riscos estão diretamente relacionados à contaminação que o efluente pode causar, uma vez que pode conter produtos tóxicos e micro-organismos patogênicos em níveis acima daqueles permitidos pela legislação ou aos quais o organismo humano resiste.

No Quadro 5.1. são apresentados os principais riscos inerentes ao homem em função do tipo de reúso.

LEGISLAÇÃO VIGENTE E CLASSIFICAÇÃO DAS ÁGUAS

Os padrões são regidos por leis federais, estaduais e pela OMS (Organização Mundial de Saúde). No Brasil, a Resolução Conama (Conselho Nacional de Meio Ambiente) 357, de 17 de março de 2005, regulamenta o lançamento e reúso de efluentes em função da atividade desejada e das características físicas, químicas e biológicas.

Essa Resolução Conama 357 (2005) classifica as águas, segundo seus usos preponderantes e qualidade requerida, em treze classes de qualidade. As águas de melhor qualidade podem ser aproveitadas em uso menos exigente, desde que este não prejudique a qualidade delas,

Quadro 5.1. Riscos à saúde humana em função do tipo de reúso de efluentes.

Forma de reúso	Riscos à saúde
Agrícola	• Contaminação de consumidores por alimentos contaminados com organismos patogênicos e/ou substâncias químicas. • Contaminação do público por aerossóis. • Contaminação direta dos trabalhadores. • Contaminação de consumidores de animais que se alimentam de pastagens irrigadas ou que são criados em lagoas contaminadas.
Industrial	• Conexão cruzada entre sistemas de água potável e de reúso. • Pode haver contaminação de produtos comestíveis, quando a água de reúso é utilizada em processos industriais. • Contaminação direta de trabalhadores.
Recreacional	• Doenças de veiculação hídrica, infecções nos olhos, ouvidos e nariz. • Contaminação direta de trabalhadores. • Ingestão de contaminantes químicos ou irritação dos olhos e das mucosas, devido aos efluentes contaminados.
Recarga de aquífero	• Contaminação direta de trabalhadores. • Contaminação dos aquíferos utilizados como fonte de água potável.
Reúso urbano não potável	• Contaminação de trabalhadores. • Contato com água contaminada utilizada para irrigação de parques, jardins e lavagens de rua. • Conexão cruzada entre sistemas de água de reúso e potável.
Reúso potável	• Contaminação direta de trabalhadores. • Ingestão de contaminantes químicos e biológicos.

Fonte: Rodrigues, 2005.

atendidos outros requisitos pertinentes. As águas doces apresentam cinco classes, a saber:

I – Classe especial: Águas destinadas

a) ao abastecimento para consumo humano, com desinfecção;

b) à preservação do equilíbrio natural das comunidades aquáticas;

c) à preservação dos ambientes aquáticos em unidades de conservação e proteção integral.

II – Classe 1: Águas que podem ser destinadas

a) ao abastecimento para consumo humano, após tratamento simplificado;

b) à proteção das comunidades aquáticas;

c) à recreação de contato primário, como natação, esqui aquático e mergulho, conforme Resolução Conama 274 (2000);

d) à irrigação de hortaliças consumidas cruas e de frutas que se desenvolvam rente ao solo e são ingeridas cruas, sem remoção de película;

e) à proteção das comunidades aquáticas em terras indígenas.

III – Classe 2: Águas que podem ser destinadas

a) ao abastecimento para consumo humano, após tratamento convencional;

b) à proteção das comunidades aquáticas;

c) à recreação de contato primário, como natação, esqui aquático e mergulho, conforme Resolução Conama 274 (2000);

d) à irrigação de hortaliças, plantas frutíferas e de parques, jardins, campos de esporte e lazer com os quais o público possa vir a ter contato direto;

e) à aquicultura e à atividade de pesca.

IV – Classe 3: Águas que podem ser destinadas

a) ao abastecimento para consumo humano, após tratamento convencional ou avançado;

b) à irrigação de culturas arbóreas, cerealíferas e forrageiras;

c) à pesca amadora;

d) à recreação de contato secundário;

e) à dessedentacão de animais.

V – Classe 4: Águas que podem ser destinadas

a) à navegação;

b) à harmonia paisagística.

No Quadro 5.2. apresenta-se uma classificação das águas de acordo com seus possíveis usos.

Quadro 5.2. Uso preponderante das águas em função da classificação apresentada.

Uso	Especial	Classe							
		Doces				Salinas		Salobras	
		1	2	3	4	5	6	7	8
Abastecimento público	x	x(A)	x(B)	x(B)					
Preservação e equilíbrio natural das comunidades aquáticas	x								
Recreação de contato primário		x	x			x		x	
Proteção das comunidades aquáticas		x	x			x		x	
Irrigação		x(C)	x(D)	x(E)					
Criação de espécies (aquicultura)		x	x			x		x	
Dessedentação de animais					x				
Navegação					x		x		x
Harmonia paisagística					x		x		x
Recreação de contato secundário							x		x
Usos menos exigentes					x				

Fonte: Adaptado de Fiori (2005).
A Após tratamento simplificado.
B Após tratamento convencional.
C Hortaliças consumidas cruas e frutas que se desenvolvem rente ao solo e são ingeridas cruas, sem remoção da película.
D Hortaliças e plantas frutíferas.
E Culturas arbóreas, cerealíferas e forrageiras.

CONDIÇÕES E PADRÕES PARA LANÇAMENTO DE EFLUENTES

Ainda de acordo com a Resolução Conama 357 (2005, p. 19-22), algumas condições devem ser consideradas para lançamento de efluentes, conforme se segue:

> Art. 24. Os efluentes de qualquer fonte poluidora somente poderão ser lançados, direta ou indiretamente, nos corpos de água, após o devido tratamento e desde que obedeçam às condições, padrões e exigências dispostos nesta Resolução e em outras normas aplicáveis.
>
> Parágrafo único. O órgão ambiental competente poderá, a qualquer momento:

I – acrescentar outras condições e padrões, ou torná-los mais restritivos, tendo em vista as condições locais, mediante fundamentação técnica; e

II – exigir a melhor tecnologia disponível para o tratamento dos efluentes, compatível com as condições do respectivo curso de água superficial, mediante fundamentação técnica.

Art. 25. É vedado o lançamento e a autorização de lançamento de efluentes em desacordo com as condições e padrões estabelecidos nesta Resolução.

Parágrafo único. O órgão ambiental competente poderá, excepcionalmente, autorizar o lançamento de efluentes acima das condições e padrões estabelecidos no art. 34 desta resolução, desde que observados os seguintes requisitos:

I – comprovação de relevante interesse público, devidamente motivado;

II – atendimento ao enquadramento e às metas intermediárias e finais, progressivas e obrigatórias;

III – realização de Estudo de Impacto Ambiental – EIA, às expensas do empreendedor responsável pelo lançamento;

IV – estabelecimento de tratamento e exigências para este lançamento; e

V – fixação de prazo máximo para o lançamento excepcional.

Art. 26. Os órgãos ambientais federal, estaduais e municipais, no âmbito de sua competência, deverão, por meio de norma específica ou no licenciamento da atividade ou empreendimento, estabelecer a carga poluidora máxima para o lançamento de substâncias passíveis de estarem presentes ou serem formadas nos processos produtivos, listadas ou não no art. 34 desta Resolução, de modo a não comprometer as metas progressivas obrigatórias, intermediárias e final, estabelecidas pelo enquadramento para o corpo de água.

§ 1º No caso de empreendimento de significativo impacto, o órgão ambiental competente exigirá, nos processos de licenciamento ou de sua renovação, a apresentação de estudo de capacidade de suporte de carga do corpo de água receptor.

§ 2º O estudo de capacidade de suporte deve considerar, no mínimo, a diferença entre os padrões estabelecidos pela classe e as concentrações existentes no trecho desde a montante, estimando a concentração após a zona de mistura.

§ 3º Sob pena de nulidade da licença expedida, o empreendedor, no processo de licenciamento, informará ao órgão ambiental as substâncias, entre aquelas previstas nesta Resolução para padrões de qualidade de água, que poderão estar contidas no seu efluente.

§ 4º O disposto no § 1º aplica-se também às substâncias não contempladas nesta resolução, exceto se o empreendedor não tinha condições de saber de sua existência nos seus efluentes.

Art. 27. É vedado, nos efluentes, o lançamento dos Poluentes Orgânicos Persistentes – POPs mencionados na Convenção de Estocolmo, ratificada pelo Decreto Legislativo nº 204, de 7 de maio de 2004.

Parágrafo único. Nos processos onde possa ocorrer a formação de dioxinas e furanos deverá ser utilizada a melhor tecnologia disponível para a sua redução, até a completa eliminação.

Art. 28. Os efluentes não poderão conferir ao corpo de água características em desacordo com as metas obrigatórias progressivas, intermediárias e final, do seu enquadramento.

§ 1º As metas obrigatórias serão estabelecidas mediante parâmetros.

§ 2º Para os parâmetros não incluídos nas metas obrigatórias, os padrões de qualidade a serem obedecidos são os que constam na classe na qual o corpo receptor estiver enquadrado.

§ 3º Na ausência de metas intermediárias progressivas obrigatórias, devem ser obedecidos os padrões de qualidade da classe em que o corpo receptor estiver enquadrado.

Art. 29. A disposição de efluentes no solo, mesmo tratados, não poderá causar poluição ou contaminação das águas.

Art. 30. No controle das condições de lançamento, é vedada, para fins de diluição antes do seu lançamento, a mistura de efluentes com águas de melhor qualidade, tais como as águas de abastecimento, do mar e de sistemas abertos de refrigeração sem recirculação.

Art. 31. Na hipótese de fonte de poluição geradora de diferentes efluentes ou lançamentos individualizados, os limites constantes desta Resolução aplicar-se-ão a cada um deles ou ao conjunto após a mistura, a critério do órgão ambiental competente.

Art. 32. Nas águas de classe especial é vedado o lançamento de efluentes ou disposição de resíduos domésticos, agropecuários, de aquicultura, industriais e de quaisquer outras fontes poluentes, mesmo que tratados.

§ 1º Nas demais classes de água, o lançamento de efluentes deverá, simultaneamente:

I – atender às condições e padrões de lançamento de efluentes;

II – não ocasionar a ultrapassagem das condições e padrões de qualidade de água, estabelecidos para as respectivas classes, nas condições da vazão de referência; e

III – atender a outras exigências aplicáveis.

§ 2º No corpo de água em processo de recuperação, o lançamento de efluentes observará as metas progressivas obrigatórias, intermediárias e final.

Art. 33. Na zona de mistura de efluentes, o órgão ambiental competente poderá autorizar, levando em conta o tipo de substância, valores em desacordo com os estabelecidos para a respectiva classe de enquadramento, desde que não comprometam os usos previstos para o corpo de água.

Parágrafo único. A extensão e as concentrações de substâncias na zona de mistura deverão ser objeto de estudo, nos termos determinados pelo órgão ambiental competente, às expensas do empreendedor responsável pelo lançamento.

Art. 34. Os efluentes de qualquer fonte poluidora somente poderão ser lançados, direta ou indiretamente, nos corpos de água desde que obedeçam às condições e padrões previstos neste artigo, resguardadas outras exigências cabíveis:

§ 1º O efluente não deverá causar ou possuir potencial para causar efeitos tóxicos aos organismos aquáticos no corpo receptor, de acordo com os critérios de toxicidade estabelecidos pelo órgão ambiental competente.

§ 2º Os critérios de toxicidade previstos no § 1º devem se basear em resultados de ensaios ecotoxicológicos padronizados, utilizando organismos aquáticos, e realizados no efluente.

§ 3º Nos corpos de água em que as condições e padrões de qualidade previstos nesta Resolução não incluam restrições de toxicidade a organismos aquáticos, não se aplicam os parágrafos anteriores.

§ 4º Condições de lançamento de efluentes:

I – pH entre 5 a 9;

II – temperatura: inferior a 40°C, sendo que a variação de temperatura do corpo receptor não deverá exceder a 3°C na zona de mistura;

III – materiais sedimentáveis: até 1 mL/L em teste de 1 hora em cone Imhoff. Para o lançamento em lagos e lagoas, cuja velocidade de circulação seja praticamente nula, os materiais sedimentáveis deverão estar virtualmente ausentes;

IV – regime de lançamento com vazão máxima de até 1,5 vezes a vazão média do período de atividade diária do agente poluidor, exceto nos casos permitidos pela autoridade competente;

V – óleos e graxas:

1 – óleos minerais: até 20 mg/L;

2 – óleos vegetais e gorduras animais: até 50 mg/L; e

VI – ausência de materiais flutuantes.

Art. 35. Sem prejuízo do disposto no inciso I do § 1º do art. 24 desta Resolução, o órgão ambiental competente poderá, quando a vazão do corpo de água estiver abaixo da vazão de referência, estabelecer restrições e medidas adicionais, de caráter excepcional e temporário, aos lançamentos de efluentes que possam, dentre outras consequências:

I – acarretar efeitos tóxicos agudos em organismos aquáticos; ou

II – inviabilizar o abastecimento das populações.

Art. 36. Além dos requisitos previstos nesta Resolução e em outras normas aplicáveis, os efluentes provenientes de serviços de saúde e estabelecimentos nos quais haja despejos infectados com micro-organismos patogênicos só poderão ser lançados após tratamento especial.

Art. 37. Para o lançamento de efluentes tratados no leito seco de corpos de água intermitentes, o órgão ambiental competente definirá, ouvido o órgão gestor de recursos hídricos, condições especiais.

A seguir apresentam-se alguns padrões de emissão de esgotos em águas naturais constantes na legislação do Estado de São Paulo, no Decreto nº 8.468 que regulamenta a Lei nº 997 de 1976, na legislação federal, e na Resolução Conama 357 (2005).

▶ Padrões de emissão de esgotos – Decreto Nº 8.468

- pH: entre 5 e 9
- Temperatura: inferior a 40°C
- Sólidos sedimentáveis: inferior a 1 mL·L^{-1}
- $DBO_{5,20}$: inferior a 60 mg·L^{-1} ou 80% de redução

▶ Padrões de emissão de esgotos – Resolução Conama 357

- pH: entre 5 e 9
- Temperatura: inferior a 40°C
- Sólidos sedimentáveis: inferior a 1 mL·L^{-1}
- Amônia total: inferior a 20 mg·L^{-1}

O padrão de emissão de 20 mg·L^{-1} para amônia não pode ser atendido pela grande maioria dos processos de tratamento biológicos, exceto os aeróbios com idade do lodo elevada.

Apresentam-se a seguir, a título de ilustração, alguns padrões de qualidade estabelecidos nas legislações para uma água natural classe 2, que pode ser utilizada inclusive para abastecimento público após tratamento e irrigação de algumas culturas.

▶ Padrões de qualidade – Águas classe 2 – Decreto estadual N° 8.468 do Estado de São Paulo

- Oxigênio dissolvido: não inferior a 5 mg·L^{-1};
- $DBO_{5,20}$: inferior a 5 mg·L^{-1};
- Coliformes totais: não superior a 5.000 por 100 mL
- Coliformes fecais: não superior a 1.000 por 100 mL

▶ Padrões de qualidade – Águas doces classe 1 – Resolução Conama 357/2005

- pH: entre 6 e 9
- Oxigênio dissolvido: não inferior a 5 mg·L^{-1}
- $DBO_{5,20}$: inferior a 5 mg·L^{-1}
- Coliformes totais: não superior a 5.000 por 100 mL
- Coliformes fecais: não superior a 1.000 por 100 mL

- Amônia total:
  - 3,7 mg de nitrogênio por litro para pH $\leq$ 7,5
  - 2,0 mg de nitrogênio por litro para 7,5 $<$ pH $\leq$ 8,0
  - 1,0 mg de nitrogênio por litro para 8,0 $<$ pH $\leq$ 8,5
  - 0,5 para pH $>$ 8,5

Os limites de amônia são estabelecidos em função do pH, tendo em vista que, quanto mais elevado, maior é a parcela de amônia gasosa, NH_3, que é mais tóxica. O íon amônio, NH_4^+, menos tóxico, predomina em faixas mais baixas de pH.

- Fósforo total:
  - 0,02 mg de fósforo por litro para ambientes lênticos
  - 0,025 mg de fósforo por litro para ambientes intermediários, com tempo de residência entre 2 e 40 dias e tributários diretos de ambiente lêntico
  - 0,1 mg de fósforo por litro para ambiente lótico e tributários de ambientes intermediários

Uma dificuldade frequente, no atendimento à legislação federal, refere-se ao padrão para fósforo, bastante restritivo. Pode ser observado também que dificilmente se terá uma condição de diluição dos esgotos tratados no corpo receptor que dispense a desinfecção final deles antes do lançamento. Mesmo com o emprego de tratamento físico-químico, à base de coagulante, após o tratamento biológico é possível que não sejam alcançadas as condições para o enquadramento.

De acordo com as normas de saúde pública, para a aplicação de efluentes domésticos ou de criatórios de animais, é necessário primeiro avaliar suas características microbiológicas e bioquímicas, considerando o tipo de cultura, de solo, o sistema de irrigação e a forma como o produto será consumido. Algumas recomendações são apresentadas a seguir.

- Culturas que não são consumidas diretamente – a World Health Organisation – WHO (1989) recomenda tratamento primário para ferti-irrigação.
- Culturas que são consumidas diretamente – recomenda-se tratamento secundário e uma provável desinfecção e filtração.
- Efluentes cujo contato direto ocorre com pessoas que os manipulam, como é o caso do ferti-irrigante – é necessário tratamento

primário e secundário mais filtragem e desinfecção; quando não há contato direto, é necessário tratamento primário e secundário.

- Águas residuárias de processamento de produtos agropecuários, como soro de leite, vinhaça, etc. – estão presumivelmente isentas de contaminação microbiológica, podendo ser diretamente aplicadas no solo, devendo-se, portanto, considerar suas características químicas. A vinhaça tem sido aplicada quase exclusivamente na cana-de-açúcar, por razões econômicas e práticas.
- Águas provindas de agroindústrias – podem ser aplicadas em forrageiras, grandes culturas, florestas.

PARÂMETROS PARA REÚSO DE EFLUENTES

No Brasil, a NBR 13.969 (1997) da ABNT, relacionada a "Tanques sépticos – Unidade de tratamento complementar e disposição final dos efluentes líquidos – Projeto, construção e operação", dispõe sobre planejamento do sistema de reúso. O reúso local de esgoto deve ser planejado de maneira tal que seja permitida sua aplicação segura e racional para minimizar o custo de implantação da operação. Dessa forma, é importante que sejam definidos:

- o volume de esgoto a ser reutilizado;
- o grau de tratamento necessário;
- os usos previstos para o esgoto tratado;
- o sistema de reservação e distribuição;
- o manual de operação e treinamento dos operadores.

O volume de esgoto a ser reutilizado deve ser determinado conforme os usos definidos. Em cada tipo de reúso é estimado um volume e, ao final, soma-se o total. Nessa etapa, devem ser consideradas condições como: frequência de uso, clima e sazonalidade de reúso.

Devem ser considerados todos os usos necessários ao usuário, tais como lavagem de pisos, calçadas, irrigação de jardins e pomares, manutenção das água nos canais e lagos dos jardins, nas descargas dos banheiros, etc. Não deve ser permitido o uso de efluente, mesmo desinfetado, para irrigação de hortaliças e frutas de ramas rastejantes (por exemplo, melão e melancia). Admite-se seu reúso em plantações de milho, arroz, trigo, café e outras árvores frutíferas, via escoamento no solo, tomando o cuidado de interromper a irrigação pelo menos dez dias antes da colheita.

O grau de tratamento para uso múltiplo de esgoto tratado é definido, regra geral, pelo uso mais restringente quanto à qualidade desse esgoto. No entanto, conforme os volumes estimados para cada uso, podem ser previstos graus progressivos de tratamento (por exemplo, se o volume destinado para uso com menor exigência for expressivo, não haveria necessidade de submeter todo o volume de esgoto a ser reutilizado ao grau máximo de tratamento, mas apenas uma parte, reduzindo o custo de implantação e operação), desde que haja sistemas distintos de reservação e de distribuição. Nos casos simples de reúso menos exigente (por exemplo, descarga de vasos sanitários), pode-se prever o uso da água de enxágue das máquinas de lavar, apenas desinfetando, reservando aquelas águas e recirculando no vaso, em vez de enviá-las para o sistema de esgoto para posterior tratamento.

Em termos gerais, podem ser definidas as seguintes classificações e os respectivos valores de parâmetros para os efluentes, conforme o reúso, apresentados no Quadro 5.3.

Todos os processos de tratamento e disposição final de esgotos devem ser submetidos a avaliação periódica de desempenho, tanto para determinar o grau de poluição causado pelo sistema de tratamento implantado como para avaliar o sistema implantado em si, para efeitos de garantia do processo oferecido pelo fornecedor. Essa avaliação deve ser mais frequente e minuciosa nas áreas consideradas sensíveis do ponto de vista da proteção de mananciais.

A amostragem do afluente e do efluente do sistema local de tratamento deve ser feita, exceto na fase inicial de operação, quando deve haver acompanhamento pelo menos quinzenal, até entrar em regime com frequência pelo menos trimestral.

O tipo de amostragem a ser considerado deve ser composto proporcionalmente à vazão, com campanha horária abrangendo pelo menos 12 horas consecutivas. Quando não houver condições para a determinação correta da vazão, ela deverá ser estimada conforme as observações baseadas nos usos da água. Para o monitoramento dos sistemas de infiltração no solo (vala de infiltração, sumidouro, canteiro de infiltração e de evapotranspiração), devem ser feitas amostragens a partir dos poços ou de cavas escavadas em volta das unidades, em profundidades distintas,

Quadro 5.3. Classificação conforme o reúso e parâmetros de análise dos efluentes.

Classes	Parâmetros	Observações
Classe 1 - Lavagem de carros e outros usos que requerem o contato direto do usuário com a água, com possível aspiração de aerossóis pelo operador, incluindo chafarizes	• turbidez – < 5 UNT • coliforme fecal – inferior a 200 NMP/100 mL • sólidos dissolvidos totais – inferior a 200 $mg{\cdot}L^{-1}$ • pH entre 6,0 e 8,0 • cloro residual – entre 0,5 e 1,5 $mg{\cdot}L^{-1}$	Nesse nível, em geral serão necessários tratamentos aeróbios (filtro aeróbio submerso ou lodo ativado por batelada – LAB), seguidos por filtração convencional (areia e carvão ativado) e, finalmente, cloração. Pode-se substituir a filtração convencional por membrana filtrante.
Classe 2 - Lavagem de pisos, calçadas e irrigação de jardins, manutenção de lagos e canais para fins paisagísticos, exceto chafarizes	• turbidez – inferior a 5 • coliforme fecal – inferior a 500 NMP/100 mL • cloro residual – superior a 0,5 $mg{\cdot}L^{-1}$	Nesse nível é satisfatório um tratamento biológico aeróbio (filtro aeróbio submerso ou LAB) seguido de filtração de areia e desinfecção. Pode-se também substituir a filtração por membranas filtrantes.
Classe 3 - Reúso nas descargas dos vasos sanitários	• turbidez – inferior a 10 • coliforme fecal – inferior a 500 NMP/100 mL	Normalmente, as águas de enxágue das máquinas de lavar roupa satisfazem esse padrão, sendo necessária apenas uma cloração. Para casos gerais, um tratamento aeróbio seguido de filtração e desinfecção satisfaz esse padrão.
Classe 4 - Reúso nos pomares, cereais, forragens, pastagens para gado e outros cultivos, através de escoamento superficial ou por sistema de irrigação pontual	• coliforme fecal – inferior a 5.000 NMP/100 mL • oxigênio dissolvido – acima de 2,0 $mg{\cdot}L^{-1}$	As aplicações devem ser interrompidas pelo menos dez dias antes da colheita.

Fonte: ABNT-NBR 13.969 (1997).

por meio de amostras compostas não proporcionais. Os parâmetros a serem analisados são relativos ao que se segue:

- nos lançamentos aos corpos receptores superficiais e nas galerias de águas pluviais, aqueles definidos na legislação municipal, estadual e federal;
- na disposição no subsolo, nitrato, pH, coliformes fecais e vírus.

Todas as amostras coletadas devem ser imediatamente preservadas e analisadas de acordo com os procedimentos descritos no Standard Methods for Examination of Water Wastewater, editado por Eaton, Clesceri e Greenberg (1995).

O reúso local de esgoto seguro e racional tem como base um sistema de reservação e de distribuição. Ao mesmo tempo, esse sistema, para reúso, deve ser identificado de modo claro e inconfundível, para não ocorrer uso errôneo ou mistura com o sistema de água potável ou outros fins.

Devem ser observados os seguintes aspectos referentes ao sistema:

- Todo o sistema de reservação deve ser dimensionado para atender pelo menos 2 horas de uso de água no pico da demanda diária, exceto para emprego na irrigação da área agrícola ou pastoril.
- Todo o sistema de reservação e de distribuição do esgoto a ser reutilizado deve ser claramente identificado, através de uso de placas de advertência nos locais estratégicos e nas torneiras, além do emprego de cores nas tubulações e nos tanques de reservação, distintas das de água potável.
- Quando houver empregos múltiplos de reúso com qualidades distintas, deve-se optar pela reservação distinta das águas, com clara identificação das classes de qualidade nos reservatórios e nos sistemas de distribuição.
- No caso de reúso direto das águas da máquina de lavar roupa para uso na descarga dos vasos sanitários, deve-se prever a reservação do volume total da água de enxágue.
- O sistema de reservação para aplicação nas culturas cujas demandas por água não são constantes durante o seu ciclo deve prever uma preservação ou área alternada destinada ao uso da água sobressalente na fase de menor demanda.

Todos os gerenciadores dos sistemas de reúso, principalmente aqueles que envolvem condomínios residenciais ou comerciais com grande número de pessoas voltadas para a manutenção de infraestruturas básicas, devem indicar o responsável pela manutenção e operação do sistema de reúso de esgoto. Para tanto, o responsável pelo planejamento e pelo projeto deve fornecer manuais do sistema de reúso, contendo figuras e especificações técnicas quanto ao sistema de tratamento, à reservação e distribuição, aos procedimentos para a operação correta, além de oferecer treinamento adequado aos responsáveis pela operação.

REFERÊNCIAS BIBLIOGRÁFICAS

ASSOCIAÇÃO DE NORMAS TÉCNICAS – ABNT. **NBR 13.969**: Tanques sépticos – Unidades de tratamento complementar e disposição final dos efluentes líquidos – Projeto, construção e operação. Rio de Janeiro, 1997. 60p.

AGENDA 21. **Conferência das Nações Unidas sobre o Meio Ambiente e Desenvolvimento**. Brasília, Senado Federal, 1996.

BRASIL. Conselho Nacional do Meio Ambiente – Conama. Resolução Conama nº 274, de 29 de novembro de 2000. Estabelece a classificação das águas doces, salobras e salinas do Território Nacional. **Diário Oficial [da] República Federativa do Brasil**. Brasília, DF, 8 jan. 2001. Disponível em: http://www.mma.gov.br/port/conama/res/. Acesso em: 29 abr. 2011.

CONSELHO NACIONAL DE MEIO AMBIENTe – CONAMA. **Resolução 357/2005**. Dispõe sobre a classificação dos corpos d'água e diretrizes ambientais para seu enquadramento, bem como estabelece as condições e padrões de lançamento de efluentes, e dá outras providências. Conama, mar. 2005.

EATON, A. D.; CLESCERI, L. S.; GREENBERG, A. F. **Standard Methods: for the examination of Water and Wastewater**. Washington: American Public Healt Association, 1995.

FIORI, S. **Potencial de reúso de água cinza em edifícios residenciais multifamiliares**. Passo Fundo, RS, 2005. 143f. Dissertação (Mestrado em Engenharia) – Universidade de Passo Fundo.

RODRIGUES, R. S. **As dimensões legais e institucionais de reúso de água no Brasil**: proposta de regulamentação de reúso no Brasil. São Paulo, 2005. 191f. Dissertação (Mestrado em Engenharia Hidráulica) – Escola Politécnica, Universidade de São Paulo.

WHO. **Health Guidelines for the Use of Wastewater in Agriculture and Aquaculture**. World Health Organisation Technical Report, Geneva, 1989. (Series, nº 778).

6

Coleta, concepções e processos para tratamento de resíduos líquidos

O lançamento de efluentes de forma inadequada no meio ambiente provoca graves problemas, como o aumento na produção de algas, na deposição de sólidos e no número de coliformes totais nos cursos de água. A contaminação da ictiofauna, bem como o aumento na mortandade de peixes e nos custos do tratamento da água, são alguns impactos diretos gerados por essa prática. Dessa forma, é importante que sejam adotadas medidas que solucionem ou minimizem tal problema. Isso pode ser realizado começando com um adequado sistema de coleta de efluentes para seu tratamento.

SISTEMA DE COLETA PARA CONDUÇÃO DOS EFLUENTES

O sistema de coleta e transporte dos efluentes é composto por um conjunto de estruturas hidráulicas que o conduzem desde o ponto onde é produzido até a estação de tratamento, conforme pode ser observado na Figura 6.1.

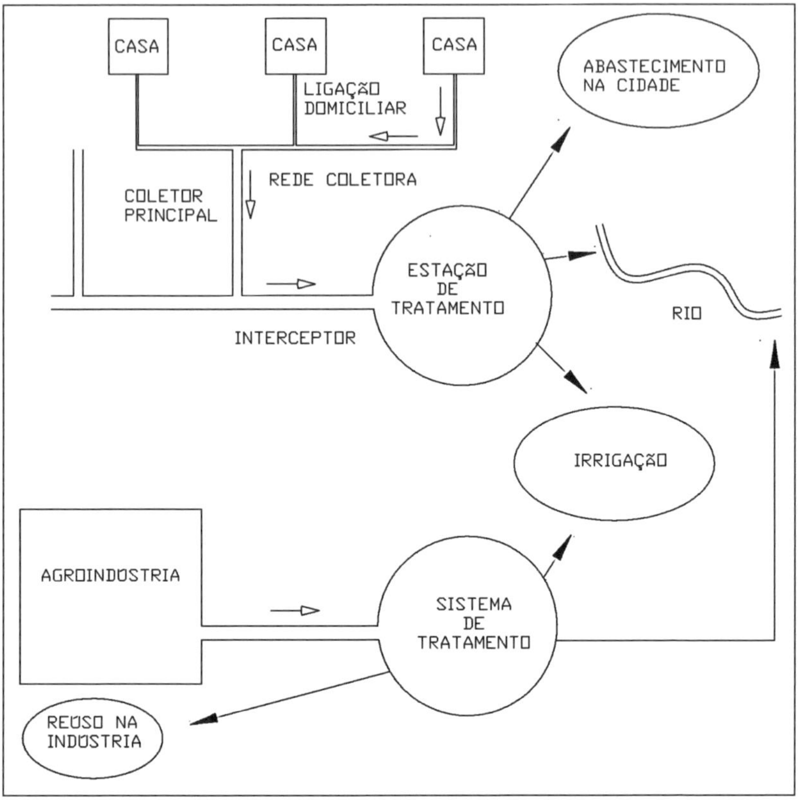

Figura 6.1. Esquema ilustrativo do sistema de coleta, adução, tratamento e destinação final do efluente.

EFLUENTES DOMÉSTICOS

O esgoto doméstico é um dos resíduos gerados pela atividade humana. Parte desse resíduo é levada para a estação de tratamento, onde o esgoto sofre redução no teor de sólidos suspensos, originando lodo e água residuária como subprodutos (Mendes, 2011).

As tubulações de coleta dos esgotos se diferenciam pelo diâmetro e pela localização e são instaladas para que o efluente escoe, na maior parte do tempo, por gravidade.

Conforme pode ser observado na Figura 6.1., nos estabelecimentos para coleta de efluente doméstico são instaladas canalizações de pequeno diâmetro (ligação domiciliar), que formam redes coletoras e se unem ao coletor principal. Este coletor recebe efluentes de várias redes coletoras. Do coletor tronco, o efluente escoa em direção ao interceptor, que é uma tubulação de diâmetro maior colocada em geral ao lado do rio, responsável por conduzir o efluente até a estação de tratamento. Caso não possa ser realizada por gravidade até a estação de tratamento, o efluente é conduzido até uma estação elevatória, de onde é realizado o seu bombeamento até a estação de tratamento.

EFLUENTES INDUSTRIAIS E AGROINDUSTRIAIS

Os efluentes agroindustriais costumam ser tratados na própria unidade onde são gerados. Neste caso, são conduzidos por gravidade em tubulações normalmente fechadas, dependendo do tipo de efluente, até a estação onde se localiza o sistema de tratamento, isso porque a utilização de sistema por adução pressurizada onera o custo do tratamento.

O efluente agroindustrial pode ter quatro caminhos bastante distintos com relação ao processo de tratamento. Entretanto, em qualquer um deles, é necessário que seja obedecida a legislação vigente:

- Passar, se necessário, por um pré-tratamento e ser lançado na rede de esgoto. Este procedimento é muito comum em indústrias que não pretendem o reúso do efluente, e sim o seu lançamento na rede de esgoto, devendo, para isso, ser tratado, para reduzir a carga de poluentes.
- Passar, preferencialmente, por um tratamento para reúso na agroindústria, em atividades para consumo dentro do próprio sistema produtivo e até mesmo para consumo humano. Neste caso, os custos para purificação da água são mais altos, em função da qualidade requerida para ela.
- Ser tratado para lançamento no corpo hídrico, bastante comum em centros urbanos.
- Ser tratado, preferencialmente, para utilização em área agrícola, utilizado via irrigação, disposição no solo ou outro processo, dependendo do tipo de cultura e da qualidade do efluente. Neste caso, ressalte-se que alguns efluentes agroindustriais apresentam características biológicas que possibilitam o lançamento direto no solo, como é o caso da vinhaça, do soro de leite, etc. Entretanto, devem ser consideradas as características químicas para sua aplicação.

A principal característica que difere os efluentes agroindustriais dos domésticos e dos industriais é que, em geral, os agroindustriais possuem elevada concentração de material orgânico biodegradável, bastante suscetível ao tratamento biológico, conforme será visto adiante. A quantidade e a concentração dos despejos variam amplamente, dependendo dos processos de fabricação empregados e dos métodos de controle dos efluentes (Braile; Cavalcanti, 1993). Além disso, com exceção de algumas atividades, como curtimento de couro, as águas agroindustriais em geral não apresentam problemas de fitotoxidade aos micro-organismos envolvidos na degradação do material orgânico contido no efluente (Matos, 2001).

CONCEPÇÕES DA ESTAÇÃO DE TRATAMENTO

O processo de tratamento de águas residuárias é desenvolvido essencialmente por processos biológicos, em conjunto com as operações físicas de concentração e separação de sólidos. Processos físico-químicos, como aqueles à base de coagulação e floculação, normalmente não são empregados, por implicarem maiores custos operacionais e proporcionarem menor eficiência na remoção de matéria orgânica biodegradável.

O tratamento físico-químico pode ser aplicado isoladamente ou associado aos processos biológicos (Moruzzi; Oliveira, 2010) em algumas situações, em especial quando há condições bastante restritivas para as descargas de fósforo.

O tratamento biológico pode ser subdividido em dois grandes grupos: processos aeróbios e anaeróbios. Existe consenso no interesse em associá-los, obtendo-se com isso importantes vantagens técnicas e econômicas. Os processos biológicos podem ser classificados também em função do tipo de reator, podendo ser de crescimento em suspensão na massa líquida ou de biomassa aderida.

Nos reatores de crescimento em suspensão, não há suporte inerte para a aderência dos micro-organismos, os quais crescem, em geral, floculados e em suspensão na massa líquida. No caso dos reatores aeróbios, o próprio sistema é utilizado para manter os sólidos biológicos em suspensão.

Nos reatores de biomassa aderida, há introdução de material de enchimento, como areia, pedras ou plástico, dentre outros, que podem ser mantidos fixos ou móveis no reator, garantindo a aderência da biomassa, que cresce sob a forma de biofilme aderido ao meio inerte.

Os micro-organismos responsáveis pela degradação da matéria orgânica dos efluentes líquidos compõem a biomassa do sistema, sendo de grande importância no processo de degradação biológica.

Esses processos também podem ser classificados em função da retenção ou não de biomassa.

Nos processos onde não ocorre retenção de biomassa, o tempo de detenção hidráulica, também conhecido como tempo de passagem da água residuária pelo sistema, que é equivalente ao tempo de residência celular, representa o tempo de permanência dos micro-organismos no sistema. Assim, se for desejado que eles permaneçam durante determinado período no reator, as águas residuárias deverão ser retidas pelo mesmo período – isso ocorre, por exemplo, nas lagoas aeradas mecanicamente, de mistura completa.

Nos sistemas com retenção de biomassa, esse mecanismo deverá ser produzido de alguma forma, conforme será visto no Capítulo 7. Quando se empregam reatores de crescimento em suspensão na massa líquida, como é o caso dos tanques de aeração dos processos de lodos ativados, a retenção de biomassa é realizada forçando-se a recirculação do lodo sedimentado nos decantadores, posicionados a jusante do reator biológico. Já nos reatores de biomassa aderida, de leito fixo ou móvel, a retenção de biomassa é garantida pela própria aderência dos micro-organismos ao meio suporte, formando os biofilmes.

PROCESSOS PARA TRATAMENTO DE ÁGUAS RESIDUÁRIAS

O processo por lodo ativado convencional é composto das seguintes etapas (Piveli, 2007):

- tratamento preliminar: gradeamento e desarenação;
- decantadores primários e secundários;
- tanques de aeração;
- adensadores de lodo e digestores de lodo;
- sistema de desidratação de lodo.

A execução do processo, nos decantadores primários, tem a função de reduzir a carga orgânica afluente ao tratamento biológico. Os lodos retirados nos decantadores secundários retornam para os tanques de aeração, mas há a necessidade de descarte do lodo excedente, para o controle do processo biológico. Ambos os lodos, produzidos nos decantadores primários e secundários, podem ser encaminhados para uma digestão biológica conjunta ou direcionados para aterros sanitários, dependendo das características químicas, biológicas e de toxicidade deles.

No processo derivado do sistema por lodos ativados, conhecido por lodo ativado com aeração prolongada, não se empregam decantadores primários. O tratamento biológico é condicionado de forma que produza um excesso de lodo mais mineralizado, ou seja, mais bem digerido pelos próprios micro-organismos, dispensando a necessidade de qualquer tipo de digestão complementar para o lodo.

Em situações em que ocorrem grandes flutuações de população e, em consequência, de carga orgânica, o sistema com aeração prolongada pode operar sob o regime de bateladas sequenciais. Neste, também não são necessários os decantadores secundários. A separação do lodo contido no efluente final é atribuída aos tanques de aeração. Estes são alimentados na forma de rodízio, e a operação de sedimentação ocorre em tanques que não estejam sendo alimentados por esgotos em períodos preestabelecidos, de forma sincronizada. Assim, um sistema de lodos ativados com aeração prolongada, operando em bateladas, fica reduzido a:

- tratamento preliminar: gradeamento e desarenação;
- tanques de aeração e decantação;
- adensadores de lodo;
- sistema de desidratação de lodo.

Um sistema de lagoas aeradas mecanicamente pode ser entendido como um processo de lodos ativados sem recirculação de lodo. As principais unidades que o compõem são:

- tratamento preliminar: gradeamento e desarenação;
- lagoas aeradas mecanicamente;
- lagoas de decantação.

Além desses, é necessário contar com um sistema para remoção e tratamento do lodo separado das lagoas de decantação.

Os problemas de sobrecarga, em um sistema de lagoas de estabilização, foram parcialmente solucionados com a introdução dos sistemas por lagoas aeradas mecanicamente. Nestes, as unidades centrais são as lagoas facultativas, que contêm os aeradores mecânicos, com função de propiciar ventilação e introduzir oxigênio na água, que passa a oxigênio dissolvido, contribuindo para acelerar as reações de decomposição do material orgânico. Dessa forma, a oxigenação não fica dependente da ventilação superficial e da fotossíntese das algas. Essas lagoas são chamadas facultativas porque ocorre sedimentação do material biodegradável no fundo, que entra em decomposição anaeróbia.

As lagoas facultativas podem ou não ser precedidas por lagoas anaeróbias, cuja função é promover um alívio de carga orgânica, e podem ou não ser sucedidas por lagoas por maturação, que têm como objetivo principal aumentar o grau de desinfecção dos esgotos e como objetivo secundário, reduzir a concentração de nutrientes no efluente. O chamado sistema australiano de lagoas de estabilização é composto por:

- tratamento preliminar: gradeamento e desarenação;
- lagoas anaeróbias;
- lagoas facultativas fotossintéticas;
- lagoas de maturação.

Pode-se entender um sistema de tratamento por filtros biológicos aeróbios simplesmente substituindo as unidades principais do sistema por lodo ativado convencional e os tanques de aeração, pelos filtros biológicos. Porém, nesse caso, normalmente não há necessidade de retorno de lodo. Assim, um sistema de tratamento de água residuária utilizando filtros aeróbios é composto pelas seguintes unidades principais:

- tratamento preliminar: gradeamento e desarenação;
- decantadores primários;
- filtros biológicos aeróbios;
- decantadores secundários;
- adensadores, digestores, sistema de desidratação do lodo.

No processo anaeróbio, ocorre na maioria das vezes em reatores de manta de lodo fechados. Tais reatores podem ser chamados de Uasb (*upflow anaerobic sludge blanket*), Rafa (reator anaeróbio de fluxo ascendente), Ralf (reator anaeróbio de leito fluidificado) e Rafaall (reator anaeróbio de fluxo ascendente através do leito de lodo) (Costa, 2008). Estes reatores vêm sendo bastante estudados, com alta maturidade e com certa posição de destaque. Nesses tipos de sistemas, a geração de sólidos é considerada baixa e a conversão de matéria orgânica em biogás é da ordem de 70% (Chernicharo, 1997).

Uma das principais tendências atuais do tratamento de esgoto sanitário consiste na inclusão de uma etapa inicial de tratamento anaeróbio. O reator anaeróbio que mais tem se consolidado no Brasil é o reator conhecido por Uasb. Esses sistemas mistos são constituídos por tratamento preliminar e pelos reatores Uasb, que podem ter seus efluentes completamente tratados para algumas finalidades por um dos seguintes processos alternativos:

- lodos ativados;
- lagoas aeradas mecanicamente;
- lagoas de estabilização;
- filtros biológicos aeróbios;
- tratamento físico-químico.

REFERÊNCIAS BIBLIOGRÁFICAS

BRAILE, P. M.; CAVALCANTI, J. E. W. A. **Manual de tratamento de águas residuárias industriais**. São Paulo: Cetesb. 1993.

CHERNICHARO, C. A. L. **Princípios do tratamento biológico de águas residuárias**. 1. ed. Belo Horizonte, MG: Desa-UFMG, 1997. v. 5: Reatores anaeróbios.

COSTA, C. G. da. **Destilação solar: aplicação no tratamento de efluentes líquidos de laboratórios**. Brasília, 2008. 106f. Dissertação (Mestrado em Química) – Universidade de Brasília.

MATOS, A. T. **Poluição e seus efeitos**. Brasília: Abeas/DEA-UFV, 2001. 121p. (Curso de Uso racional de recursos naturais e seus reflexos no ambiente, Módulo 6).

MENDES, J. A. D. **Avaliação da eficiência nutricional de esgotos domésticos tratados no cultivo da mamona (*Ricinnus communnis* l) no município de Irecê - BA**. Salvador, 2011. 104f. Seminário apresentado (Mestrado em Engenharia Ambiental Urbana) – Universidade Federal da Bahia.

MORUZZI, R. B.; OLIVEIRA, S. C. de. Modelagem matemática e análise do processo de floculação em câmaras em série. **Proceedings of the 9th Brazilian Conference on Dynamics Control and Their Applications**. Serra Negra, SP, jun. 2010.

PIVELI, R. P. **Tratamento de esgoto sanitário**. São Paulo: Escola Politécnica da Universidade de São Paulo, 2007. (Apostila didática).

7

Sistemas para tratamento de efluentes

ETAPAS PARA O TRATAMENTO DO EFLUENTE

A execução dos processos de tratamento dos efluentes requer que sejam analisados os seguintes aspectos: o nível de tratamento desejado, os objetivos e a destinação final dos efluentes. As etapas de tratamento utilizadas para efluentes líquidos são estas: sistema preliminar, primário, secundário e terciário, sendo, em alguns casos, dispensado o sistema primário. A distribuição dos processos, dentro dessa classificação, tem sido motivo de divergência entre autores, uma vez que alguns enquadram determinados processos unitários em um nível de tratamento, enquanto outros os enquadram em outro. No entanto, devem ser analisados os aspectos qualitativos do efluente para seu enquadramento em determinado processo.

Os resíduos líquidos apresentam diferenças em suas características químicas, físicas, biológicas e de toxicidade. Normalmente, efluentes de origem industrial apresentam cargas de poluentes tóxicos oriundos das indústrias, enquanto efluentes domésticos têm em sua composição cargas de óleos e gorduras provenientes das atividades diárias em cozinhas de restaurantes e casas, entre outras. Por outro lado, efluentes de agroindústrias podem apresentar grande quantidade de material sólido grosseiro, o que exige a instalação de sistema de tratamento preliminar.

Os sistemas de tratamento utilizados para remoção de poluentes em efluentes predominantemente orgânicos são apresentados, de forma resumida, no Quadro 7.1.

Quando 7.1. Sistemas de tratamento utilizados em função do tipo de poluente.

Sistema de tratamento	Poluentes a remover
Desarenadores, sedimentação, gradeamento, peneira, caixa de gordura[1]	Material sólido em suspensão e decantável
Lagoas de estabilização, lodo ativado, disposição no solo[3], filtros anaeróbios, reatores anaeróbios[3]	Material orgânico biodegradável
Lagoas de maturação, desinfecção com produto químico, radiação ultravioleta[3] disposição no solo[2]	Patogênicos
Processo físico-químico, nitrificação denitrificação[4], disposição no solo[3]	Material orgânico e nitrogênio
Processo físico-químico, remoção biológica[4]	Fósforo

1 Tratamento em nível preliminar. 2 Tratamento em nível primário. 3 Tratamento em nível secundário. 4 Tratamento em nível terciário.

EFICIÊNCIA DA REMOÇÃO DE POLUENTES

É de grande importância ter uma boa eficiência na remoção de poluentes dos efluentes durante os processos de tratamento quando se pretende seu reúso, principalmente agrícola.

A eficiência na remoção dos poluentes indicará o quanto determinado sistema de tratamento pode remover o material indesejável contido nas águas residuárias de diversos processos.

Na Tabela 7.1. apresenta-se a estimativa da eficiência esperada para remoção de poluentes nos diversos processos de tratamento utilizados em uma estação de tratamento de efluentes (ETE).

SISTEMAS DE TRATAMENTO

TRATAMENTO PRELIMINAR

Constitui a etapa inicial do tratamento da água residuária. Nela não ocorre praticamente remoção de DBO. Consiste em uma preparação dos esgotos para tratamento posterior.

Tabela 7.1. Estimativa de eficiência de remoção de poluentes esperada nos diferentes níveis de tratamento incorporados em uma ETE.

Tipo de tratamento	Matéria orgânica (% DBO)	Sólidos em suspensão (% SS)	Nutrientes (% nutrientes)	Bactérias (% remoção)
Preliminar	5-10	5-20	Não remove	10 - 20
Primário	25-50	40-70	Não remove	25 - 75
Secundário	80-95	65-95	Pode remover	70 - 99
Terciário	40-99	80-99	Até 99	Até 99,999

Fonte: Cetesb (1998).

Objetivos

- Remoção de sólidos grosseiros, óleos e graxas, com o fim de proteger dispositivos de transporte das águas (bombas e tubulações) e as unidades subsequentes do tratamento, bem como minimizar o impacto em corpos receptores.

Recipientes utilizados

Usam-se grades, telas, peneiras, caixa de areia, caixa de gordura. Quando se tem decantador primário no sistema de tratamento, a caixa de gordura é dispensada.

Medidor de vazão

Além das unidades de remoção de sólidos (grade e caixa de areia), é importante a instalação de medidores de vazão (calhas ou vertedor) logo na entrada dos sistemas de tratamento. O medidor auxiliará no controle da quantidade de afluente que entra para ser tratado, de grande importância para manejo do efluente a ser retirado do sistema de tratamento.

Na Figura 7.1. são mostradas as etapas do processo referente ao tratamento preliminar, utilizando um medidor de vazão após a caixa de areia.

▶ Gradeamento e Peneiramento

Dispositivo que faz parte da etapa preliminar do sistema de tratamento de efluentes para remoção de poluentes por métodos físicos. Na Figura 7.2. apresentam-se fotos de uma grade em operação para tratamento de efluente doméstico.

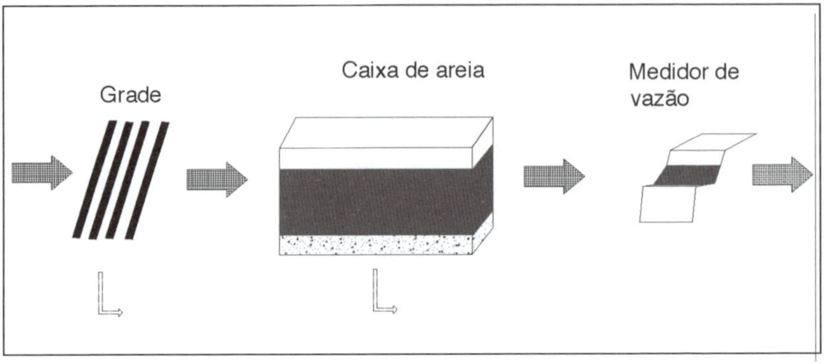

Figura 7.1. Esquema ilustrativo do tratamento preliminar.

Figura 7.2. Fotos de uma grade para ETE.

Objetivos

• Remoção de sólidos grosseiros com grandes dimensões, como folhas, madeira, osso, cascas, etc.

Finalidades

• Facilitar o tratamento posterior.

- Proteger o sistema de transporte do efluente, como tubulações e bombas, caso tenha.
- Diminuir o tempo gasto na limpeza do sistema de tratamento.

Manejo do sistema

Deve ser realizada limpeza contínua da grade, evitando represamento e arraste do material.

O material removido deve ser encaminhado para destino, que pode ser: incineração, compostagem, aterro sanitário e outros.

Grade

O gradeamento é essencial na remoção de partículas grosseiras das águas residuárias. É necessário no tratamento preliminar de esgoto doméstico, no processamento de frutas e hortaliças e nos abatedouros. A grade em geral é colocada em um canal. O espaçamento das barras varia de acordo com o diâmetro das partículas a remover. A grade a ser utilizada dependerá das dimensões do material a ser removido, podendo ser grossa, média ou fina. A remoção do material da grade pode ser manual (grade a 45° com a horizontal) ou mecanizada (grade a 60° com a horizontal). Fica a critério de quem realiza a operação, de forma a facilitar a limpeza.

De acordo com o espaçamento entre as barras, as grades podem ser classificadas como mostrado na Tabela 7.2.

Tabela 7.2. Classificação das grades.

Tipo de grade	Espaçamento (cm)
Grade grosseira	4-10
Grade média	2-4
Grade fina	1-2

Fonte: Jordão e Pessoa (1995).

Dimensionamento das grades

As grades são projetadas para uma velocidade de passagem entre 0,6 e 1,0 m/s, tomando-se por referência a velocidade máxima horária de efluentes. A obstrução máxima admitida é de 50% da área da grade, devendo-se adotar, como perdas de cargas mínimas, os valores de 0,15 m para grades de limpeza manual e de 0,10 m para grades de limpeza mecanizada.

Para o cálculo da perda de carga (ΔH) nas grades, pode-se utilizar a fórmula de Metcalf & Eddy (1991), dada pela Equação 7.1.

$$\Delta H = 1{,}43 \cdot (v^2 - v_o^2)/2g \qquad \textbf{(7.1)}$$

em que:

v – velocidade ($m \cdot s^{-1}$) de passagem pela grade

v_o – velocidade ($m \cdot s^{-1}$) de aproximação

g – aceleração da gravidade ($m \cdot s^{-2}$)

A relação entre a área da seção transversal do canal e a área útil da grade é dada pela Equação 7.2.

$$S = A_u \cdot (a + t)/a \qquad \textbf{(7.2)}$$

em que:

S – área da secção transversal do canal, até o nível de água (m2)

A_u – área útil da grade (m2)

a – espaçamento entre as barras (m)

t – espessura das barras (m2)

A relação a/(a + t) é chamada de eficiência (E) da grade e representa a fração de espaços vazios em relação à área total.

Fixando a velocidade de passagem, pode-se determinar a área útil da grade através da Equação 7.3 (equação da continuidade).

$$A_u = Q_{máx}/v \qquad \textbf{(7.3)}$$

em que:

$Q_{máx}$ – vazão máxima (m^3)

v – velocidade do fluxo ($m \cdot s^{-1}$)

Obtendo a área útil, pode-se calcular a área da seção transversal do canal (S). Escolhendo a espessura e o espaçamento entre barras, determina-se a eficiência (E), conforme a Equação 7.4.

$$E = A_u/S \qquad \textbf{(7.4)}$$

Calculada a área da seção transversal, a largura do canal da grade pode ser determinada conhecendo-se a lâmina líquida na calha Parshall a jusante.

Além das grades anteriormente descritas, as grades de barras curvas, as peneiras estáticas e as peneiras rotativas também podem ser usadas para a remoção de sólidos grosseiros dos esgotos sanitários.

As peneiras estáticas são bastante utilizadas no precondicionamento de esgotos antes do lançamento em emissários submarinos e também no tratamento de efluentes de matadouros e frigoríficos, dentre outras aplicações. As peneiras rotativas também são bastante utilizadas no tratamento de efluentes líquidos industriais. Quando se emprega o tratamento por reatores anaeróbios do tipo Uasb, as peneiras são preferíveis, reduzindo de modo substancial o acúmulo de escuma na superfície desses reatores. Para observação de detalhes a respeito do projeto e da construção dos sistemas de gradeamento, recomenda-se consultar a NB 569 e a NB 12.209 (ABNT, 1992).

Peneiras

O sistema de peneiras tem a mesma finalidade do gradeamento, acrescentando-se a remoção parcial de sólidos sedimentáveis, gorduras e graxas.

As peneiras possuem abertura de 0,25 a 2,5 mm e são classificadas em:

- **Estáticas** – operação por gravidade, simples, mas que apresenta problemas de entupimento e menor eficiência. Não possuem dispositivo mecânico. São bastante empregadas em indústrias de papel, celulose, têxteis, frigoríficas e de suco. O fluxo do esgoto flui na parte superior, passando pela peneira inclinada, e os sólidos retidos são movidos pela força do próprio efluente. A Figura 7.3. ilustra uma peneira estática.
- **Rotativas** – são montadas sobre dispositivos mecanizados nos quais se utiliza um movimento vertical ou tambor rotativo para a separação dos sólidos. O efluente entra na parte superior, atravessa as fendas e é recolhido na caixa inferior. Os sólidos são separados por uma lâmina raspadora e direcionados a um vaso coletor. Seu dimensionamento é realizado em função da taxa de aplicação (escoamento), determinada pelo fabricante. Têm a vantagem se serem autolimpantes. A Figura 7.4. ilustra uma peneira rotativa.

▶ Desarenador ou caixa de areia

Dispositivo sedimentador que vem logo após a grade ou peneira de tratamento de efluentes para remoção de poluentes por métodos físicos na etapa preliminar. O mecanismo utilizado é a sedimentação, muito

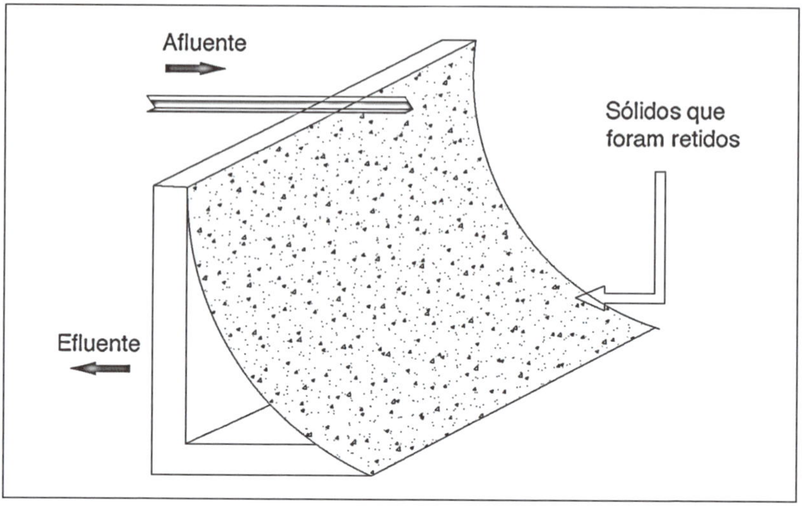

Figura 7.3. Desenho esquemático de uma peneira estática para ETE.

Figura 7.4. Peneira rotativa.

importante no tratamento de água residuária de lavagem de raízes, tubérculos e frutos de café. Assim, partículas com peso específico muito maior que o da água irão sedimentar, enquanto o material orgânico de baixo peso específico e sedimentação lenta ficará em suspensão, seguindo para a unidade de tratamento subsequente. A Figura 7.5. ilustra o processo de sedimentação por gravidade.

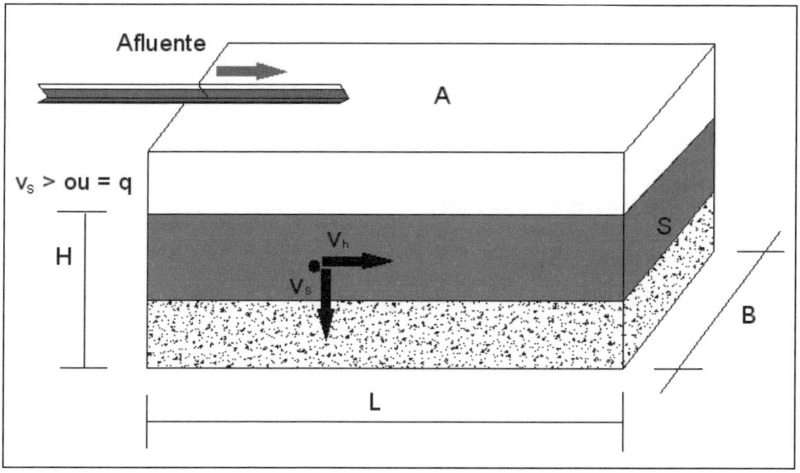

Figura 7.5. Esquema ilustrativo do processo de sedimentação por gravidade.

Na figura, tem-se:
v_h – velocidade de escoamento ($m \cdot s^{-1}$)
v_s – velocidade de sedimentação ($m \cdot s^{-1}$)
q – taxa de fluxo ($m^3 \cdot m^{-2} \cdot s^{-1}$)
A – área superficial (m^2)
S – área transversal (m^2)
B – largura (m)
H – carga hidráulica (m)
L – comprimento (m)

Objetivos

- Remoção de sólidos grosseiros decantáveis, como: areia, cascalho, grãos de café, milho, ração, restos de frutas e hortaliças, pedaços de osso, etc.

Finalidades

- Evitar problemas de abrasão nos equipamentos.
- Reduzir problemas de obstrução e avarias na tubulação.
- Minimizar problemas de assoreamento nos corpos receptores, bem como em tanques e tubulações.

Manejo do sistema

Deve ser realizada a retirada do material quando ocupar dois terços do comprimento da caixa de areia.

O material removido deve ser encaminhado ao seu destino, que pode ser: uso em construção civil, aterro sanitário e outros, dependendo da qualidade em que se enquadrar.

Dimensionamento

Com o objetivo de sedimentar partículas de areia com diâmetros maiores que 0,2 mm, a seção do tanque deverá proporcionar uma velocidade de escoamento do efluente adequada para a realização do tratamento. Velocidades altas provocam o arraste de partículas e dificultam sua sedimentação, enquanto velocidades baixas podem provocar exalação de odores desagradáveis, em razão da sedimentação de material orgânico, o qual, quando entra em decomposição, exala gases malcheirosos.

De acordo com a norma NB 570 (ABNT, 1990), são feitas as seguintes considerações:

- A vazão considerada no dimensionamento do desarenador deve ser a máxima afluente.
- Recomenda-se taxa de escoamento superficial de 600 a 1.300 $m^3 \cdot m^{-2} \cdot dia^{-1}$.
- A seção transversal mínima do desarenador deve ser de 0,20 m de profundidade por 0,20 m de largura (no caso de limpeza manual, usar largura de 0,30 m para facilitar a limpeza do desarenador).
- O projeto deve ser concebido para remoção mínima de 95% em massa das partículas de areia (diâmetro de 0,2 mm e peso específico de 2,65 $g \cdot cm^{-3}$).
- Com esses dados, a velocidade de sedimentação (v_s) dessas partículas é da ordem de 0,02 $m \cdot s^{-1}$.
- A velocidade de escoamento (v_h) da água residuária deverá situar-se entre 0,2 e 0,35 $m \cdot s^{-1}$.

No princípio da sedimentação discreta, é muito importante o dimensionamento do comprimento L. A velocidade de sedimentação das partículas (v_s) deve ser maior ou igual à taxa de fluxo ou à taxa de escoamento superficial (q), em que: v_s ($m \cdot s^{-1}$) e q ($m^3 \cdot m^{-2} \cdot dia^{-1}$); v_s

é uma propriedade da partícula que pode ser manipulada mediante a operação dos processos de coagulação-floculação; T_d e t_s são os tempos de detenção hidráulica e de sedimentação, respectivamente; T_d é obtido conforme a Equação 7.5. a seguir.

$$t_s = h/v_s \quad \text{e} \quad T_d = L/v_h$$

$$v_h = Q/S = Q/B \cdot H$$

$$T_d = L \cdot B \cdot h/Q \tag{7.5}$$

Como o tempo de sedimentação (t_s) deve ser igual ao tempo de detenção (T_d):

$$h/v_s = L \cdot B \cdot h/Q \Rightarrow v_s = Q/L \cdot B$$

$$v_s = Q/L \cdot B \Rightarrow v_s = Q/A \Rightarrow A = Q/v_s$$

$$v_s = \frac{Q}{B_L} = \frac{Q}{A_s} \qquad q = \frac{Q}{A_s}$$

Partículas com v_s superior a q serão removidas durante o processo gravitacional de sedimentação. O valor de q é função da geometria do decantador, portanto, é um parâmetro de projeto.

No processo de sedimentação discreta, o que importa é a área superficial. Assim:

$$A = Q/v_s \Rightarrow B \cdot L = B \cdot H \cdot v_h/v_s \Rightarrow L = 0{,}30H/0{,}02 \Rightarrow L = 15 \cdot H$$

Por questão de segurança, acrescenta-se 50% no valor de L, conforme a Equação 7.6.

$$L = 22{,}5 \cdot H \tag{7.6}$$

Costuma-se considerar B = 4H.

Observe que a norma apresentada é aplicada ao esgoto doméstico, portanto, nem sempre poderá ser utilizada para água residuária agroindustrial. O projetista deve ter bom senso no momento da análise.

▶ Remoção de gordura e sólidos flutuantes

Materiais sólidos flutuantes têm menor densidade que o líquido circulante. Permanecem na superfície dos decantadores, onde são coletados e removidos para posterior tratamento. A caixa de gordura (Figura 7.6.) é um dispositivo (caixa) sedimentador que vem logo após a grade ou peneira para remoção de poluentes por métodos físicos.

Figura 7.6. Caixa de gordura.

Objetivos

- Remoção de material flutuante, como: óleos, graxas, ceras, gorduras, etc.

Finalidades básicas

- Evitar aderência em peças especiais da rede hidráulica.
- Minimizar problemas de odores desagradáveis e a proliferação de moscas durante o tratamento.

O uso da caixa de gordura é extremamente importante em águas residuárias de laticínios, matadouros e outros processos que apresentem efluentes com gorduras, óleos e graxas, pois estes contribuem para a formação de uma crosta nas lagoas anaeróbias. Entretanto, apesar de ser vantajosa a formação dessa crosta, do ponto de vista de manter a anaerobiose, ela contribui para a proliferação de moscas.

Manejo do sistema

Deve ser realizada limpeza periódica para remoção de óleos e gorduras retidos, enviados a aterros sanitários ou para reciclagem na indústria de sabão e glicerina.

Dimensionamento

O princípio de funcionamento é o mesmo do tanque de sedimentação. O que muda é o sentido de deslocamento das partículas que se deseja separar, como mostra a Figura 7.7. O dimensionamento é realizado pelas Equações 7.7 e 7.8.

$$v = Q \cdot T_d \qquad \textbf{(7.7)}$$

$$A_s = Q/v_{as} \qquad \textbf{(7.8)}$$

em que:

Q – vazão do afluente ($m^3 \cdot h^{-1}$)

T_d – tempo de detenção da água residuária (h), devendo variar de 1 a 15 minutos, sendo 5 minutos o valor típico

v_{as} – velocidade mínima de ascensão ($m \cdot h^{-1}$), determinada experimentalmente

São poucas as informações sobre a velocidade de ascensão de óleos e gorduras. Na falta de informação, utiliza-se um valor entre 1 e 15 $m \cdot h^{-1}$. O óleo de linhaça apresenta velocidade de ascensão de aproximadamente 14,4 $m \cdot h^{-1}$ (Matos, 2005).

A velocidade de escoamento deve ser maior que 36 $m \cdot h^{-1}$, para que seja minimizada a deposição de material orgânico, evitando maus odores.

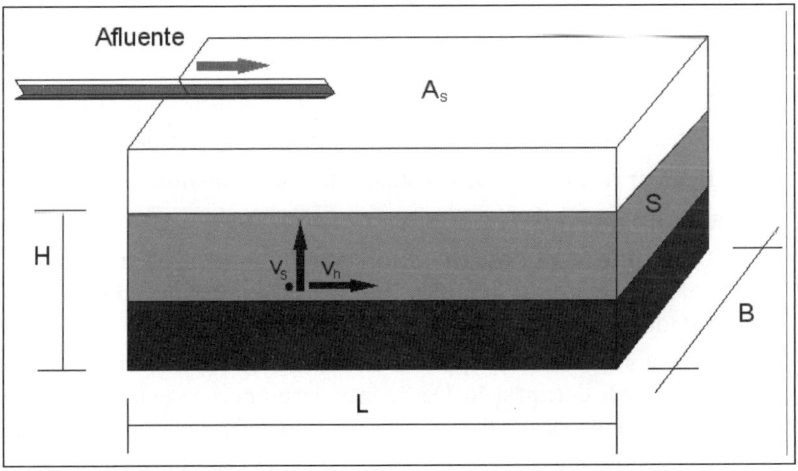

Figura 7.7. Esquema ilustrativo das variáveis a considerar no dimensionamento da caixa de gordura.

A área superficial do tanque é de grande importância no projeto. Portanto, as taxas de aplicação sugeridas por Matos (2005) são de no máximo 1 a 1,5 $m^3 \cdot m^2 \cdot h^{-1}$ para efluentes com elevada concentração de óleos e gorduras, e de no máximo 3,6 $m^3 \cdot m^2 \cdot h^{-1}$ para efluentes com baixa concentração de óleos e gorduras. Assim, a taxa da área superficial (A_s) é dada em função da taxa de aplicação (T_a), conforme a Equação 7.9.

$$A_s = Q/T_a \quad \textbf{(7.9)}$$

Tratamento primário

Apesar de o esgoto mostrar aspecto ligeiramente mais razoável após a fase de pré-tratamento, apresenta ainda praticamente inalteradas as suas características poluidoras. Contém grande quantidade de sólidos não grosseiros em suspensão que podem ser removidos de modo parcial em unidades de decantação. Parte significativa desses sólidos é constituída pelo material orgânico em suspensão. Assim, a sua remoção por processos simples, como a decantação, implica a redução da carga de DBO dirigida ao tratamento secundário, em que a sua remoção é, de certa forma, mais custosa.

O tratamento primário é uma etapa intermediária em sistemas de tratamento mais completos, ou final no caso de disposição de água residuária no solo, dependendo das características da cultura e do solo. Sua eficiência é: DBO – em torno de 30 a 40%; sólidos suspensos (SS) – 60 a 70%; e coliformes 30 a 40%.

Objetivos

- Remover material em suspensão não grosseiro e solutos flutuantes restantes após tratamento preliminar, por decantação.
- Reduzir a carga de DBO conduzida a tratamentos posteriores.

Alguns exemplos de tratamento primário:

- **Decantador primário** – equipamento utilizado para remover parte do material orgânico sedimentável, diminuindo a necessidade de aeração do afluente.
- **Fossa séptica** – equipamento constituído basicamente por um sistema de decantação. O afluente permanece nele por um longo tempo. Os sólidos sedimentáveis são removidos após um período de três a cinco anos, suficiente para que ocorra estabilização do lodo.
- **Filtro e reator anaeróbio** – sistema utilizado para tratamento anaeróbio complementar aos tanques sépticos, uma vez que o

efluente do tanque ainda apresenta características desagradáveis, como odores e micro-organismos.

- **Filtros orgânicos** – remoção de material orgânico em suspensão. O material filtrante pode ser bagaço de cana, sabugo de milho triturado, pergaminho de grãos de café, etc. Depois de exaurida a capacidade de remoção, o material filtrante deve ser substituído. O material orgânico retirado pode ser conduzido para compostagem após estabilização. A eficiência com filtros orgânicos pode ser de: sólidos totais > 40%; sólidos suspensos > 90%; óleos e graxas > 95%; DBO > 60% para águas residuárias de suinocultura (Matos, 2005).

Aproveitamento do efluente

O tratamento primário proporciona condições de a água ser conduzida e aplicada no solo, observadas as normas aplicáveis para destinação final.

▶ Decantação

Concepção inicial

No tratamento de efluentes, parte do material sólido é removida no tratamento preliminar e no primário. São eliminados sólidos grosseiros no sistema de gradeamento e sólidos facilmente sedimentáveis nas caixas de areia. Nos decantadores primários, sob as condições de escoamento normalmente adotadas em seus projetos, ocorre remoção de 40 a 60% de sólidos em suspensão dos esgotos sanitários, correspondendo a cerca de 30 a 40% da DBO. No tratamento biológico, o efeito preponderante é a floculação da matéria em estado coloidal, o que torna possível sua remoção por sedimentação nos decantadores secundários. A decantação é um processo típico em lodos ativados, pois sua utilização objetiva a mineralização do material orgânico. Podem ser utilizados decantadores de concreto armado, lagoas de decantação, ou, ainda, a sedimentação pode ocorre no próprio reator biológico. Mais recentemente, tem-se estudado o emprego da flotação com ar dissolvido em algumas aplicações, em especial associada ao tratamento físico-químico.

No campo de tratamento de esgotos sanitários, a aplicação mais consolidada da flotação com ar dissolvido está no adensamento de excesso de lodos ativados, em que o lodo bem floculado é bastante propício para o aprisionamento de bolhas de ar e são obtidos graus mais elevados de adensamento do lodo do que por gravidade, mesmo com taxas de aplicação bem mais elevadas (Piveli, 2007).

Sedimentação para tratamento de esgoto

O processo de sedimentação é determinado principalmente pela quantidade de partículas em suspensão. Quanto mais concentrado for o meio, maior será a resistência à sedimentação. Em suspensões bastante diluídas prevalece a sedimentação do tipo I (individual ou discreta). Neste caso, as partículas sedimentam-se individualmente, sem ocorrer inter-relações, segundo uma velocidade constante ao longo da profundidade do tanque. É o tipo de sedimentação predominante nas caixas de areia. Neste caso, a velocidade de sedimentação pode ser calculada através do equilíbrio de forças atuantes sobre a partícula na direção vertical (força gravitacional para baixo, e empuxo mais força de atrito para cima), do qual resulta a lei de Stokes.

Aumentando a concentração de sólidos em suspensão, passa a prevalecer a sedimentação do tipo II, também chamada de sedimentação floculante. Neste caso, a maior concentração de partículas permite a formação de emaranhados ou flocos de maior velocidade de sedimentação ao longo de suas trajetórias, fazendo esta velocidade aumentar com a profundidade. É o que costuma ocorrer nos decantadores das ETA e também nos decantadores primários de esgotos, onde a relativa e elevada concentração de sólidos em suspensão permite tais interações. A partir desse caso, não é mais válida a lei de Stokes, devendo-se proceder a ensaios em colunas de sedimentação para a obtenção de parâmetros para o projeto das unidades.

Aumentando ainda mais a concentração da suspensão, passa a prevalecer a sedimentação do tipo III (também chamada de sedimentação por zona, retardada ou impedida). Neste caso, a concentração de sólidos é muito elevada e passa a ocorrer dificuldade de saída da água em contracorrente, para possibilitar a sedimentação dos sólidos. Assim, a velocidade de sedimentação diminui ao longo da profundidade do decantador, sendo bastante baixa no fundo, onde a concentração de sólidos é muito elevada. Esse tipo de sedimentação predomina em decantadores secundários de processo de lodos ativados, alimentados pelo lodo concentrado do tanque de aeração. Neste caso, é nítida a ocorrência de interface lodo/líquido sobrenadante. Quando o lodo é colocado em proveta, o deslocamento dessa interface pode ser cronometrado ao longo do tempo e, através de interpretação gráfica, pode-se calcular a velocidade de sedimentação por zona (VSZ), importante para a interpretação da condição operacional de um processo de lodos ativados.

A sedimentação do tipo IV, também chamada de sedimentação por compressão, ocorre no fundo dos decantadores secundários e nos adensadores de lodo. Neste caso, a suspensão é tão concentrada que a "sedimentação" dá-se pelo peso de uma partícula sobre a outra, provocando a liberação de água intersticial.

A decantação primária exerce importante papel no processo de tratamento, aliviando as unidades subsequentes com carga menores, trazendo economia referente à utilização de coagulantes. Os decantadores são dimensionados em função das taxas de escoamento, conforme o tipo e as características do efluente. As taxas empregadas para efluentes são bem menores que para tratamento de água para abastecimento público. Decantadores primários são utilizados em sistemas de lodo ativados convencionais, objetivando remover sólidos em suspensão sedimentáveis.

Os decantadores secundários também são empregados em sistemas de lodo ativados, colocados após a lagoa aerada ou tanques de aeração. Existem vários tipos de decantadores, entre eles, os mecanizados, em que o lodo é removido mecanicamente por raspadores de fundo, comumente usados em médias e grandes estações, e os não mecanizados, com remoçao hidráulica do lodo, através de carga hidrostática, que não deve ser inferior a 1,50 m.

O tempo de detenção depende do coagulante e das características do efluente. Pode situar-se entre 1,5 e 3 horas em decantadores primários, ou, no caso de decantadores laminares (fluxo laminar com Reynolds < 500), pode ser de 0,5 a 1 hora. O lodo é recolhido pelo fundo do decantador e direcionado a uma caixa que deverá situar-se ao lado dele.

Em uma ETA convencional, os decantadores em geral são horizontais simples, retangulares ou circulares, com profundidade suficiente. Neles a água fica retida por longo tempo, o necessário para a deposição dos flocos. Em alguns locais, podem-se observar decantadores verticais, que têm um menor tempo de retenção da água.

A Figura 7.8. ilustra o processo de decantação com decantador horizontal.

Objetivos

- Remoção de material particulado suspenso nos decantadores primários e de flocos biológicos mais finos nos decantadores

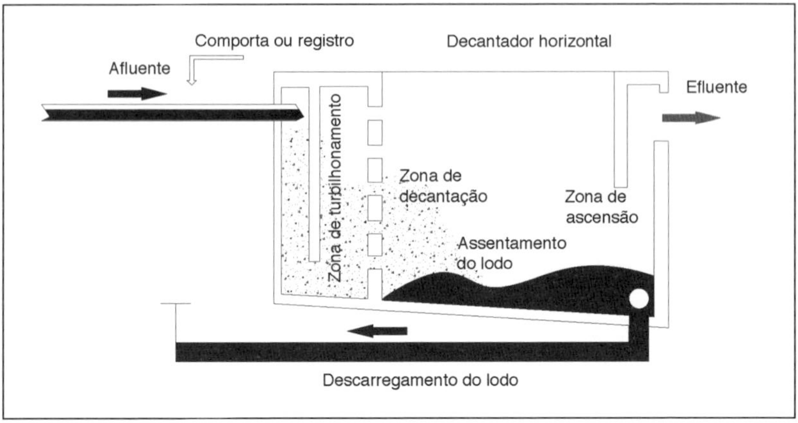

Figura 7.8. Esquema de um decantador convencional utilizado em ETE.

secundários. Este último é fundamental em sistemas de lodo ativado. Em caso de disposição do efluente tratado no solo como ferti-irrigação de culturas agrícolas, a sedimentação em alguns casos é suficiente, dependendo da qualidade requerida para aplicação nas culturas.

Tipos de decantadores

Existem basicamente dois tipos de decantadores de esgotos: os de seção retangular de escoamento longitudinal e os de seção circular, que são mais comumente alimentados pelo centro. A coleta do esgoto decantado é feita nas bordas dos decantadores, ao longo da linha da circunferência. Existem também os decantadores circulares de alimentação periférica (Von Sperling, 2005).

O decantador circular apresenta algumas vantagens em relação ao retangular, como menor custo de equipamentos e de manutenção. Entretanto, oferece dificuldades para sua construção, sendo compensatório para grandes vazões.

Alguns autores (Jordão; Pessoa, 1995) preconizam que, como decantadores primários, devem ser utilizados preferivelmente os de seção retangular, melhores para a assimilação das variações de vazão de esgotos; como decantadores secundários, podem ser utilizados os de seção circular, pois nesta situação a variação de vazão de alimentação é menor e esses decantadores são de implantação mais barata. Por isso, também se podem empregar decantadores circulares como primários, atribuindo-lhes menor eficiência na remoção de DBO. Deverá ser feita a análise econômica para subsidiar a escolha do tipo de decantador a ser empregado em uma ETE. Os removedores mecanizados de lodo e a estrutura em concreto armado são os principais componentes de custo. Os raspadores mecanizados são equipamentos de custo elevado, tanto os rotativos dos decantadores circulares como, em especial, os que são movidos por pontes rolantes que transladam ao longo do comprimento do decantador retangular (Figura 7.9.). Os decantadores de seção circular também apresentam vantagem com relação aos custos da estrutura em concreto armado.

Eficiência no tratamento

Para esgoto doméstico, é possível a remoção de até 75% de sólidos sedimentáveis, 50 a 70% sólidos em suspensão e 25 a 40% de DBO.

Manejo dos resíduos sólidos

O lodo dos decantadores deve ser retirado periodicamente e conduzido a digestores, se houver, e, em momento posterior, a aterros sanitários, ou deve ser feita sua disposição no solo, dependendo de suas características sanitárias. É de grande importância a realização de uma análise das características químicas e biológicas do lodo, para que ele tenha uma destinação ambientalmente segura.

Figura 7.9. Decantador primário retangular em operação.
Fonte: Piveli (2007).

Dimensionamento de decantadores convencionais

Em decantadores de sedimentação floculenta, a taxa de aplicação superficial deve ser de 15 a 35 $m^3 \cdot m^2 \cdot dia^{-1}$, de preferência menor que 25 $m^3 \cdot m^{-2} \cdot dia^{-1}$. Para decantadores primários seguidos de decantação secundária, Metcalf & Eddy (1991) indicam valores maiores (32 a 48 $m^3 \cdot m^2 \cdot dia^{-1}$), assim como para decantadores primários com retorno de lodo ativado (24 a 34 $m^3 \cdot m^{-2} \cdot dia^{-1}$). Estes valores se referem a sistemas de tratamento de esgotos domésticos. Portanto, para águas residuárias agroindustriais, é recomendado utilizar valores referentes a taxas de aplicação de sólidos, mais adequados para a aplicação de águas com altas concentrações de material sólido. Dessa forma, a taxa de aplicação deverá situar-se na faixa de 3 a 6 $m^3 \cdot m^{-2} \cdot dia^{-1}$ de sólidos suspensos. Embora sejam recomendados de 125 a 500 $m^3 \cdot m^{-2} \cdot dia^{-1}$, o fluxo de efluentes na calha vertedora deve estar entre 140 e 189 $m^3 \cdot m^{-2} \cdot dia^{-1}$.

A profundidade do tanque recomendada em decantadores retangulares é de 2,0 a 2,5 m e em circulares, de 2,0 a 3,0 m.

O tempo de detenção hidráulica não pode ser muito longo nem muito curto, pelo mesmo motivo já mencionado no caso das caixas de areia. Para este sistema, deverá situar-se entre 1 e 3 horas. O cálculo é feito usando as Equações 7.10 e 7.11.

$$T_a = Q/A_s \qquad \textbf{(7.10)}$$

$$T_{cv} = Q/L \qquad \textbf{(7.11)}$$

em que:

T_a – taxa de aplicação ($m^3 \cdot m^2 \cdot d^{-1}$)

T_{cv} – taxa na calha vertedora ($m^3 \cdot m^{-1} \cdot d^{-1}$)

A_s – área superficial (m^2)

L – comprimento total do vertedor (m)

De acordo com a NB 570 (ABNT, 1990), dentre outros, os requisitos são:

- A tubulação de remoção do lodo deve ser maior ou igual a 150 mm, com declividade mínima de 3%.
- A profundidade da lâmina d'água no decantador deve ser maior ou igual a 2,0 m e a relação das dimensões para decantador retangular devem ser: L : H = 4 : 1; B : H ≥ 2 : 1 e L : B ≥ 2 : 1.
- Para vazões maiores que 250 $L \cdot s^{-1}$, pode ser necessária a utilização de mais de um decantador.

▶ Tanque séptico

As fossas sépticas (tanques sépticos) são unidades de tratamento primário de esgoto doméstico nas quais são feitas a separação e a transformação físico-química da matéria sólida contida no esgoto. É uma maneira simples e barata de disposição dos esgotos, indicada sobretudo para a zona rural ou para residências isoladas. Todavia, o tratamento não é completo como em uma estação de tratamento de esgotos.

O esgoto *in natura* deve ser lançado em um tanque ou fossa para que, com o menor fluxo da água, a parte sólida possa se depositar, liberando a parte líquida. Uma vez feito isso, bactérias anaeróbias agem sobre a parte sólida do esgoto, decompondo-o. Esta decomposição é importante, pois o esgoto residual fica com menor quantidade de matéria orgânica, já que a fossa remove cerca de 40% da DBO.

Devido à possibilidade da presença de organismos patogênicos, a parte sólida deve ser retirada usando um caminhão limpa-fossas e transportada para um aterro sanitário, nas zonas urbanas, ou enterrada, nas zonas rurais.

No tratamento primário do esgoto doméstico, sobretudo nas zonas rurais, podem ser utilizadas as fossas sépticas, que são unidades nas quais são feitas a separação e a transformação da matéria sólida contida no esgoto.

O tamanho da fossa séptica depende do número de pessoas da moradia. Ela é dimensionada em função de um consumo médio de 200 litros de água por pessoa, por dia. Porém, sua capacidade nunca deve ser inferior a mil litros.

Objetivos

- Tratamento de efluente em nível preliminar e primário por processo de sedimentação, flutuação e digestão.

Aplicação

- Usado sobretudo para o tratamento de águas residuárias domésticas, porém pode ser utilizado para águas residuárias industriais biodegradáveis em casos específicos, com efluentes com características que se assemelhem às dos esgotos domésticos.

Observação: Despejos ricos em óleos e gorduras devem obrigatoriamente passar antes por caixa de gordura.

Tipos de tanques sépticos

Existem basicamente três tipos de tanques sépticos: com câmara única, com câmara sobreposta e com câmara em série. Nas Figuras 7.10., 7.11. e 7.12. apresentam-se esquematizados os três tipos.

- **Câmara única** (apenas um compartimento) – na parte superior do tanque ocorre retenção e digestão da espuma formada; na parte inferior ocorre o acúmulo e a digestão do lodo decantado.
- **Câmara sobreposta tipo Imhoff** (maior eficiência na digestão do lodo e na remoção de matéria orgânica) – os sólidos sedimentáveis passam, através de uma abertura no compartimento superior, para a câmara inferior. Esse sistema tem operação limitada, uma vez que foi melhorado, resultando nos reatores anaeróbios.
- **Câmaras em série** (duas ou mais câmaras interligadas, para reduzir a concentração de sólidos em suspensão) – este sistema é preferível quando se requer baixa concentração de sólidos em suspensão. No primeiro compartimento, ocorre sedimentação, digestão e armazenamento do lodo e, no segundo, a sedimentação adicional. Esse sistema é mais eficiente na remoção de sólidos, em relação ao de câmara única.

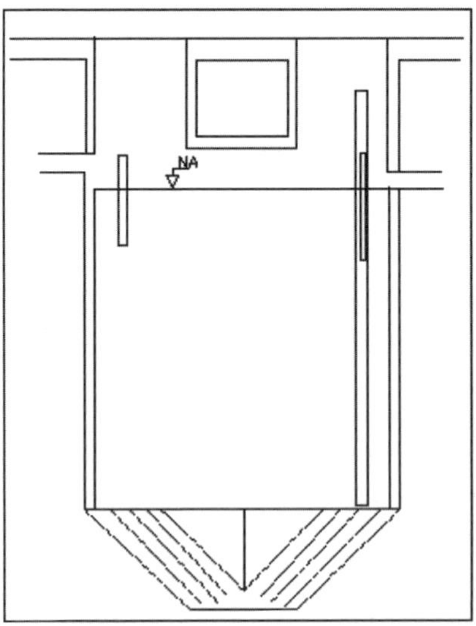

Figura 7.10. Corte esquemático de um tanque séptico cilíndrico de câmara única.

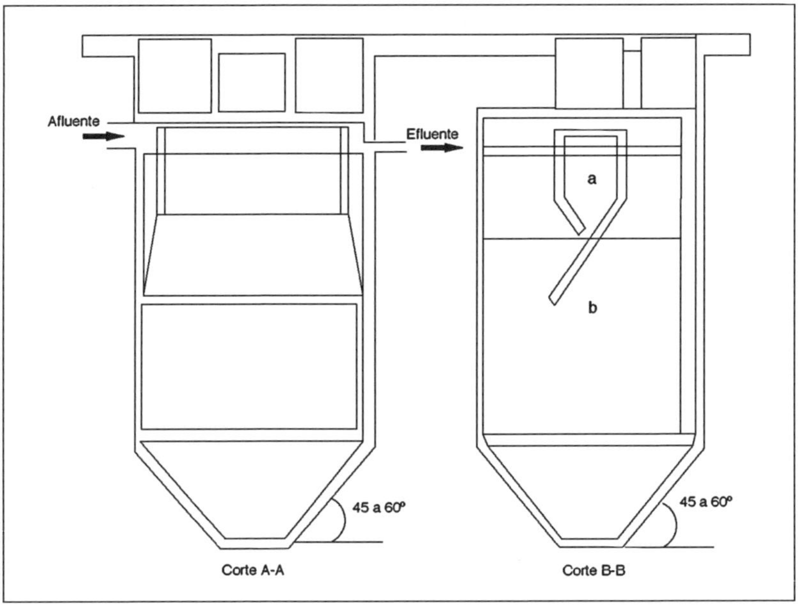

Figura 7.11. Esquema ilustrativo das vistas de um tanque tipo Imhoff com câmaras sobrepostas. Câmara para sedimentação (a) e câmara para digestão (b).

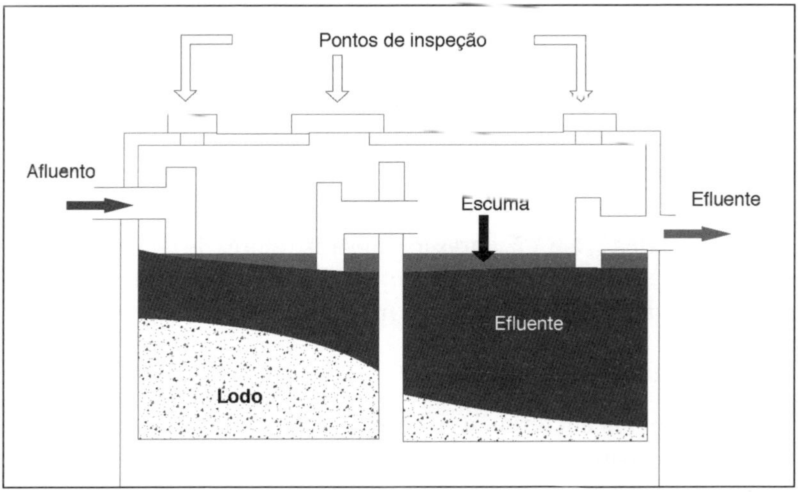

Figura 7.12. Esquema ilustrativo de seção transversal de uma fossa séptica em série.

Parâmetros de dimensionamento:

O dimensionamento deve seguir a NBR 7.229 (ABNT, 1993). O volume do tanque é dado pela Equação 7.12.

$$V = 1.000 + N\,(C \times T + k \times L_f) \qquad \textbf{(7.12)}$$

em que:

V – volume útil do tanque (L)
1.000 – fator de segurança (L)
N – número de habitantes ou unidades de contribuição
C – contribuição do despejo (L $hab.^{-1} \cdot dia^{-1}$ ou L $unid.^{-1} \cdot dia^{-1}$); ver Tabela 7.3.
T – tempo de detenção hidráulica (dias); ver Tabela 7.4.
k – taxa de acúmulo de lodo digerido (adimensional); ver Tabela 7.5.
L_f – contribuição do lodo fresco (L $hab.^{-1} \cdot dia^{-1}$ ou L $unid.^{-1} \cdot dia^{-1}$); ver Tabela 7.3.

Destino do efluente

Na Tabela 7.3. apresentam-se os valores de contribuição do despejo (C) e contribuição do lodo fresco (L_f) para os diferentes tipos de unidades.

O efluente tratado não atinge condições para lançamento em corpo receptor, de acordo com a legislação, devendo ter tratamento subsequente. Um dos tratamentos mais indicados para esse tipo de efluente é aquele que utiliza filtro anaeróbio.

Para uso em culturas, deve-se ter cuidado em relação às características biológicas e de toxicidade, principalmente. Entretanto, o efluente pode ser utilizado para disposição no solo ou ferti-irrigação em culturas não consumidas cruas, devendo-se sempre observar as normas do Conama e aquelas estabelecidas para as condições ambientais locais. Além disso, devem-se tomar cuidados na aplicação, como já foi comentado.

Nas Tabelas 7.4. e 7.5. apresentam-se os valores de tempo de detenção hidráulica (T), em função da contribuição diária de efluente, e taxa de acúmulo de lodo digerido (k), em função do intervalo entre limpezas.

▶ FILTRO ANAERÓBIO

É um tanque em formato cilíndrico ou prismático, com seção quadrada e fundo perfurado, preenchido com material inerte poroso. Utiliza o método físico e biológico para remoção de poluentes no tratamento de efluentes. Antes do filtro, é necessário realizar a decantação primária.

Tabela 7.3. Contribuição diária de esgoto (C) e de lodo fresco (L_f), por tipo de atividade, conforme NBR 7.229 (ABNT, 1993).

Atividade	Unidade	C	L_f L (unid.$^{-1}$·dia^{-1})
	Ocupantes permanentes		
Residência	Pessoa	160	1,0
Padrão alto-padrão médio	Pessoa	130	1,0
Padrão baixo	Pessoa	100	1,0
Hotel (exceto lavanderia e cozinha) – alojamento provisório	Pessoa	100	1,0
Residência	Pessoa	80	1,0
	Ocupantes temporários		
Fábricas em geral	Pessoa	70	0,3
Escritórios	Pessoa	50	0,2
Edifícios públicos ou comerciais	Pessoa	50	0,2
Escolas (externatos) e locais de longa permanência	Pessoa	50	0,2
Bares	Pessoa	6	0,1
Restaurantes e similares	Pessoa	25	0,1
Cinemas, teatros e locais de curta permanência	Lugar	2	0,02
Sanitários públicos	Bacia sanitária	480	4,0

Tabela 7.4. Período de detenção dos despejos, por faixa de contribuição diária, segundo a NBR 7.229 (ABNT, 1993).

Contribuição diária (L)	Tempo de detenção (T)	
	Dias	**Horas**
Até 1.500	1,00	24
1.501 a 3.000	0,92	22
3.001 a 4.500	0,83	20
4.501 a 6.000	0,75	18
6.001 a 7.500	0,67	16
7.501 a 9.00	0,58	14
Mais de 9.000	0,50	12

Os filtros são muito importantes para tratamento de efluentes líquidos de origem doméstica, como complementação da fossa séptica (ver Figura 7.13.).

Tabela 7.5. Taxa de acumulação total de lodo (K), em dias, por intervalo entre limpezas e temperatura do mês mais frio, conforme a NBR 7.229 (ABNT, 1993).

Intervalos entre limpezas (anos)	Valores de K por faixa de temperatura ambiente – t (ºC)		
	t ≤ 10	10 ≤ t ≤ 20	t > 20
1	94	65	57
2	134	105	97
3	174	145	137
4	214	185	177
5	254	225	217

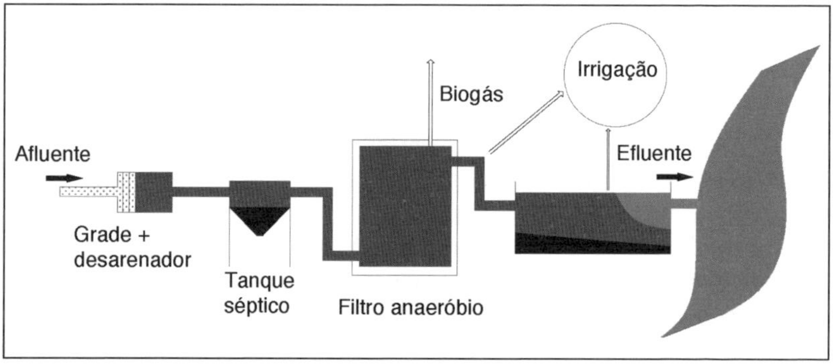

Figura 7.13. Esquema de um sistema de tratamento utilizando filtro anaeróbio.

Objetivos

- Tratamento de efluentes em nível primário, por tanques preenchidos com material inerte, em sistema anaeróbio, complementando o tratamento realizado nos tanques sépticos.

Aplicação

- Normalmente, é utilizado no tratamento de águas residuárias domésticas, associado a um tanque séptico. Preferivelmente, deve estar em uma cota inferior ao nível da água residuária do tanque séptico, com escoamento por gravidade.

Estabilização da DBO e fluxo do líquido

A DBO é estabilizada por bactérias aderidas a um meio suporte constituído por material inerte (geralmente brita nº 4) dentro do reator. O fluxo do líquido ocorre no sentido ascendente no meio filtrante.

Destino do efluente

Quando se requer maior depuração, o efluente pode ser lançado em lagoa facultativa, pois o efluente do filtro apresenta aspecto desagradável, alta concentração de N, P e sólidos suspensos, com condições inadequadas para lançamento em corpos receptores. Para aproveitamento agrícola, pode ser lançado diretamente na lavoura, uma vez que o lodo já sai estabilizado. Observadas as normas de aplicação estabelecidas pelo Conama, pode ser aplicado por irrigação, dependendo das culturas receptoras da água.

Vantagens do sistema tanque-filtro

- Boa adaptação a diferentes tipos de concentração de águas residuárias.
- Resistência à variação de carga orgânica.

Desvantagens

- Dificuldade de satisfazer padrões de qualidade restritivos, exigindo tratamento com lagoa facultativa.

Parâmetros de dimensionamento

O dimensionamento deve seguir a NBR 13.969 (ABNT, 1997), que modificou a NB 41 (ABNT, 1963). O volume do tanque é dado pela Equação 7.13.

$$V = 1{,}6 + N \times C \times T \qquad (7.13)$$

em que:

V – volume útil do tanque (L)

N – número de habitantes ou unidades de contribuição

C – contribuição do despejo ($L\ hab.^{-1} \cdot dia^{-1}$ ou $L\ unid.^{-1} \cdot dia^{-1}$); ver Tabela 7.3.

T – tempo de detenção hidráulica (d); ver Tabela 7.4.

Reatores anaeróbios de fluxo ascendente (Rafa)

Uma opção para tratamento anaeróbio de águas residuárias surgiu com a descoberta dos reatores de leito fixo e o filtro anaeróbio de fluxo ascendente. Este reator, preenchido com brita, hoje se encontra consolidado no tratamento de efluentes de fossas sépticas, permitindo remoções de DBO superiores a 80%.

Outra descoberta, quase acidental, foi o fenômeno da granulação do lodo em reatores anaeróbios de fluxo ascendente sem enchimento, para suporte de micro-organismos na forma de biofilme. Sob certas condições de distribuição dos esgotos na entrada (fundo) do reator e de velocidade ascensional, observou-se a formação de grânulos, às vezes apenas flocos, que ao entrarem em contato com a matéria orgânica promoviam sua degradação, devido à expressiva atividade biológica encerrada nas partículas do manto. O chamado reator anaeróbio de fluxo ascendente ou manto de lodo (Uasb – *upflow anaerobic sludge blanket* ou Rafa – reator anaeróbio de fluxo ascendente) previa adicionalmente apenas a separação, coleta e queima do gás produzido, além de uma etapa de recuperação de grânulos na parte superior, na externa e acima do coletor de gás, uma zona de sedimentação que permite maior clarificação dos efluentes do reator.

Hoje, reconhece-se no Brasil que esse reator é capaz de promover redução de DBO em cerca de 65%, com tempo de detenção dos esgotos de apenas 8 horas. Esse reator tem se consolidado no Brasil e em muitos outros países como pré-tratamento e digestor de lodo de outros processos biológicos e até físico-químicos.

Na Figura 7.14. mostra-se o desenho esquemático de um reator Uasb. Na Figura 7.15., um sistema de tratamento envolvendo Rafa e lagoa anaeróbia.

Objetivos e constituição

- Tratamento de efluente em nível primário, em que a biomassa cresce em meio disperso e não aderido a um meio suporte, como nos filtros anaeróbios.

Formação de gases

Reações anaeróbias formam gases, principalmente metano e gás carbônico. O gás metano liberado pode ser aproveitado como fonte de energia ou queimado, caso não seja viável.

Concentração de biomassa

A concentração de biomassa é bastante elevada, requerendo menor volume, em comparação com outros sistemas de tratamento.

Destino do efluente

Dispensa decantação primária e pode ser utilizado sem tratamento posterior, caso seja empregado para disposição no solo. Para lançamento em corpos receptores, é necessário tratamento secundário, como uso

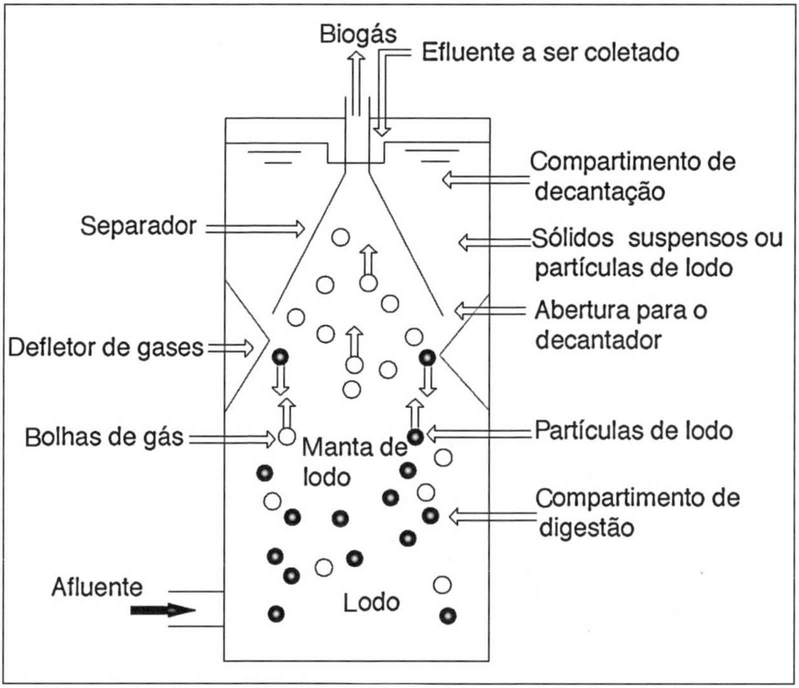

Figura 7.14. Desenho esquemático do funcionamento de um reator Uasb.

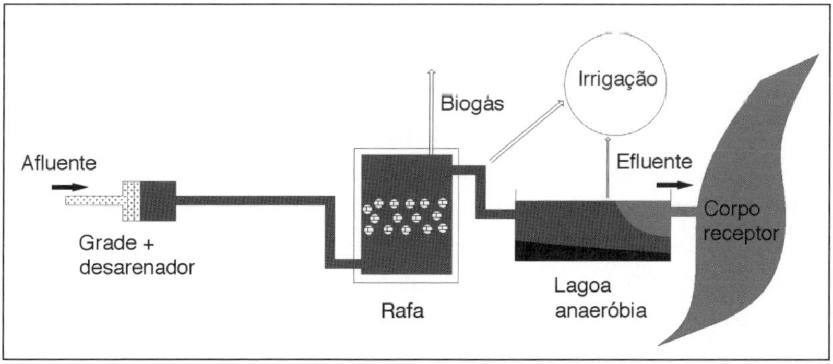

Figura 7.15. Esquema de um sistema de tratamento envolvendo Rafa e lagoa anaeróbia.

de lagoa facultativa, devido à alta concentração de N, P, ao aspecto desagradável e aos maus odores.

Vantagens do sistema Rafa

- Baixo requisito de área.
- Estabilização do lodo no próprio reator.
- Baixa produção de lodo.

Desvantagens

- Sensível à variação de carga orgânica.
- Início lento no processo de tratamento.

Parâmetros para dimensionamento

Vazão de esgotos de projeto

Os reatores Uasb são empregados a jusante apenas no tratamento preliminar, o que os torna desprotegidos das variações de vazão dos esgotos, uma vez que os tempos de detenção utilizados são relativamente pequenos. Dessa forma, recomenda-se que o reator apresente condições de atender à situação mais desfavorável, isto é, vazão máxima por hora do esgoto.

Tempo de detenção dos esgotos no reator

De acordo com Jordão e Pessoa (1975), tempos de detenção hidráulicos da ordem de apenas 6 horas, com base na vazão máxima por hora do esgoto, são suficientes para garantir uma eficiência média na remoção de DBO deles em torno de 65%. Pode ser adotado tempo de detenção hidráulico de 8 horas, com base na vazão média dos esgotos sanitários.

Taxa de aplicação de substrato

Como os esgotos sanitários são relativamente diluídos, os reatores Uasb têm o seu limite de capacidade definido pela taxa de aplicação hidráulica, que resulta em determinada velocidade que poderá ou não ser suficiente para provocar o arraste de parte do manto de lodo, desequilibrando o processo. No tratamento de efluentes industriais mais concentrados, os reatores Uasb são limitados pela aplicação de matéria orgânica, em geral na faixa de 5 a 10 kg $DQO \cdot m^{-3} \cdot dia$, embora tenham sido registradas taxas de até 20 kg $DQI \cdot m^{-3} \cdot dia^{-1}$, com bons resultados no tratamento.

Velocidade de ascensão na zona de manto de lodo

A manutenção de determinada faixa de velocidade ascensional dos esgotos, ao longo do corpo do reator, é importante para garantir o grau adequado de expansão da manta de lodo, sem que haja arraste excessivo para a zona de decantação. Recomenda-se a faixa de 0,7 a 1,0 $m \cdot h^{-1}$ para reatores Uasb no tratamento de esgoto sanitário.

Lodos bem granulados resistem ao arraste com velocidades de passagem de até 10 $m \cdot h^{-1}$. Mas, como ocorrem situações em que o lodo não granula, apenas flocula, e mesmo assim o reator mantém boa eficiência na remoção de DQO, recomenda-se limitar a velocidade ascensional a 4 $m \cdot h^{-1}$.

Taxa de escoamento superficial na zona de decantação

A parte superior do reator Uasb, externa ao "chapéu" coletor de gás, funciona como decantador, permitindo a recuperação de grânulos que escaparam da zona de manto de lodo. Recomendam-se taxas de escoamento superficial inferiores a 1,25 $m^3 \cdot m^{-2} \cdot dia^{-1}$ para a garantia do retorno de parte significativa do lodo para a zona de manto. A inclinação das abas do chapéu (ângulo com a horizontal) deverá ser superior a 55°.

Distribuição dos esgotos à entrada do reator

A distribuição dos esgotos à entrada do reator é fundamental para garantir o funcionamento integral da zona de manto de lodo, sem escoamentos preferenciais ou curtos-circuitos que possam reduzir o tempo de detenção e o contato dos esgotos com o lodo ativo. Recomendam-se pelo menos duas a três entradas por m^3 de fundo de reator. As extremidades dos tubos de alimentação deverão distar cerca de 30 cm do fundo do reator.

Produção de lodo nos reatores Uasb e de gás

De acordo com Jordão e Pessoa (1975), pode ser esperada uma produção de lodo de 0,2 kg SS $kg^{-1} \cdot$DQO aplicada e uma produção de 0,12 m^3 gás$\cdot kg^{-1} \cdot$DQO aplicada. O gás deverá possuir cerca de 65 a 75% de metano.

Caracterização dos efluentes

Os efluentes deverão ser caracterizados sobretudo em termos de vazão e concentrações de DQO, nitrogênio total Kjeldhal, fósforo total, pH e temperatura. Estas características deverão ser corrigidas, caso seja necessário. A presença de substâncias potencialmente inibidoras ao tratamento deve ser previamente investigada.

▶ TRATAMENTO POR FILTRAÇÃO

Objetivos

- Remoção de parte dos sólidos em suspensão (SS) e bactérias do grupo coliforme, utilizando processos físicos, químicos e biológicos. Filtros orgânicos também podem remover parte dos sólidos dissolvidos.

Finalidades

- Minimizar a formação de lodo por águas ricas em material orgânico e facilitar as operações em sistemas de tratamento subsequente, que poderão ser tanques de decantação, lagoas anaeróbias ou facultativas, bem como evitar problemas de entupimento em bombas, tubulações e emissores, no caso de aproveitamento agrícola com o uso de ferti-irrigação.

Tipos de filtros

Quanto ao elemento filtrante

O material filtrante ideal é aquele que proporciona maior eficiência na remoção de sólidos e que, no caso de águas ricas em material orgânico, possa ser substituído com facilidade e disposto no meio ambiente. Para efluentes domésticos, pode-se utilizar material orgânico e inorgânico. No caso da maioria das águas residuárias industriais, que contêm alta concentração de material orgânico, este é a única opção.

- Material inorgânico utilizado: quartzo, antracita, escória de altoforno, vidro moído, etc.
- Material orgânico: devem ser preferencialmente subprodutos de agroindústrias (restos de sabugo, casca de arroz, casca de frutos de café, bagaço de cana-de-açúcar, etc.).

Forma de operar

Podem ser operados de forma intermitente (filtros com operação em batelada) ou contínua (filtros em operação por vários dias, sem interrupção)

Velocidade de filtração

Podem ser classificados como rápidos, recomendados para águas com baixa turbidez (menos de 10 UNT), condição pouco comum em águas residuárias de agroindústrias, ou lentos, mais adequados a águas ricas em sólidos em suspensão.

Direção do fluxo

Pode ser descendente, ascendente ou lateral. Para tratamento de águas ricas em sólidos em suspensão, torna-se mais adequado operar em fluxo descendente, tendo em vista a rápida colmatação da primeira camada.

Parâmetros de dimensionamento

- **Diâmetro das partículas do material filtrante** – diâmetros grandes reduzem a perda de carga; em contrapartida, a eficiência na remoção de sólidos em suspensão é menor e as colunas de filtração devem ser maiores. A maior proximidade das partículas possibilita aumento na eficiência do tratamento. Em filtros rápidos, o diâmetro efetivo das partículas deve estar entre 0,45 e 0,55 mm; em filtros lentos, entre 0,25 e 0,35 mm. Define-se como diâmetro efetivo aquele em que a malha da peneira permite a passagem de no máximo 10% (em peso) do material filtrante.
- **Taxa de aplicação** – taxas altas podem reduzir a eficiência na remoção de poluentes e tendem a carrear sólidos retidos no material filtrante. Em filtros rápidos, a aplicação pode ser de 120 a 1.200 $m^3 \cdot m^{-2} \cdot dia^{-1}$, sendo bastante utilizada de 240 a 360 $m^3 \cdot m^{-2} \cdot dia^{-1}$; em filtros lentos, é bem mais baixa, devendo ser da ordem de 3 a 6 $m^3 \cdot m^{-2} \cdot dia^{-1}$. Para esgoto doméstico, têm sido recomendados 5 $m^3 \cdot m^{-2} \cdot dia^{-1}$, com intervalos de quatro dias, em operação contínua. Para fluxos intermitentes, a taxa deverá ser ainda menor, entre 0,07 e 0,25 $m^3 \cdot m^{-2} \cdot dia^{-1}$, podendo ser realizadas duas aplicações por dia.
- **Altura da coluna filtrante** – quanto maior o espaço entre as partículas do material filtrante, maior a altura. Em filtros rápidos, a coluna filtrante deve ser de 60 a 70 cm; em filtros lentos, de 30 a 120 cm.
- **Substituição do elemento filtrante** – realiza-se a troca de material do elemento filtrante, que deve ser destinado a aterros ou a compostagem, no caso de material orgânico, caso seja possível. Em caso de filtros de areia, o material tem sido disposto em solo, tomando-se os cuidados referentes ao meio ambiente, ou em aterros sanitários.

Destinação do efluente

Pode ser utilizado em irrigação com aplicação localizada. Neste caso, é necessário que seja medida a concentração de sólidos suspensos e a DBO. Concentrações de sólidos suspensos acima de 50 $mg{\cdot}L^{-1}$ são consideradas altamente propícias a entupimentos de gotejadores. Entretanto, para irrigação por microaspersão, esse valor pode não ser problemático, dependendo do diâmetro dos emissores. Em geral, o diâmetro das partículas sólidas da água não deve ser superior a 10% do diâmetro dos emissores, pois podem ocorrer entupimentos, constituindo isto requisito do projeto.

TRATAMENTO SECUNDÁRIO

Objetivo

- Remoção de material orgânico fino em suspensão, não removido no tratamento primário ou preliminar (DBO em suspensão), decorrente das transformações bioquímicas realizadas pelos micro-organismos (bactérias, fungos, protozoários, helmintos, vírus) que se alimentam desse material; material orgânico na forma de sólidos dissolvidos (DBO solúvel); e, eventualmente, nutrientes como N e P.

  Micro-organismos aeróbios – convertem o material orgânico em gás carbônico, água, nitrato (NO_3^-), sulfatos (SO_4^{2-}) e outros.

  Micro-organismos anaeróbios – convertem o material orgânico em gás carbônico, metano, sulfeto de hidrogênio, amônia.

  Mecanismos mais utilizados – filtros biológicos, tratamento anaeróbio, lagoas de estabilização, lodo ativado, tratamento por disposição no solo.

Eficiência

A eficiência depende do sistema utilizado e dos detalhes no tratamento. Pode-se considerar que, nas fases preliminar ou primária e secundária, a remoção de DBO e bactérias coliformes deve alcançar de 60 a 99%.

Indicação

Um dos grandes problemas relacionados ao tratamento das águas residuárias é o mau cheiro produzido durante o processo de decomposição e morte dos micro-organismos. Para águas com alta concentração de material orgânico, o tratamento anaeróbio é o mais indicado. Entretanto, a decomposição aeróbia é um processo inodoro que possibilita maior degradação dos organismos patogênicos (ver Figura 7.16.).

▶ Lagoas de estabilização

Na Figura 7.17. apresentam-se lagoas de estabilização em operação utilizadas em sistemas de tratamento de efluentes de frigorífico.

As lagoas de estabilização são tanques construídos em terra, de forma que recebam os esgotos continuamente, garantindo elevados tempos de retenção deles e propiciando mecanismos naturais para a degradação da matéria orgânica e para a redução da concentração de micro-organismos.

Em sistemas anaeróbios, obtém-se a digestão e a sedimentação do material orgânico. As lagoas podem ser escavadas no solo, sendo o fundo e as laterais cobertos por lona butílica ou alvenaria, para evitar

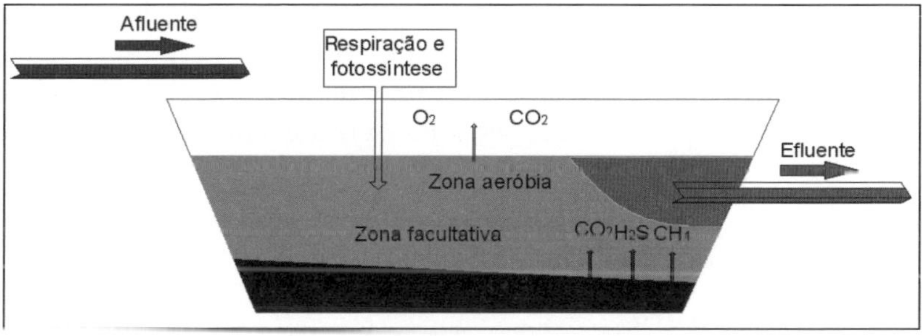

Figura 7.16. Esquema ilustrativo do tratamento biológico em lagoas facultativas.

Figura 7.17. Lagoas de estabilização em operação.

infiltração e contaminação do meio ambiente; podem ser anaeróbias, facultativas, anaeróbias-facultativas e aeradas e de maturação.

▶ Lagoas anaeróbias

As lagoas anaeróbias (Figura 7.18.) são escavações mais profundas, com altura útil variando na faixa de 3 a 5 metros, que retêm os esgotos durante quatro a seis dias. Nestas condições, garante-se a anaerobiose, uma vez que a penetração de luz e a sobrevivência de algas só é possível, e de forma bastante limitada, apenas em estreita camada superficial. Por outro lado, a taxa de aplicação de matéria orgânica é forçada, provocando o rápido esgotamento do oxigênio que porventura esteja presente nos esgotos afluentes. A matéria orgânica é convertida primeiro, por bactérias facultativas, a ácidos voláteis, como o ácido acético, e depois é definitivamente oxidada, por bactérias anaeróbias estritas, a metano e gás carbônico.

Para as condições atmosféricas brasileiras, principalmente aquelas relacionadas a temperatura e luminosidade, obtém-se eficiência na remoção da DBO dos esgotos da ordem de 40 a 60%. O tratamento do efluente ocorre a nível primário e utiliza o método biológico, aliviando a carga orgânica para a etapa seguinte de tratamento, que pode ser a lagoa facultativa.

Na Figura 7.18. apresenta-se um sistema com lagoa anaeróbia em operação para tratamento de efluentes.

Objetivos básicos

- Tratamento em nível primário de águas residuárias domésticas, agroindustriais e industriais, com remoção parcial dos poluentes.

Finalidades

Remover material flutuante e sedimentável, além de promover a degradação parcial do material orgânico em suspensão e dissolvido.

Princípio do processo

Quando o oxigênio disponível no meio é pouco ou inexistente, como ocorre em lagoas com profundidades maiores, os micro-organismos anaeróbios são capazes de degradar parcialmente o material orgânico dissolvido e em suspensão. O princípio do processo é ilustrado na Figura 7.19.

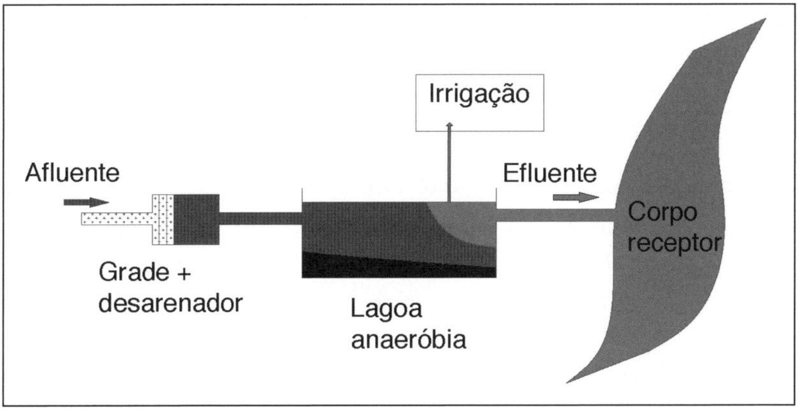

Figura 7.18. Sistema de tratamento com lagoa anaeróbia em atividade.

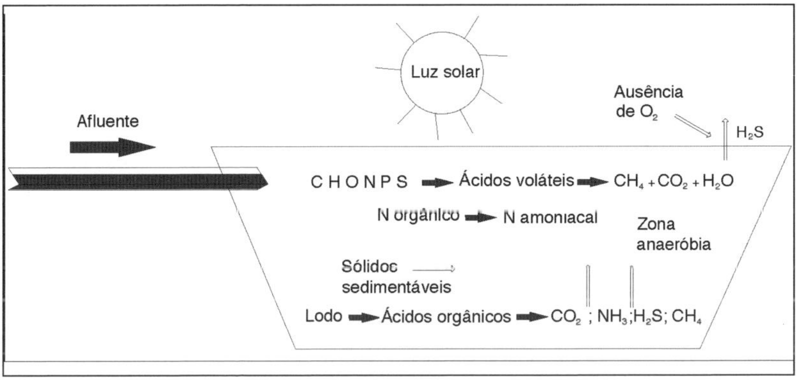

Figura 7.19. Transformações bioquímicas em lagoas anaeróbias.

Destinação do efluente

O efluente pode ser utilizado para disposição no solo, dependendo das culturas e da qualidade dele. A água tratada apresenta aspecto desagradável e é inadequada para lançamento em corpo hídrico. Para uso em irrigação com qualidade mais nobre do efluente, é necessário realizar tratamento posterior. Geralmente, as lagoas anaeróbias são associadas a lagoas facultativas, o que, em muitos casos, possibilita a aplicação em culturas não consumidas cruas e perenes, bem como o lançamento em corpo hídrico.

Manejo do sistema

As lagoas anaeróbias devem ser limpas sempre que o lodo atinge cerca da metade da sua altura útil. Ele deve ser encaminhado para secagem e para aterro sanitário ou uso agrícola.

Parâmetros de dimensionamento

Uma lagoa anaeróbia criteriosamente projetada pode operar livre de maus odores, oferecendo uma redução de DBO na faixa de 50 a 70%.

O dimensionamento é baseado no tempo de detenção e/ou taxa de aplicação volumétrica de DBO. O tempo de detenção hidráulica (T_d) pode ser dado pela relação entre o volume dividido pela vazão, devendo ser de 3 a 6 dias para águas residuárias domésticas e de 5 a 50 dias para águas residuárias agroindustriais. A taxa de aplicação do afluente deve estar entre 0,1 e 0,4 $kg \cdot m^{-3} \cdot dia^{-1}$ de DBO. Valores baixos dificultam manter a anaerobiose, e valores altos podem causar maus odores, pelo acúmulo de ácidos. A profundidade deve ser suficiente para manter as condições anaeróbias, recomendando-se de 3 a 5 metros. A relação comprimento/largura pode ser na faixa de 1 a 3.

O volume é dado pela Equação 7.14.

$$V = L/L_v \qquad \textbf{(7.14)}$$

em que:

L – carga de DBO afluente ($kg\ DBO \cdot dia^{-1}$)
L_v – taxa de aplicação volumétrica ($kg\ DBO \cdot m^{-3} \cdot d^{-1}$)
V – volume requerido para a lagoa (m^3)

Para o cálculo da concentração de efluentes (DBO_{efl}) da lagoa anaeróbia, uma vez estimada a eficiência de remoção (E), calcula-se a concentração efluente utilizando as Equações 7.15, 7.16 e 7.17.

$$E = (S_0 - DBO_{efl}) \times 100/S_0 \qquad \textbf{(7.15)}$$

$$DBO_{efl} = S_0\,(1 - E/100) \qquad \textbf{(7.16)}$$

$$L = L_O\,(100 - E)/100 \qquad \textbf{(7.17)}$$

em que:

S_0 – concentração de DBO total afluente ($mg \cdot L^{-1}$)
DBO_{efl} – concentração de DBO total efluente ($mg \cdot L^{-1}$)
E – eficiência de remoção (%)

Exemplo de dimensionamento

Dimensionar uma lagoa anaeróbia para os seguintes dados:

- População: 20.000 hab.
- Vazão afluente: 3.000 $m^3 \cdot dia^{-1}$
- DBO_{afl}: 350 $mg \cdot L^{-1}$
- Temperatura: T = 23°C
- L_v = 0,15 kg $DBO \cdot dia^{-1}$
- Eficiência de remoção de DBO desejada: 60%

Solução:

Cálculo da carga de DBO

$L = Q \times conc. = 3.000\ m^3/d \times 0{,}350\ kg/m^3 = 1.050\ kg \cdot dia^{-1}$

Cálculo do volume requerido

$V = L/L_v : V = 1.050\ kg \cdot dia^{-1}/0{,}15\ kg\ DBO\ dia^{-1} = 7.000\ m^3$

Verificação do tempo de detenção hidráulico

$T_d = V/Q = 7.000\ m^3/3.000\ m^3 \cdot dia^{-1} = 2{,}3$ dias

Observação: Lagoas com esse baixo tempo de detenção devem ter sua entrada pelo fundo.

Cálculo da área média da lagoa

- Profundidade adotada: 4,5 m
- Área média: $A_m = V/h$

em que:

V – volume da lagoa

h – profundidade

A_m – 7.000 m^3/4,5 m = 1.556 m^2

Vamos adotar duas lagoas.

Área de cada lagoa = 1.556 m^2/2 = 778 m^2

Possíveis dimensões de cada lagoa

Caso sejam adotadas duas lagoas em paralelo e uma relação comprimento/largura (L/B) igual a 2,5 em cada uma delas, tem-se:

Área de cada lagoa = 1.556 m^2/2 = 778 m^2

$A = B \cdot L = (2{,}5 \cdot B) \cdot B = 2{,}5 \cdot B^2$

$778\ m^2 = 2{,}5 \cdot B^2$

B = 18 m

A = B · L; 778 = 18 · L

L = 43 m

Possíveis dimensões de cada lagoa: 43 × 18 m

Cálculo da concentração de DBO efluente

Eficiência de remoção de DBO desejada: 60%

$DBO_{efl} = S_0 (1 - E/100)$

$DBO_{efl} = 350 (1 - 60/100)$

$DBO_{efl} = 140\ mg{\cdot}L^{-1}$

O efluente da lagoa anaeróbia é o afluente da lagoa facultativa.

▶ Lagoas facultativas

As lagoas facultativas (Figura 7.20.) fazem parte do tratamento secundário de efluentes. Nelas ocorre a conversão do material orgânico biodegradável por bactérias facultativas. São escavações mais rasas, com profundidades típicas na faixa de 1,5 a 2,0 m e áreas de espelho d'água relativamente maiores do que as das anaeróbias. Os sólidos sedimentáveis presentes nos esgotos depositam-se no fundo das lagoas facultativas, entrando em decomposição anaeróbia. A matéria orgânica solúvel mantém-se na massa líquida. Sofre decomposição aeróbia pela ação de micro-organismos heterotróficos, que aproveitam o oxigênio liberado pela fotossíntese de algas, bem como decorrente da ventilação superficial. O gás carbônico resultante da decomposição da matéria orgânica é utilizado como matéria-prima para o processo fotossintético, fechando o ciclo da simbiose que caracteriza o processo.

Na Figura 7.20. apresenta-se um esquema ilustrativo do sistema de tratamento utilizando lagoa facultativa.

Finalidades

- Estabilizar o material orgânico contido nas águas residuárias. A estabilização da DBO solúvel é realizada por bactérias dispersas no meio líquido, sendo que as bactérias aeróbias utilizam o oxigênio fornecido por fotossíntese das algas. A estabilização do material orgânico sedimentado é realizada por bactérias anaeróbias e facultativas.

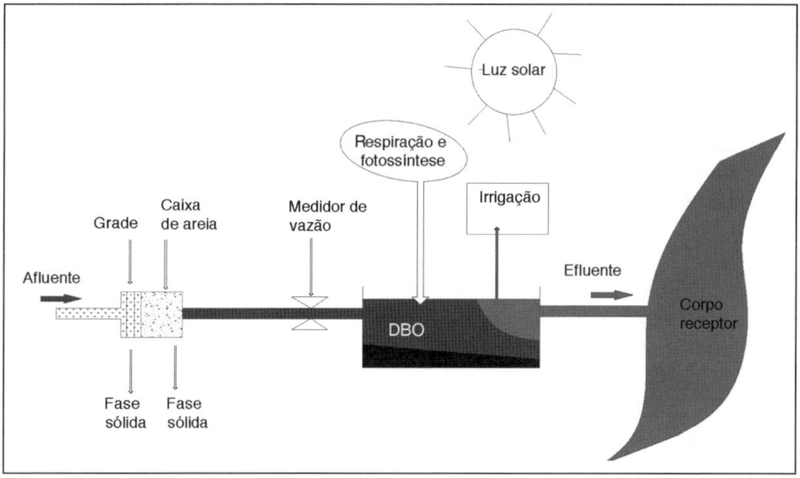

Figura 7.20. Esquema ilustrativo do sistema por lagoa facultativa.

Princípio do processo

Durante o percurso da água residuária, o material orgânico tende a sedimentar, constituindo o lodo no fundo. Este lodo é decomposto por bactérias anaeróbias e convertido em gás carbônico, água e metano, restando apenas a fração não biodegradável no fundo da lagoa.

O material orgânico dissolvido, juntamente com o material orgânico em suspensão de pequenas dimensões (DBO solúvel e DBO finamente particulada), são decompostos por micro-organismos facultativos. O oxigênio necessário aos anaeróbios é fornecido pela fotossíntese realizada pelas algas, conforme ilustrado na Figura 7.21.

Grupos diferenciados de bactérias participam da estabilização do material orgânico, que se processa em taxas mais lentas em lagoas facultativas (maiores que 20 dias). Quanto maior a área exposta, mais efetiva é a fotossíntese (maior aproveitamento de energia solar). Por isso, lagoas facultativas requerem maior área durante o processo de tratamento de efluentes. Por outro lado, por se tratar de um processo natural e simples de operar, seu emprego é muito importante em países em desenvolvimento.

Destino do efluente

Caso o efluente não esteja adequado à norma para lançamento, pode-se inserir uma lagoa de maturação ou aeróbia, a qual possibilita

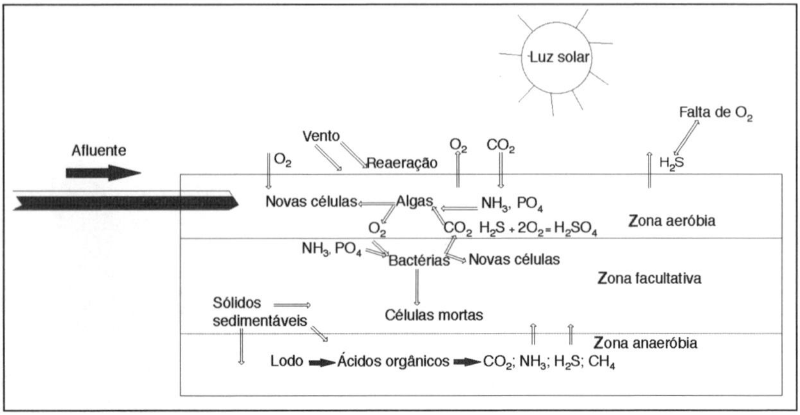

Figura 7.21. Transformações bioquímicas em lagoas facultativas.

melhoria na qualidade do efluente com relação à redução de patógenos. Águas residuárias de suinocultura podem ser utilizadas em culturas, como capineira, aplicadas por irrigação de superfície. Entretanto, é indispensável que sejam monitoradas as características químicas e biológicas do efluente antes de seu lançamento via irrigação e que sejam observadas as normas estabelecidas pela Resolução Conama 357 (2005).

Manejo das lagoas

Acompanhar a coloração do líquido na lagoa permite ter ideia de como está ocorrendo a degradação. Cor verde-escura e turbidez baixa são sinais de boa atividade. Cor acinzentada indica sobrecarga de material orgânico, devendo ser reduzida a taxa de aplicação de água residuária. Se o líquido está com baixa turbidez e a cor é amarelada, é sinal de baixa concentração de nutrientes, podendo-se aumentar a taxa de aplicação de água residuária.

Vantagens e desvantagens

- Como vantagens, podem ser citadas: resistência à variação de carga orgânica; eficiência na remoção de DBO e agentes patogênicos; baixo custo de operação, manutenção e implantação.
- Como desvantagens, tem-se: requer grandes áreas; desempenho variável com o clima; possibilidade de surgimento de insetos.

Eficiência do sistema

Até as lagoas facultativas, os sistemas apresentam eficiência na remoção de DBO ligeiramente superior a 80%, com DBO dos efluentes inferior a 60 $mg \cdot L^{-1}$. A eficiência típica na remoção de coliformes fecais é de 99%, com efluentes com concentrações da ordem de 10^5 CF (100 mL^{-1}). A concentração de nitrogênio amoniacal pode ser superior a 10 a 15 $mg \cdot L^{-1}$ e a de fósforo total, superior a 3 $mg \cdot L^{-1}$. Devido aos tempos de retenção elevados, o processo é bioquimicamente estável. Porém, os efluentes das lagoas facultativas sofrem variações de qualidade, devido às mudanças na direção dos ventos, com consequências para o acúmulo de algas na região de saída da lagoa.

Critérios construtivos

Os critérios para construção das lagoas de tratamento de efluentes devem ser analisados de acordo com as condições locais, e não basear-se em dados obtidos em outras regiões ou outro país com condições diferentes daquelas em que o sistema de tratamento será implantado.

O dimensionamento de lagoas facultativas baseia-se em um modelo empírico que considera o carregamento superficial máximo admissível (λ_s) de matéria orgânica na lagoa, expresso em kg $DBO \cdot ha^{-1} \cdot dia^{-1}$. O valor de λ_L é função da temperatura média mensal mais baixa ao longo do ano.

Dimensionamento de lagoas facultativas primárias

Taxa de aplicação superficial limite de DBO (λ_L)

A taxa de aplicação superficial limite de DBO pode ser calculada pela Equação 7.18., conforme Arthur (1983).

$$\lambda L = 20 \times T - 60 \quad \textbf{(7.18)}$$

em que:
T – temperatura média do ar do mês mais frio do ano (°C)
λL– taxa de aplicação superficial limite de DBO (kg $DBO \cdot ha^{-1} \cdot dia^{-1}$)

Profundidade e área da lagoa

A profundidade típica das lagoas facultativas primárias é de 1,80 m. Pode-se acrescentar um rebaixo de 0,5 m no quarto inicial do comprimento, para acúmulo de lodo, uma vez que, nesse arranjo, não se incluem lagoas anaeróbias a montante.

A relação comprimento/largura varia, normalmente, na faixa de 3/1 a 5/1, embora estes limites possam ser ultrapassados.

A área da lagoa facultativa é função de λ_s, da vazão média a ser tratada e da concentração média de DBO do esgoto bruto afluente. O cálculo da área da lagoa é feito de maneira simples, conforme indicado por Mara et al. (1992), podendo ser usada a Equação 7.19.

$$A = 10.\ Q.\ L/\lambda L \qquad \textbf{(7.19)}$$

em que:
A – área da lagoa facultativa primária em m^2
L – DBO média do esgoto bruto em $g{\cdot}m^{-3}$
Q – vazão média do esgoto bruto em $m^3{\cdot}dia^{-1}$

Tempo de detenção hidráulica (T_d)

Procura-se obter um tempo de detenção da água residuária suficiente para que ocorra degradação biológica do material orgânico em solução e de pequenas dimensões pelas bactérias aeróbias e facultativas. O tempo de detenção hidráulica é dado pela Equação 7.20.

$$Q = V/T_d$$

$$T_d = V/Q \qquad \textbf{(7.20)}$$

em que:
T_d – tempo de detenção (d)
V – volume requerido para a lagoa (m^3)
Q – vazão afluente à lagoa ($m^3{\cdot}d^{-1}$)

Equação empírica para cálculo da taxa de DBO a ser removida

Uma equação empírica que relaciona a taxa de DBO removida em função do tempo de detenção hidráulica e da taxa de DBO afluente foi desenvolvida por Mayo (1996). Ver Equação 7.21.

$$L_T = T_d\,(0{,}062 \times L - 1{,}6) \quad \text{ou} \quad T_d = L_T/(0{,}062 \times L - 1{,}6) \qquad \textbf{(7.21)}$$

em que:
L_T – taxa de DBO removida ($kg{\cdot}ha^{-1}{\cdot}dia^{-1}$)
L – taxa de DBO do afluente ($kg{\cdot}ha^{-1}{\cdot}dia^{-1}$)

Dimensionamento de lagoas facultativas secundárias

Taxa de aplicação superficial limite de DBO (λ_L) – Equação 7.22.

$$\lambda L = 14 \times T - 40 \qquad (7.22)$$

em que:
T – temperatura média do ar do mês mais frio do ano (°C)

As lagoas facultativas secundárias apresentam profundidade menor, sendo considerado como valor típico 1,50 m. O cálculo da área superficial faz-se de modo semelhante ao apresentado para lagoas facultativas primárias.

▶ Lagoas anaeróbias-facultativas

A finalidade dessa associação é complementar a decomposição do material orgânico em condições aeróbias, uma vez que, em lagoas anaeróbias, o material decomposto ainda é passível de degradação. Esse sistema objetiva aumentar a eficiência na decomposição do material orgânico.

Princípio do processo

A água residuária bruta entra em uma primeira lagoa de dimensões menores e mais profunda (recomendados 3 a 5 metros). Reduz-se a penetração da luz e de algas fotossintetizantes, privilegiando reações anaeróbias.

Em períodos curtos, em caso de água residuária industrial de 3 a 5 dias, a decomposição do material orgânico é parcial. A DBO atinge 50 a 60%, reduzindo a carga a ser tratada na lagoa facultativa a jusante, que terá dimensões menores em relação às lagoas para tratamento apenas facultativo – geralmente, dois terços da área com sistema facultativo é suficiente para o sistema anaeróbio facultativo.

Vantagens em relação à lagoa facultativa

- Eficiência ligeiramente superior.
- Menor requisito de área.
- Maior eficiência na remoção de patógenos e DBO.

Na Figura 7.22. ilustra-se a associação lagoa anaeróbia-facultativa para tratamento de efluentes líquidos.

▶ Lagoas aeradas

Nos casos em que se desejam lagoas de estabilização com dimensões menores, em que a redução de DBO ocorra mais rapidamente até o nível necessário, utilizam-se aeradores mecânicos para fornecer oxigênio ao meio líquido. Assim, a fonte principal de oxigênio para as bactérias aeróbias degradarem o material orgânico passa a ser a incorporação de oxigênio ao líquido pelos aeradores, e não pela fotossíntese das algas.

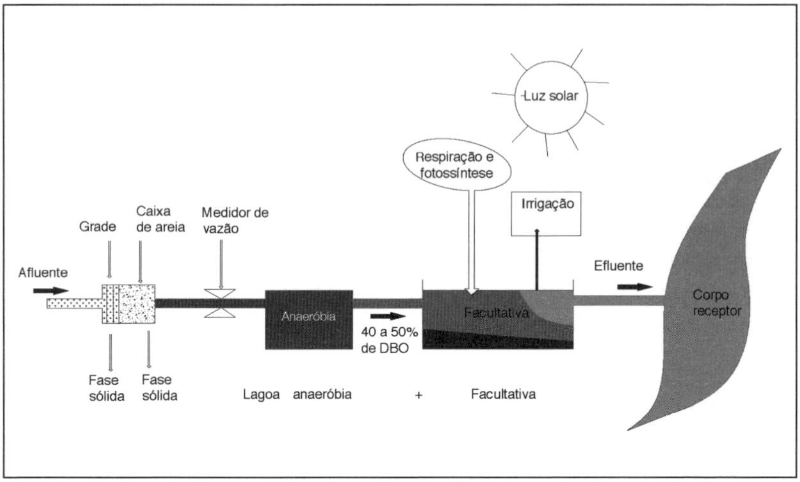

Figura 7.22. Esquema ilustrativo do tratamento de efluentes por lagoa anaeróbia associada com lagoa facultativa.

Os aeradores artificiais promovem um turbilhonamento, introduzindo oxigênio na água, o qual se distribui, passando a oxigênio dissolvido (OD). Com isso, a penetração de oxigênio na água é mais rápida, proporcionando decomposição mais acelerada e reduzindo a área de instalação. Para que o oxigênio não seja limitante, sua concentração na lagoa aerada deve ser de 1 a 2 $mg{\cdot}L^{-1}$. Com aeração consegue-se reduzir o tempo de detenção da água residuária e, em consequência, a necessidade de área. A Figura 7.23. ilustra o funcionamento de um sistema de aeração mecânica em lagoas.

As lagoas aeradas podem ser divididas em aerada facultativa e aerada de mistura completa-lagoa de decantação.

▶ Lagoa aerada facultativa

Princípio do processo

O turbilhonamento no líquido não propicia a mistura de bactérias e sólidos. Assim, os sólidos sedimentam e constituem o lodo decomposto anaerobiamente, e a DBO fina suspensa é decomposta aerobicamente. O comportamento da lagoa ocorre como descrito para a lagoa facultativa convencional, com a vantagem de ser aerada (ver Figura 7.24.).

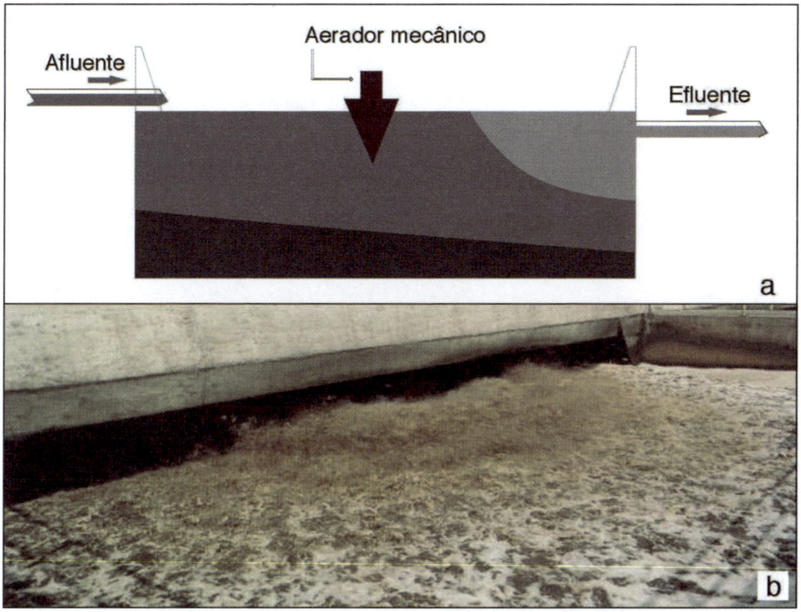

Figura 7.23 (a, b). Esquema de funcionamento (a) e tanque de aeração com aeradores superficiais de baixa rotação (b).

▶ LAGOA AERADA DE MISTURA COMPLETA – LAGOA DE DECANTAÇÃO

Princípio do processo

O turbilhonamento é suficiente para manter o material orgânico e a biomassa microbiana dispersos no meio líquido ou em mistura completa, havendo maior concentração de bactérias e interação do meio orgânico com as elas. A remoção de DBO é mais rápida e pode reduzir o volume da lagoa, em comparação com o sistema de lagoa aerada facultativa. No entanto, o efluente conterá grande concentração de bactérias, sendo necessária uma lagoa de decantação caso se deseje fazer o lançamento no corpo hídrico (ver Figura 7.25.).

Manejo em lagoas aeradas

O tempo de permanência do líquido proveniente de esgoto doméstico é de dois a quatro dias na lagoa aerada e de dois dias na lagoa de decantação. O lodo deve ser retirado após a decomposição. O lodo formado nas lagoas de decantação pode ser removido após alguns anos.

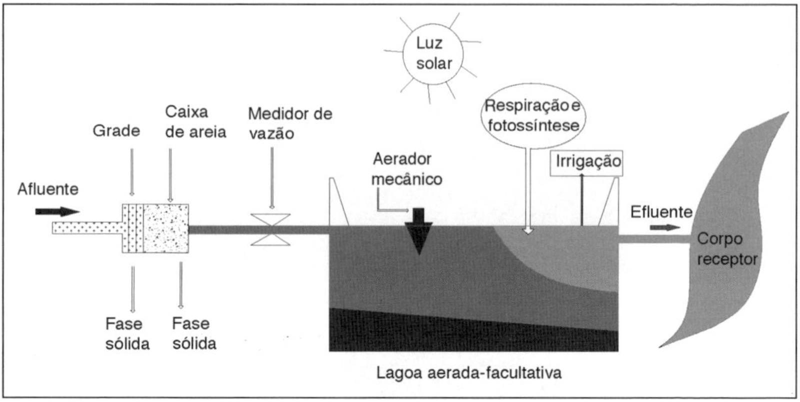

Figura 7.24. Esquema ilustrativo do sistema de lagoa aerada facultativa.

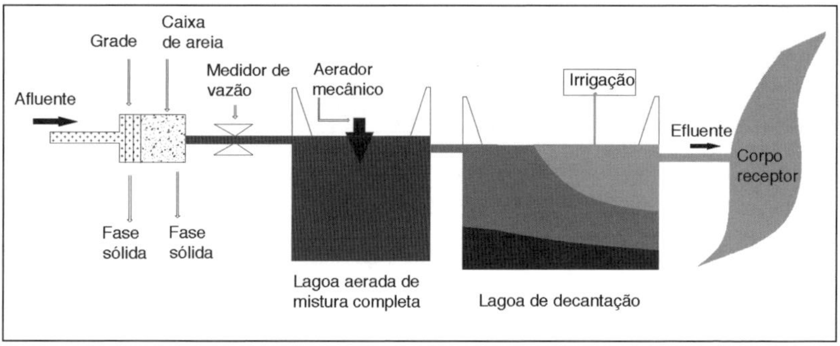

Figura 7.25. Esquema ilustrativo do sistema de lagoa aerada de mistura completa – lagoa de decantação.

Vantagens das lagoas aeradas

- Construção relativamente simples.
- Menor área em relação a todos os sistemas de lagoas de estabilização.
- Reduzida possibilidade de odores.
- Maior independência das condições climáticas.

Desvantagens

- Introdução de equipamentos e sofisticação.
- Requisitos de energia elevados.

- Remoção contínua do lodo, no caso de lagoas de mistura completa mais decantação.
- Maior complicação em termos de operação e manutenção, em comparação com as lagoas facultativas convencionais.

Parâmetros de projeto da lagoa aerada facultativa

O dimensionamento é semelhante àquele para lagoas facultativas convencionais. A diferença é que a área superficial da lagoa não é mais tão importante, uma vez que a oxigenação do meio não é função da fotossíntese.

Os parâmetros importantes para dimensionamento são:

Tempo de detenção hidráulica

Para tratamento de águas residuárias domésticas, deve ser de cinco a dez dias. Para águas residuárias de maior carga orgânica, como no caso das águas residuárias agroindustriais, esse tempo pode ser diferente.

Profundidade

Lagoas aeradas facultativas podem ter profundidade maior que as facultativas convencionais, uma vez que o oxigênio dissolvido necessário para oxidação biológica do material orgânico é fornecido por aeradores, não dependendo da oxigenação provinda da fotossíntese das algas. A profundidade passa a depender do alcance do sistema de aeração e deve ser de 2,5 a 4,5 m, com valor mínimo de 2 m.

Densidade de potência

Representa a razão entre a potência instalada para o funcionamento dos aeradores por unidade de volume útil da água residuária, dada por:

$$\Phi\ (W \cdot m^{-3}) = \text{potência instalada (W)/volume do reator } (m^3)$$

Conforme recomendado por Loehr (1984), as lagoas aeradas-facultativas devem operar com densidade de potência na faixa de 3,0 a 4,0 $W \cdot m^{-3}$, ou, conforme Von Sperling (1996), de 0,75 a 2,75 $W \cdot m^{-3}$. Estes valores podem variar em função da concentração de material orgânico da água residuária.

Requerimento de oxigênio

No tratamento por lagoa aerada, o oxigênio demandado no processo de decomposição da biomassa deve ser proveniente de aeração forçada. Portanto, a estimativa de seu requerimento pode ser dada pela Equação 7.23.

$$O_r = \frac{\alpha \cdot Q \cdot (C_0 - C)}{1.000} \qquad \textbf{(7.23)}$$

em que:

O_r – oxigênio requerido (kg·dia^{-1} de O_2)

α – coeficiente de demanda de aeração, variando de 0,8 a 1,2 kg de O_2 kg^{-1} de DBO

C_o – concentração de DBO afluente (g·m^{-3})

C – concentração de DBO solúvel efluente (g·m^{-3})

1.000 – fator de conversão de kg para g (g·kg^{-1})

Q – vazão afluente (m^3·dia^{-1})

Requerimento energético

A potência necessária para o funcionamento do aerador pode ser estimada pela Equação 7.24.

$$P = \frac{O_r}{\eta \,.\, \varepsilon} \qquad \textbf{(7.24)}$$

em que:

P – potência requerida (kW)

η – rendimento do aerador entre 0,55 e 0,65, devendo ser consultado o fabricante

ε – rendimento de oxigenação (kg · (kW · h)$^{-1}$) de O_2, variando entre 1,5 e 2,0

O_r – oxigênio requerido (kg·h^{-1} de O_2)

Remoção de DBO

Admitindo-se um sistema de mistura completa, a DBO efluente (DBO_E) pode ser estimada conforme a Equação 7.25.

$$DBO_E = \frac{C_O}{(1 + k \,.\, T_d)} \qquad \textbf{(7.25)}$$

em que:

- o valor de k para lagoas aeradas facultativas pode ser considerado da ordem de 0,6 a 0,8 d^{-1}, com temperatura de 20°C
- para corrigir o valor de k em temperaturas diferentes, de acordo com Matos (2005), tem-se a Equação 7.26.

$$k_T = k_{20} \times 1{,}035^{(T-20)} \qquad \textbf{(7.26)}$$

Sistemas de tratamento por lodo ativado

O processo de lodo ativado pode ser considerado tratamento aeróbio, de crescimento em suspensão na massa líquida e com retenção de biomassa. A introdução de oxigênio pode ser feita de diferentes formas, como por meio de aeradores superficiais ou sistemas com difusores, introduzidos diretamente nos tanques. Os sólidos biológicos crescem na forma de flocos e são mantidos em suspensão pelo equipamento de aeração. Não há meio suporte de biomassa, como os materiais inertes (pedras, plástico, etc.) introduzidos nos sistemas de filtros biológicos. A retenção de biomassa é feita pela recirculação do lodo, que é separado nos decantadores acoplados aos reatores biológicos (ver Figura 7.26.).

Para a obtenção de flocos densos, é necessário que as principais condições ambientais dentro dos reatores, como temperatura, pH e nutrientes, estejam controladas. Uma das condições desejáveis é meio neutro, em termos de pH, característico do esgoto doméstico. Fora da faixa neutra, o número de grupos de micro-organismos que se desenvolve é menor, dando maior oportunidade para desequilíbrios e para a predominância de micro-organismos maus formadores de flocos. A presença dos principais nutrientes, sobretudo compostos de nitrogênio e fósforo, deve ser bem administrada. O oxigênio deve ser adicionado em quantidade suficiente para garantir o processo metabólico dos micro-organismos que se desenvolvem no tanque reator e manter um pequeno saldo, segurança contra a ocorrência de anaerobiose. O trabalho

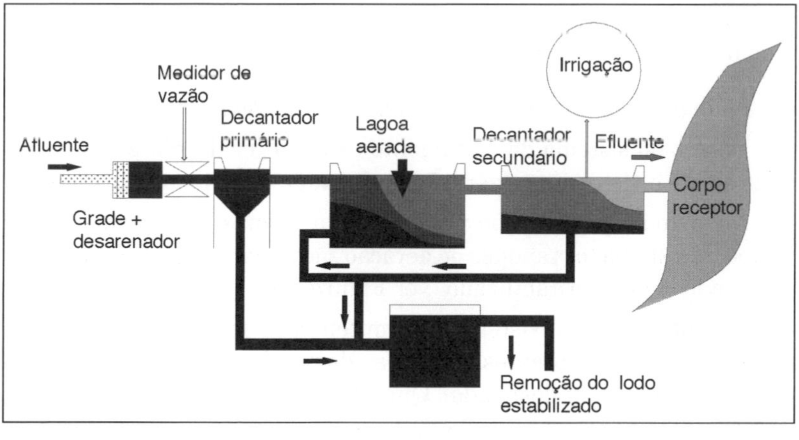

Figura 7.26. Esquema ilustrativo de um sistema de tratamento por lodo ativado.

dos micro-organismos também pode ser influenciado de modo negativo pela presença de substâncias tóxicas ou potencialmente inibidoras que os efluentes industriais podem conter.

Com os fatores ambientais externos sob controle, é importante planejar de maneira adequada as condições de funcionamento, tais como a relação alimento/micro-organismos e o tempo médio de residência.

O excesso de lodo biológico descartado continuamente pelo sistema deve ou não sofrer digestão bioquímica complementar, dependendo das condições operacionais. Quando se mantêm maiores tempos de residência celular, o excesso de lodo resultante é mais bem digerido. Esta é uma das principais características que distingue a variante com aeração prolongada dos processos convencionais.

Constituição

Constituído por decantador primário, seguido de lagoa aerada e decantador secundário, sendo o fornecimento de oxigênio feito por aeradores mecânicos ou por ar difuso.

Princípio do processo

O princípio do processo baseia-se na recirculação dos sólidos (biomassa bacteriana) por bombeamento, sedimentados no decantador secundário, objetivando aumentar o tempo de contato das bactérias com o líquido. Com isso, os sólidos permanecem por um tempo superior ao do líquido no sistema, garantindo elevada eficiência dos lodos ativados, uma vez que as bactérias têm tempo para metabolizar praticamente todo o lodo contido na água residuária.

Lodo ativado por aeração prolongada e sistema intermitente

Dentro do sistema de tratamento de água residuária por lodo ativado existe o sistema por aeração prolongada e de fluxo intermitente.

No sistema por aeração prolongada, a biomassa permanece mais tempo no sistema (os tanques de aeração são maiores) e, em decorrência disso, o lodo já sai estabilizado (ver Figura 7.27.).

Quando se utiliza sistema intermitente, no mesmo tanque podem ocorrer, em fases diferentes, as etapas de reação (aerador ligado) e sedimentação (aerador desligado). Quando os aeradores estão desligados, ocorre sedimentação e retirada do efluente. Ao religar os aeradores, os sólidos sedimentados são misturados à massa líquida, o que dispensa as

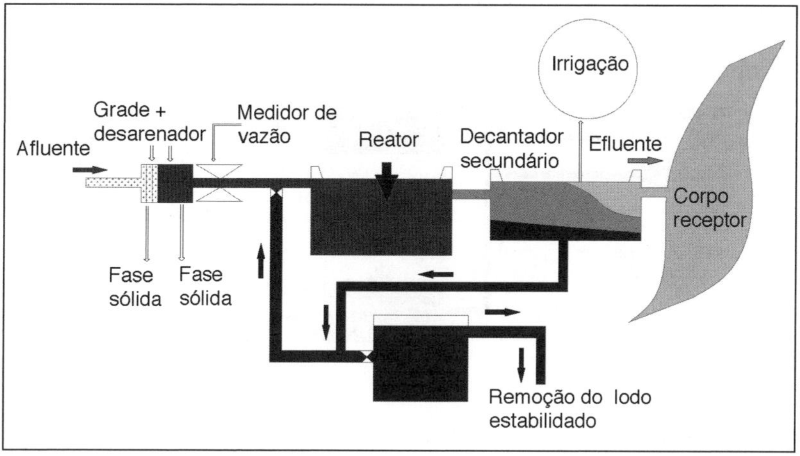

Figura 7.27. Esquema ilustrativo de um sistema com aeração prolongada no tratamento por lodo ativado.

elevatórias de circulação, não sendo necessário decantador secundário (ver Figura 7.28.).

Principais vantagens do sistema por lodo ativado

- Elevada eficiência na remoção de DBO.
- Possibilidade de remover N e P.
- Baixo requisito de área.
- Baixa possibilidade de maus odores e proliferação de insetos e vermes.

Principais desvantagens

- Elevado custo de implantação e operação.
- Elevado consumo de energia e índice de mecanização.
- Exigência de conhecimento técnico para sua operação.
- Sensibilidade a cargas tóxicas.
- Problemas de ruído.

▶ Tratamentos por disposição no solo

O sistema por disposição no solo é mais uma alternativa para o tratamento de água residuária que contém elevada concentração de nutrientes de interesse agrícola.

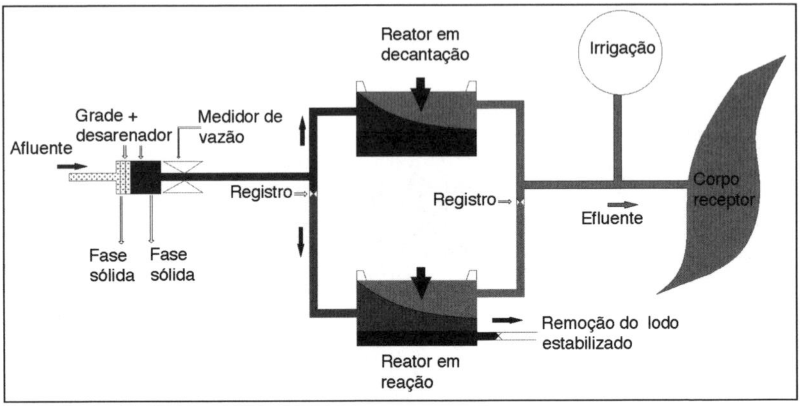

Figura 7.28. Esquema ilustrativo de um sistema intermitente de tratamento por lodo ativado.

A possibilidade de que o produtor rural ou empreendedor agroindustrial utilize os efluentes gerados nas unidades de produção em sistemas agrícolas pode ser bastante vantajosa do ponto de vista econômico, como fonte de renda, proporcionando a redução de custos com fertilização; do ponto de vista ambiental, reduz a poluição do solo, dos recursos hídricos superficiais e subterrâneos e do ar; e, do ponto de vista social, reduz a poluição visual, o que torna essa técnica atraente.

A disposição no solo deve ser realizada com o uso de técnicas adequadas, evitando comprometer a qualidade ambiental. Portanto, o desenvolvimento de estudos que definam as taxas de aplicação e as características dos efluentes em diferentes solos e culturas é muito importante. Pode ser uma complementação do tratamento primário ou a única forma de tratamento, dependendo das características do efluente. Esse sistema tem a vantagem, além do tratamento da água e do fornecimento de nutrientes para o solo, de apresentar baixo custo de instalação e operação. Estima-se que seu custo seja 30 a 50% menor em relação ao dos demais sistemas de tratamento convencionais.

A taxa de aplicação, a qualidade do efluente, a textura do solo e o tipo de cultura na área receptora da água residuária são alguns dos fatores que devem ser levados em consideração para uma disposição/tratamento adequada da água residuária no solo. Para que haja eficiente degradação do material orgânico da água residuária, é necessária a adequada aeração do solo, que pode ser prejudicada quando o teor de água dele for muito alto. As formas de tratamento podem ser: ferti-irrigação, infiltração-percolação, escoamento superficial e áreas alagadas.

Princípio do processo

A remoção de poluentes é realizada por processos químicos (precipitação, adsorção, troca iônica, complexação), físicos (filtração, sedimentação, desidratação) e biológicos (biodegradação, predação). A aeração do solo é fator importante para que haja eficiente degradação do material orgânico por micro-organismos aeróbios. O tratamento do efluente resulta da ação filtrante do solo, seguida pela oxidação biológica do material orgânico.

▶ SISTEMA POR INFILTRAÇÃO-PERCOLAÇÃO

O objetivo é fazer do solo um filtro para as águas residuárias. A água percolada pode servir de recarga do lençol freático, ou ser coletada por rede de drenagem subsuperficial ou poços freáticos, conforme mostrado na Figura 7.29.

Formas de aplicação

A aplicação deve ser feita de modo intermitente. Deve ser previsto um período de descanso para o solo, quando ele irá restabelecer suas condições aeróbias. Assim, na presença de oxigênio ocorrerá a mineralização do material orgânico, a redução dos maus odores, além da redução de problemas de contaminação por micro-organismos.

O sistema é composto por valas de infiltração sem revestimento em solos de alta permeabilidade. Água com elevada concentração de matéria orgânica deve passar por tratamento prévio, para não haver problemas na sua infiltração.

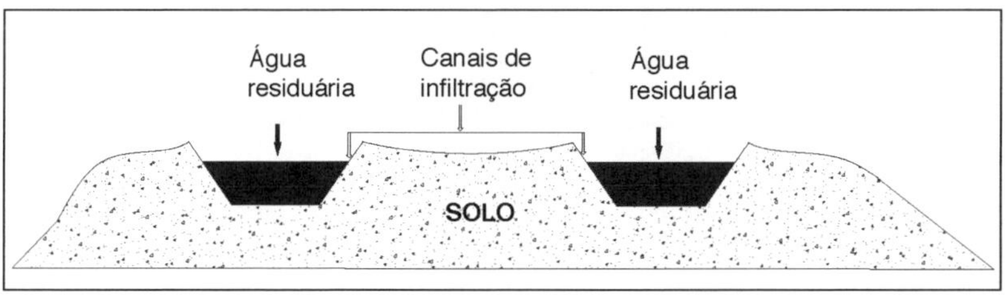

Figura 7.29. Esquema ilustrativo de um sistema de tratamento de água residuária por infiltração-percolação.

Principais vantagens

- Remoção de DBO estimada em 90 a 99%; N, de 60 a 80%; e P, de 70 a 95%.
- Reduzido custo de implantação, operação e manutenção.
- O lodo já fica no próprio local de tratamento.

Principais desvantagens

- Risco de contaminação das águas subterrâneas, exigindo monitoramento da água aplicada e da água subterrânea.
- A eficiência do tratamento depende das características químicas, físicas e mineralógicas do solo.
- Possibilidade de ocorrência de maus odores e surgimento de insetos e vermes.

▶ SISTEMA POR ESCOAMENTO SUPERFICIAL

O objetivo é fazer do solo um filtro para as águas residuárias. A água percolada no solo pode servir de recarga para o lençol freático, ou ser coletada por rede de drenagem subsuperficial ou poços freáticos (ver Figura 7.30.).

Formas de aplicação

O efluente é aplicado a taxas superiores à capacidade de infiltração no solo, em terrenos regulares, com baixa declividade, cultivados com vegetação rasteira, geralmente gramíneas, por onde se desloca morro abaixo até um sistema de coleta no final da rampa.

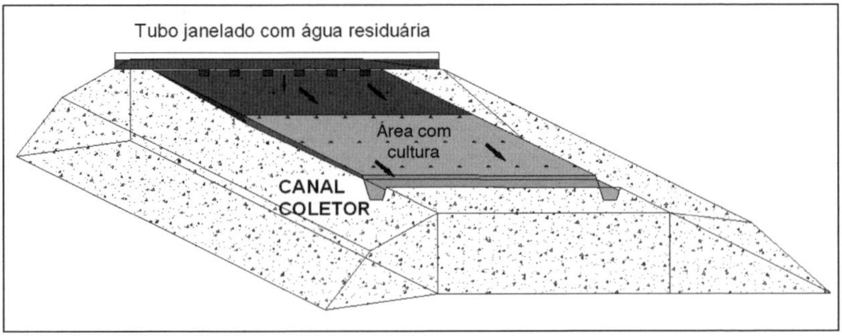

Figura 7.30. Esquema ilustrativo de um sistema de tratamento de água residuária por escoamento superficial.

Durante o processo de escoamento, o sistema solo-planta e micro-organismos se encarrega de filtrar e degradar o material orgânico da solução. Os terrenos devem ter baixa permeabilidade, para reduzir os riscos de contaminação freática, e declividade de 2 a 15%.

A aplicação pode ser feita por aspersão (baixa pressão), tubos janelados ou bacias de distribuição. Nesse sistema, o efluente coletado no final da rampa deve apresentar características para ser lançado em corpos receptores.

Requisitos e destinação da cultura plantada

A cultura plantada deve ser perene e tolerante a condições de baixa oxigenação e elevada salinidade na raiz, ter boa capacidade de extração de nutrientes e ser tolerante a pragas.

A planta produzida pode ser utilizada para adubo verde ou feno, seguindo as normas de sanidade.

Principais vantagens e desvantagens

- Vantagens: remoção de DBO estimada em 90% utilizando grama; N, de 70 a 90%; e P, de 50 a 60%; menor risco de contaminação do lençol freático.
- Desvantagem: pode-se citar a dependência da permeabilidade e declividade do solo.

▶ SISTEMA POR FERTI-IRRIGAÇÃO

A ferti-irrigação prioriza o aproveitamento de nutrientes presentes no efluente, como N, P, K, fundamentais para as culturas e pouco disponíveis nos solos brasileiros. Por isso, acredita-se que métodos como esse venham ser mais explorados futuramente (ver Figura 7.31.).

Formas de aplicação

O uso de algumas capineiras pode ser interessante para utilizar a água durante todo o ano e retirar macro e micronutrientes que contaminariam o solo, os rios, os lagos e as águas subterrâneas. A taxa de aplicação deve ser compatível com o requerimento de nutrientes da cultura, para não comprometer a produtividade e não promover a contaminação do meio. Por isso, devem sempre ser aplicadas em quantidades inferiores à requerida.

O sistema de aplicação pode ser por sulcos, aspersão ou localizada. A seleção do método depende da cultura, da suscetibilidade a doenças,

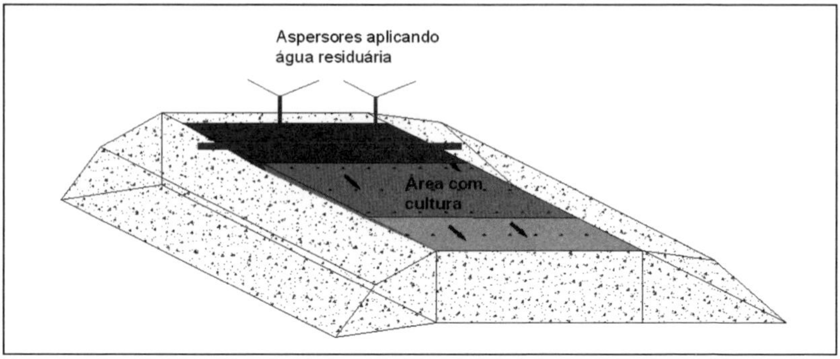

Figura 7.31. Esquema ilustrativo de um sistema de irrigação por aspersão para tratamento de água residuária.

da infiltração no solo, das características químicas, físicas e biológicas do efluente.

O sistema localizado muitas vezes é recomendado para minimizar problemas de doenças, maus odores e pragas nas folhas. Entretanto, exige, em alguns casos, tratamentos particulares, tendo em vista os problemas de entupimento na tubulação e nos emissores.

Principais vantagens e desvantagens

- Vantagens: pode ser mencionada a eficiência na remoção de poluentes (DBO, N, P): as plantas removem os nutrientes e o solo remove o material orgânico.
- Desvantagens: requer maior área por unidade de água tratada; passível de contaminação pelo ferti-irrigante.

▶ Sistema por áreas alagadas

Mecanismos utilizados

Os mecanismos envolvidos são: filtração, degradação da matéria orgânica pelos micro-organismos do solo, adsorção de nutrientes e outros. A vegetação encarrega-se de utilizar os nutrientes disponíveis na água residuária, extraindo dela macro e micronutrientes, além do carbono contido na matéria orgânica carbonácea (ver Figura 7.32.).

Plantas utilizadas

As espécies de plantas utilizadas são as halófitas, cujas folhas ficam posicionadas acima da superfície da água. Pode ser citada como

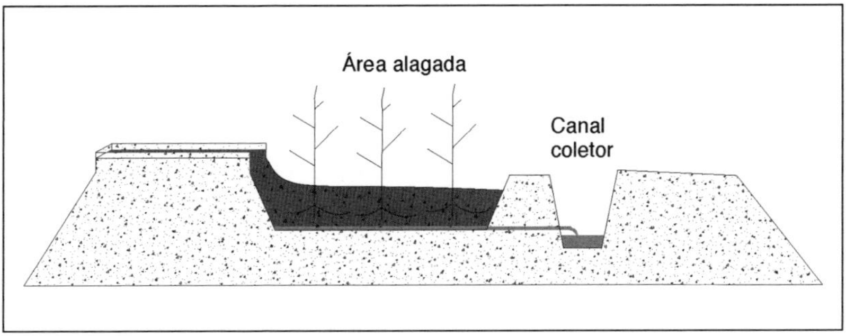

Figura 7.32. Esquema ilustrativo de um sistema alagado para tratamento de água residuária com filtragem vertical.

exemplo a taboa (*Thypha* sp). Existe potencial para utilizar o capim Tifton e o Elefante.

Requisitos da área

Sistemas em tanques de concreto ou área impermeabilizada com lona ou outro material. No fundo deve conter em torno de 20 cm de brita.

Principais vantagens

- Baixo custo de implantação e manutenção.
- Eficiência na remoção de DBO e nutrientes.

TRATAMENTO TERCIÁRIO

O tratamento terciário visa remover poluentes específicos, como metais pesados ou substâncias tóxicas, compostos não biodegradáveis, agentes patogênicos, N, P, ou poluentes não degradados na fase secundária.

Processos utilizados

Os processos utilizados podem ser químico ou físico-químico, desinfecção (cloração, ozonização (O_3), radiação ultravioleta) e lagoas de maturação.

O sistema por lagoas de maturação é bastante utilizado quando se pretende a remoção de patogênicos e nutrientes. Esta é uma opção mais barata em relação aos outros métodos, como desinfecção por cloração.

Neste livro é abordado em detalhes o tratamento terciário.

REFERÊNCIAS BIBLIOGRÁFICAS

COMPANHIA DE TECNOLOGIA DE SANEAMENTO AMBIENTAL - CETESB. **Legislação estadual sobre meio ambiente**. São Paulo, 1998.

CONSELHO NACIONAL DE MEIO AMBIENTE - CONAMA. **Resolução 357**. Dispõe sobre a classificação dos corpos d'água e diretrizes ambientais para seus enquadramentos. Estabelece as condições e padrões de lançamento de efluentes, e dá outras providências. Conama, mar. 2005.

JORDÃO, E. P.; PESSOA, C. A. **Tratamento de esgotos domésticos**. 3. ed. Rio de Janeiro: Abes, 1995.

JORDÃO, E. P.; PESSOA, C. A. **Tratamento de esgotos domésticos; concepções clássicas de tratamento de esgotos**. São Paulo: Cetesb, 1975.

LOEHR, R. **Pollution Control for Agriculture**. Orlando: Academic Press, 1984. 464p.

MARA, D. D.; ALABASTER, G. P.; PEARSON, H. W.; MILLS, S. W. **Waste Stabilization Ponds**: a Design Manual for Eastern Africa. Leeds, UK: Lagoon Technology International, 1992. 121p.

MATOS, A. T. **Manejo e tratamento de resíduos agroindustriais**. Viçosa: Aeagri, 2005. 128p. (Série Cadernos Didáticos n. 31).

MAYO, A. W. BOD Removal in Facultative Ponds: Experience in Tanzania. **Water Science and Technology**, v. 34, n. 11, 1996.

METCALF & EDDY, Inc. **Wastewater Engineering**: Treatment, Disposal, Reuse. 3. ed. New York: McGraw-Hill, 1991.

NB 41. **Norma para construção e instalação de fossa séptica**. ABNT – Associação Brasileira de Normas Técnicas, Rio de Janeiro, 1963. 18p.

NB 570. **Projeto de estações de tratamento de esgoto sanitário**. ABNT – Associação Brasileira de Normas Técnicas. Rio de Janeiro, 1990. 29p.

NB 7.229. **Projeto, construções e operação de sistemas de tanques sépticos**. ABNT – Associação Brasileira de Normas Técnicas. Rio de Janeiro, 1993. 15p.

NBR 12.209. **Projeto de estações de tratamento de esgotos**. ABNT – Associação Brasileira de Normas Técnicas, Rio de Janeiro, 1992. 23p.

NBR 13.969. **Tanques sépticos: unidades de tratamento complementar e disposição final dos efluentes líquidos: projeto, construção e operação**. ABNT – Associação Brasileira de Normas Técnicas. Rio de Janeiro, 1997. 60p.

NBR 569. **Projeto de estações elevatórias de esgoto sanitário**. ABNT – Associação Brasileira de Normas Técnicas. Rio de Janeiro, 1989. 5p.

PIVELI, R. P. **Tratamento de esgoto sanitário**. São Paulo: Escola Politécnica da Universidade de São Paulo, 2007. (Apostila didática).

VON SPERLING, M. **Princípios do tratamento biológico de águas residuárias**. 3. ed. Belo Horizonte: Departamento de Engenharia Sanitária e Ambiental, 2005, v. 1. 452p.

VON SPERLING, M. **Tratamento e destinação de efluentes líquidos da agroindústria**. Brasília: Abeas; Viçosa: DEA/UFV, 1996. 92p. (Módulo 6.2).

8

Uso agrícola de efluentes tratados

Uma das medidas indicadas para a redução dos problemas gerados pelo lançamento inadequado de efluentes líquidos no meio ambiente é a utilização de água residuária na área agrícola. Seu aproveitamento é possível desde que sejam efetuados os tratamentos apropriados na água residuária. É muito desejável do ponto de vista agronômico, pois, com isso, é possível fornecer também nutrientes às culturas, o que pode contribuir para o aumento da produtividade. Nesta situação, a irrigação é a prática mais viável e conveniente a ser adotada. No entanto, a área agrícola não deve ser vista como um local que sirva de "aterro" para depósito de qualquer resíduo. Dessa forma, alguns efluentes, principalmente aqueles de origem doméstica, devem ser de preferência tratados, reduzindo sua carga de poluentes, inclusive de agentes patogênicos, antes de sua aplicação na área agrícola.

APLICAÇÃO DE EFLUENTES NA ÁREA AGRÍCOLA

A irrigação de culturas agrícolas com água residuária foi introduzida inicialmente em propriedades rurais na Europa, na América do Norte e na Austrália, tornando-se popular em fins do século XIX e início do século XX. Porém, com o desenvolvimento de modernos sistemas de tratamento das águas residuárias e com a preocupação com a contaminação por micro-organismos, houve significativa redução no uso dessas águas para fins de irrigação. Essa prática tornou-se menos popular e praticamente desapareceu por completo logo após a Primeira Guerra Mundial (Stein; Schwartzbrod, 1990).

Nos últimos anos, foi retomada tanto em países industrializados como em desenvolvimento, devido a fatores como a escassez de água, especialmente em zonas áridas, semiáridas e em regiões subtropicais, onde ocorre elevada concentração populacional e industrial, resultando em maior demanda do que oferta de água. Assim, diversos fatores contribuíram para o retorno do uso da água residuária em áreas agricultáveis, tais como: reconhecimento da presença de nutrientes no esgoto doméstico, que proporciona a redução nas despesas com fertilizantes; custo elevado das estações de tratamentos avançados de efluentes; melhor aceitação sociocultural e reconhecimento do valor dessa prática como responsável pelo planejamento; melhor uso da água; avanço tecnológico.

Estudos efetuados em diversos países demonstraram que a produtividade agrícola aumenta de modo significativo em áreas ferti-irrigadas com águas residuárias, desde que estas sejam manejadas de forma adequada. Shendec (1985) comparou o rendimento anual de algumas culturas e comprovou que os cultivos ferti-irrigados com águas residuárias apresentaram maior rendimento do que os cultivos irrigados com água limpa e fertilizados com adubos químicos. Apesar das vantagens do uso da água residuária na agricultura, sua utilização de maneira inadequada pode contaminar o ar, o solo e as plantas nos campos irrigados e áreas vizinhas, trazendo alguns riscos, como: contaminação microbiológica dos produtos agrícolas e do lençol freático; acumulação de elementos tóxicos; desequilíbrio de nutrientes; salinização e impermeabilização do solo (Léon; Cavallini, 1999). A magnitude da contaminação depende do tratamento que as águas recebem, das condições climáticas predominantes, da cultura e do próprio sistema de irrigação utilizado. Portanto, a aplicação da água residuária via irrigação requer muito cuidado quanto à escolha do método mais adequado, desde que os demais critérios de escolha não sejam restritivos. Todavia, estabelecendo como critério de seleção a qualidade da água, a subirrigação por tubulações e a irrigação por gotejamento são indicadas como os sistemas mais seguros no que se refere à contaminação, uma vez que existe menor contato do irrigante ou da parte aérea da planta com o efluente.

Para a decisão sobre como tratar as águas residuárias, devem-se considerar os níveis de purificação desejados, relacionados a determinada técnica de aplicação agrícola. Vários aspectos ainda devem ser considerados, incluindo riscos de contaminação do lençol freático pela percolação de nutrientes pelo perfil do solo e riscos à saúde pública, ou mesmo efeitos benéficos do uso de água residuária na irrigação agrícola, como diminuição dos custos com fertilizantes, dos impactos ambientais e da recarga de aquíferos.

As técnicas para aplicação do efluente em área agrícola podem ser divididas em duas categorias: aquelas em que se aplica o efluente bruto no solo, como é o caso dos métodos que usam percolação e escoamento superficial, realizando o tratamento da água, e os métodos de irrigação que utilizam o efluente tratado por algum sistema de tratamento.

Características físico-químicas dos efluentes e efeitos sobre as plantas

A qualidade da água é definida para os vários usuários, como o industrial, o urbano, o agrícola, etc. Os requisitos de qualidade estão relacionados às características biológicas, físicas e químicas. Dependendo da sua composição, poderá haver impacto negativo no sistema solo-água-planta e até mesmo no desempenho dos equipamentos de irrigação. De modo geral, as características que determinam a qualidade da água para irrigação devem ser analisadas em relação a cinco parâmetros básicos: 1) concentração total de sais (salinidade); 2) proporção relativa de sódio; 3) concentração de elementos tóxicos; 4) concentração de bicarbonatos; 5) aspectos sanitários (Bertone, 1986).

Algumas características físicas são de grande importância para a avaliação. É o caso de odor, cor, temperatura e sólidos totais presentes, sendo este último o mais importante quando se trata de aplicação agrícola. Geralmente, esses parâmetros não limitam o uso da água via irrigação quando utilizado o sistema de tratamento eficiente, associado a um bom sistema de filtração.

Uma das características químicas a avaliar é a relação entre os principais cátions do efluente, como cálcio, magnésio, sódio e potássio. Essa relação costuma ser medida pela razão de absorção de sódio (RAS).

Quando a relação de sódio com outros cátions, principalmente cálcio e magnésio, é muito elevada (maior que 26), o sódio tende a substituir os íons de cálcio e magnésio nas partículas de solo, diminuindo sua permeabilidade (Andrade Neto, 1992).

Um efluente com tratamento secundário tem uma RAS em geral de 2,7, somente ocorrendo efeitos negativos de sódio na irrigação para valores maiores que 10 (efeito médio), 18 (efeito negativo alto) e 26 (muito alto) (Melo, 1978). O valor crítico de RAS na solução do solo é aproximadamente 13 e o valor desejável, 9. Para o caso da demanda bioquímica de oxigênio (DBO) na faixa de 50 a 70 mg de O_2 L^{-1}, pode ser aplicado no solo sem causar problemas. Os efeitos do excesso de sódio são mais lentamente sentidos pelas plantas quando comparados com os íons de cloretos, devido à restrição de absorção do íon sódio pelas raízes. Na Tabela 8.1. são apresentados alguns limites para elementos-traço em águas residuárias para uso em irrigação.

Tabela 8.1. Limites recomendados para elementos-traço em águas residuárias utilizadas na irrigação.

Parâmetro	Uso a longo prazo*	Uso a curto prazo**
	$mg \cdot L^{-1}$	
Boro	0,75	2,0
Cobalto	0,05	5,0
Cobre	0,2	5,0
Manganês	5,0	10,0
Molibdênio	0,01	0,05
Zinco	2,0	10,0

Fonte: Adaptado de Crook (1991).
* Água utilizada continuamente em todo o solo.
** Água utilizada por período acima de vinte anos em solos de textura fina, neutros ou alcalinos.

Alta concentração de boro prejudica o desenvolvimento das plantas. Essa concentração é encontrada em efluentes domésticos, na faixa de 0,5 a 1,0 $mg \cdot L^{-1}$, e pode ser atribuída ao uso de componentes à base de boro em produtos de limpeza.

O manganês é absorvido pelas plantas como Mn^{2+}, sendo prejudicado pelas altas concentrações de potássio, cálcio, magnésio, cobre, zinco e sódio (Malavolta, 1980). O zinco é absorvido pelo sistema radicular de forma ativa, porém é inibido pelo cobre e pelo ferro, enquanto o magnésio tem efeito de inibir mais facilmente do que o cálcio. A literatura descreve claramente que a deficiência de zinco é induzida pelo fósforo em altos níveis.

No caso de aplicação de água residuária, a composição química existente em geral não causa nenhum tipo de inconveniente. Na maioria das vezes, é benéfica para as culturas, fornecendo quantidade suficiente para atender à sua demanda. No entanto, em situações em que a concentração de nutrientes na água residuária é consideravelmente alta, assim como o tempo de aplicação, e se não houver nenhum controle, poderá surgir o problema de toxicidade do solo e do lençol freático.

Na Tabela 8.2. são apresentados alguns parâmetros para a avaliação da qualidade da água de irrigação para hortaliças. Tais parâmetros referem-se aos níveis críticos acima dos quais poderão ocorrer diversos problemas, como: danos ao desenvolvimento das plantas; formação de resíduos, causando problemas nos sistemas de irrigação utilizados; reações químicas, afetando a disponibilidade de elementos minerais.

Tabela 8.2. Faixas de valores máximos para diferentes parâmetros na água de irrigação de hortaliças.

Parâmetro[1]	Valores máximos	Parâmetro[1]	Valores máximos	Parâmetro[1]	Valores máximos
pH	7,0-7,5	RAS[4]	3-6	Fe	0,2-4
Bicarbonatos	40-160	N^{total}	5-20	Mn	0,2-2
CE[2]	0,5-1,5	NO^{3-}-N	5-10	Cu	0,2-1
SDT[3]	325-32	NH_4^+-N	0,5-5	Zn	1-5
Na	50-70	K	5-100	B	0,5-1
Ca	100-200	P	30	Al	5
Mg	50-150	Cl	70-100	Mo	0,01-0,1

Fonte: Lorenz; Maynard (1988); Gheyi, Medeiros e Souza (1999); Taveira (2000, apud Trani, 2001).
1 Valores em $mg \cdot L^{-1}$, com exceção do pH, CE e RAS.
2 Condutividade elétrica em $dS\ m^{-1}$ (relação solo:água de 1:2)
3 Sólidos dissolvidos totais
4 Razão de absorção de sódio

CARACTERÍSTICAS BIOLÓGICAS E ASPECTOS SANITÁRIOS PARA APLICAÇÃO DOS EFLUENTES

O entendimento de que a utilização de esgotos para a irrigação envolve riscos à saúde é uma questão bastante conhecida. Estudos realizados em várias partes de mundo mostraram que os riscos à saúde associados ao uso de água residuária são mínimos e que determinados padrões de restrição de bactérias muitas vezes são muito restritivos.

A Declaração de Engelberg, em 1985, foi uma tentativa de estabelecer as diretrizes para o reaproveitamento das águas residuárias para a irrigação de culturas comestíveis, campos de esportes e parques públicos. Foi estabelecido como padrão, por exemplo, que o número de nematoides não exceda a um ovo viável por litro e que o número de organismos coliformes fecais não exceda ao NMP de 1.000 coliformes por 100 mL, como mostrado na Tabela 8.3.

Tabela 8.3. Padrões microbiológicos de qualidade de água residuária aplicada na área agrícola.

Condição de reúso	Grupo exposto	Tratamento para atingir a qualidade microbiológica requerida	Nematoides intestinais* (ovos·L^{-1})	Coliformes fecais** NMP $(100\ mL)^{-1}$
Irrigação de culturas consumidas cruas, campos de esportes, parques públicos	Operador, consumidores e público	Série de lagoas de estabilização destinadas à aquisição da qualidade microbiológica indicada, ou tratamento equivalente	≤ 1	≤ 1.000
Irrigação de cereais, cultura industrial, alimentos, pastagens e árvores	Operador	Retenção de lagoas de estabilização por 8 a 10 dias ou remoção de helmintos e coliformes fecais equivalentes	≤ 1	Sem padrão recomendado
Irrigação localizada em culturas sem exposição de operador e público	Nenhum	Pré-tratamento requerido pelo método de irrigação, mas não inferior à sedimentação primária	Não aplicável	Não aplicável

Fonte: OMS (1989, apud Croock, 1991).
* Nematoides intestinais (média aritmética de ovos por litro).
** Coliformes fecais (média geométrica do NMP por 100 mL).

Esgotos provenientes de zonas urbanas apresentam como principais contaminantes os biológicos, já que em geral metais pesados ou outros contaminantes de origem química são a grande preocupação quando se tem efluentes industriais. O risco de contaminação não está relacionado somente à presença de patógenos, como vermes, protozoários, bactérias e vírus, mas depende também da concentração que atinge a área irrigada, da persistência e capacidade de multiplicação de cada espécie e da forma como pode atingir e infectar uma pessoa.

O uso de água residuária sem serem tomados os cuidados e as medidas de proteção pode acarretar infecções e disseminar doenças. As medidas que se propõem para alcançar esses propósitos são: o grau de tratamento do esgoto; a escolha da cultura; a adequação do método de irrigação; os cuidados pessoais dos envolvidos. O grau de tratamento a que o esgoto deve ser submetido, em função do tipo de cultura e da técnica de irrigação, é apresentado na Tabela 8.4.

Tabela 8.4. Grau necessário de tratamento dos esgotos em função do tipo de cultura e da técnica de irrigação.

Tipo de cultura	Técnica de irrigação	Grau de tratamento
Alimentos de consumo humano direto (legumes, verduras, frutas, etc.)	Aspersão Inundação ou canais e sulcos	Exigente Exigente
Campos de esportes e áreas de recreação	Gotejamento superficial ou subsuperficial	Moderado
Cerealíferas ou industriais	Aspersão Inundação ou canais e sulcos	Moderado Baixo
Forragens e pastagens	Gotejamento superficial ou subsuperficial	Nenhum
Árvores (bosques, reflorestamento, etc.)	Aspersão Inundação ou canais e sulcos Gotejamento superficial ou subsuperficial	Baixo Nenhum Nenhum

Fonte: Melo (1978).

A avaliação microbiológica das águas residuárias é estabelecida pela presença de coliformes fecais e bactérias patogênicas. Alguns desses padrões são estabelecidos no Brasil pela Resolução Conama 357 (2005), que oferece a classificação das águas doces, salobras e salinas do território nacional para as várias aplicações, entre elas, a irrigação. Os índices definidos para os coliformes totais e fecais podem ser encontrados na Tabela 8.5.

Tabela 8.5. Padrões para coliformes totais e fecais em corpos d'água.

Parâmetro	Classe 1	Classe 2	Classe 3
Coliformes totais NMP (100 mL^{-1})	1.000	5.000	20.000
Coliformes fecais NMP (100 mL^{-1})	200	1.000	4.000

Fonte: OMS (1995).

Para a irrigação irrestrita de culturas em que exista risco de contaminação, a OMS (1995) recomenda os seguintes valores: coliformes fecais, de 1.000 (100 mL)$^{-1}$; e ovos de helmintos, de 1 por litro. Os valores padrão da OMS para a utilização direta e irrestrita na irrigação correspondem aos valores do Brasil para a classe 2, após a diluição esgoto-receptor. Entende-se como irrigação restrita aquela usada para culturas comestíveis, parques públicos e campos de esportes; a irrigação irrestrita é aquela destinada a plantações de árvores, pastagens, cultivos industriais, forrageiras e árvores frutíferas.

Os padrões de qualidade microbiológicos recomendados pela OMS (1995), assim como os preconizados pela Resolução Conama 357 (2005), podem ser atendidos com a adoção de técnicas adequadas de tratamento do esgoto e a aplicação do conhecimento adquirido em cursos de graduação e pós-graduação por profissionais da área.

A Organização Mundial de Saúde destaca como sendo de grande importância a qualidade biológica da água de irrigação, de modo a minimizar a ocorrência de doenças transmitidas por bactérias, vírus, protozoários e vermes. De acordo com a OMS, o risco real à saúde pública associado ao uso de esgotos em agricultura e aquicultura ocorre somente se todas estas condições se apresentam:

- A dose de determinado organismo patogênico que causa infecção chega ao campo ou lagoa irrigada, ou o organismo multiplica-se no local até atingir a dose infecciosa.
- A dose que causa infecção atinge o hospedeiro, neste caso, o homem.
- O hospedeiro se infecta.
- A infecção causa doença ou é transmitida para outros.

A Resolução Conama 357 (2005) apresenta as diferentes classes de água salobra, salina e doce. Para a água doce, há quatro classes, e as águas das classes 1, 2 e 3 podem ser utilizadas para a irrigação de culturas agrícolas, obedecendo a alguns critérios qualitativos definidos na Resolução.

Na Tabela 8.6. apresentam-se as classes de água utilizadas para irrigação de diferentes culturas, bem como os limites de concentração de poluentes estabelecidos.

Tabela 8.6. Padrões de qualidade das águas utilizadas em irrigação de diferentes culturas e limitações nas concentrações de poluentes.

Classe do efluente	Tipos de usos	Exemplos de limites de concentração de poluentes
Classe 1	Hortaliças que são consumidas cruas e frutas que se desenvolvem rente ao solo e são ingeridas sem remoção da película	Coliformes fecais: ≤ 200 (100 mL) Turbidez: ≤ 40 UNT $DBO_{5,20}$: ≤ 3,0 $mg \cdot L^{-1}$ Sólidos dissolvidos totais: ≤ 500 $mg \cdot L^{-1}$ Fósforo total: ≤ 0,1 $mg \cdot L^{-1}$ P Mercúrio: ≤ 0,0002 $mg \cdot L^{-1}$ Hg 2,4-D: ≤ 4,0 $mg \cdot L^{-1}$
Classe 2	Irrigação de plantas frutíferas, parques, jardins, hortaliças, campos de esporte e lazer em que o público tenha contato	Coliformes fecais: ≤ 1.000 por 100 mL Turbidez: ≤ 100 UNT $DBO_{5,20}$: ≤ 5,0 $mg \cdot L^{-1}$ Sólidos dissolvidos totais: ≤ 500 $mg \cdot L^{-1}$ Fósforo total: ≤ 0,1 $mg \cdot L^{-1}$ P Mercúrio: ≤ 0,0002 $mg \cdot L^{-1}$ Hg 2,4-D: ≤ 4,0 $mg \cdot L^{-1}$
Classe 3	Irrigação de culturas arbóreas, forrageiras e cerealíferas	Coliformes fecais: ≤ 2.500 por 100 mL Turbidez: ≤ 100 UNT $DBO_{5,20}$: ≤ 3,0 $mg \cdot L^{-1}$ Sólidos dissolvidos totais: ≤ 500 $mg \cdot L^{-1}$ Fósforo total: ≤ 0,15 $mg \cdot L^{-1}$ P Mercúrio: ≤ 0,002 $mg \cdot L^{-1}$ Hg 2,4-D: ≤ 30,0 $mg \cdot L^{-1}$

Fonte: Brasil (2005b).

MÉTODOS PARA APLICAÇÃO DA ÁGUA VIA IRRIGAÇÃO

Os métodos mais indicados para aplicação de efluente tratado em culturas agrícolas são: irrigação localizada, irrigação por superfície e irrigação por aspersão. A seleção do método mais adequado para aplicar a água residuária deve considerar vários fatores, como: fatores econômicos, tipo de cultura, natureza do solo e sua topografia, além dos riscos para a saúde dos trabalhadores, da contaminação da cultura, da formação de aerossóis, odores e de possíveis danos ao sistema de irrigação.

A irrigação com efluente de esgoto bruto normalmente é realizada com sua disposição no solo com cultura, com descarga controlada, de forma a não comprometer o desenvolvimento da cultura e a qualidade ambiental. O uso de efluentes tratados reduz os problemas que podem ser ocasionados por esgoto não tratado. Mesmo assim, a quantidade aplicada deve ser controlada, conforme a necessidade hídrica e nutricional da cultura e em função da tolerância à poluição ambiental.

A aplicação de água residuária via irrigação também pode ser analisada em função do risco sanitário, podendo-se agrupar os métodos de irrigação em três categorias: irrigação localizada (gotejamento ou microaspersão e irrigação subsuperficial), irrigação por superfície e irrigação por aspersão.

Método por irrigação localizada

Na irrigação localizada, a água é aplicada em cada planta individualmente ou em forma de faixa, a uma taxa de aplicação baixa e frequente. Normalmente, a água é fornecida de forma contínua, mantendo sempre úmida a região radicular e favorecendo sua absorção pelas plantas.

O sistema de aplicação de efluentes que utiliza irrigação localizada, em particular por gotejamento superficial ou subsuperficial, apresenta como característica hidráulica básica a utilização de emissores que operam a baixas vazões. Portanto, o entupimento de emissores constitui o principal problema associado à operação de tais sistemas. Se os emissores são obstruídos em curto espaço de tempo, as técnicas para recuperação exigem custos mais altos de manutenção, além da possibilidade de não se ter boa eficiência, o que em geral faz o agricultor abandonar o sistema e buscar outro método de irrigação.

A irrigação por gotejamento é um dos sistemas mais apropriados para aplicação de água residuária, com a grande vantagem de automação e economia de energia. Além disso, apresenta baixo risco de contaminação dos operadores no campo e do produto final, uma vez que o contato direto com folhas e frutos pode ser evitado, o que é de grande importância para águas que apresentam organismos nocivos à saúde humana. A aplicação de água residuária utilizando a irrigação por gotejamento não apresenta restrição com relação a riscos sanitários quando tomados os devidos cuidados, no entanto, recomenda-se o tratamento prévio exigido, associado a um bom sistema que possibilite minimizar os problemas de entupimento, principalmente.

Problemas relacionados ao entupimento

Dentre as práticas utilizadas para reduzir os problemas de obstrução dos emissores, destaca-se a filtração e a cloração, que permitem preveni-la. A combinação dessas técnicas para solucionar tal problema deve ser eficiente, com custo acessível ao produtor, não deve oferecer risco à saúde humana, ao meio ambiente, nem provocar danos às culturas.

O sistema de irrigação por gotejamento, comparado com outros sistemas, requer atenção especial com relação à inspeção de seu funcionamento no que diz respeito à qualidade da água, vazão e pressão. Estas duas últimas são de fácil realização no final das linhas laterais, verificando-se se o sistema opera conforme definido no projeto.

O monitoramento da qualidade da água é fator importante. Inclui a análise de ferro total, manganês, cálcio, magnésio, condutividade elétrica, sólidos suspensos (SS), sólidos dissolvidos (SD), demanda bioquímica de oxigênio (DBO), concentração de micro-organismos e oxigênio dissolvido (OD). Utilizando um ou mais dos critérios mencionados, é possível avaliar o potencial para entupimento dos emissores. Uma vez entupidos, a solução é a troca dos emissores e, em alguns casos, processos de recuperação. Entretanto, estes processos, além de aumentarem os custos de manutenção, em alguns casos são ineficientes. Portanto, a prevenção é sempre a melhor opção. Na Tabela 8.7. apresentam-se os critérios para análise do potencial das águas para ocorrência de entupimento dos emissores em função dos fatores limitantes.

A formação de limo (biofilme) ocorre mais facilmente na presença de alta concentração de bactérias (> 10.000 mL^{-1}), alta quantidade de sólidos em suspensão (> 100 ppm), presença de ferro e magnésio (> 1,5 ppm) e sólidos dissolvidos totais (> 2.000 ppm). Portanto, todos os fatores causadores do entupimento estão relacionados ao material suspenso, ao crescimento biológico e à precipitação química no sistema de irrigação como um todo. Além disso, a baixa velocidade do fluxo (< 0,50 ms^{-1}) e o pequeno diâmetro dos emissores (0,5 mm a 1,5 mm) facilitam o entupimento por crescimento biológico. Outros fatores de grande importância são: geometria da passagem da água, devendo ser priorizada aquela que não apresente zona morta dentro do conduto de passagem, sendo

Tabela 8.7. Critérios para classificação do potencial de risco ao entupimento das águas residuárias em irrigação localizada

Fator limitante	Unidade	Grau de restrição ao uso		
		Nenhum	Leve a moderado	Severo
Sólidos suspensos	$mg \cdot L^{-1}$	< 50	50-100	> 100
pH	$mg \cdot L^{-1}$	< 7	7-8	> 8
Sólidos dissolvidos	$mg \cdot L^{-1}$	< 500	500-2.000	> 2.000
Manganês	$mg \cdot L^{-1}$	< 0,1	0,1-1,5	> 1,5
Ferro	$mg \cdot L^{-1}$	< 0,1	0,1-1,5	> 1,5
Sulfeto de hidrogênio	$mg \cdot L^{-1}$	< 0,5	0,5-2,0	> 2,0
População bacteriana	*$UFC \cdot mL^{-1}$ (máximo)	< 10.000	10.000-50.000	> 50.000

Fonte: Pescod (1992).
*Unidades formadoras de colônia.

preferíveis emissores não autocompensantes aos autocompensantes; emissores com menor área exposta à evaporação. Os emissores mais indicados para aplicação de água residuária, apesar da possibilidade de ocorrência de crescimento microbiano, devido à deposição de impurezas orgânicas, são os autolimpantes, e os menos indicados são os microtubos.

Técnicas para minimizar os problemas de entupimento

As águas residuárias, principalmente aquelas de origem doméstica, podem apresentar diferentes classificações qualitativas no decorrer do ano, da estação, do dia ou mesmo a cada hora. Portanto, muitas vezes é necessário utilizar diferentes tratamentos físicos, químicos e biológicos antes de empregar o efluente.

Existem diversas medidas que podem ser adotadas, isoladas ou em conjunto: melhoramento do equipamento; correto manejo do sistema; filtração; cloração; descarga periódica de água no final da linha de irrigação; uso de hidrociclone; uso de substâncias como ácido sulfúrico, ácido fosfórico, ácido clorídrico, ácido peroxidoacético, amônia, ozônio e inibidores químicos adicionados ao material plástico dos emissores, tais como trifluralina; radiação ultravioleta; biofiltros (retirada de nitrogênio, fósforo, argila e algas em excesso); aeração da água nas lagoas (oxidação de ferro e manganês e volatilização de ácido sulfídrico antes de entrar no sistema); irrigação com vazão em pulsos; aplicação de ar comprimido.

Deve-se ter muito cuidado ao escolher uma ou mais medidas combinadas, pois, em algumas situações, podem não ser eficientes, ter custos elevados, danificar os emissores, oferecer riscos à saúde humana e não proporcionar resultados desejáveis.

Normalmente, utiliza-se uma combinação de sistemas com filtros associados ao tratamento químico, inspeção em campo e lavagem das laterais. Tem sido muito utilizado o tratamento com cloração. Na Tabela 8.8. são apresentados alguns valores indicativos de cloro para serem utilizados na prevenção de problemas causadores de entupimentos.

Tabela 8.8. Cloro residual livre para controle de precipitados e de componentes orgânicos em sistemas de irrigação.

Forma de uso	Cloro	Poluente
Contínua	0,5 a 1 $mg \cdot L^{-1}$	Algas
Nos últimos 20 minutos de irrigação	20 $mg \cdot L^{-1}$	Algas
Não descrita	3,6 a 8,4 vezes o teor de H_2S	Sulfeto de hidrogênio
Não descrita	1 $mg \cdot L^{-1}$ acima do conteúdo de ferro	Ferrobactérias
Não descrita	0,64 vezes o conteúdo de Fe^{2+}	Ferro
Não descrita	1,3 vezes o conteúdo de Mn	Manganês
Manutenção ao final das linhas laterais	1 $mg \cdot L^{-1}$	Limo

Fonte: Keller; Bliesner (1990).

A irrigação por gotejamento subterrâneo consiste na aplicação de água utilizando emissores enterrados no solo. Tal sistema permite aplicar quantidades precisas de água diretamente na zona radicular das plantas. Os equipamentos usados em irrigação por gotejamento subterrâneo apresentam quatro formas básicas: fita gotejadora, mangueira perfurada, tubulação porosa e emissores individuais antirraiz (ainda em fase de estudo).

Esse tipo de irrigação é uma nova tecnologia que vem sendo utilizada em sistemas de aplicação de água residuária, como uma opção aos sistemas convencionais, como é o caso dos sulcos. O gotejamento enterrado possibilita melhor controle da taxa de aplicação, assim como minimiza os riscos de contaminação das águas subterrâneas.

No momento de escolha do método, qualquer que seja ele, é importante analisar alguns fatores determinantes para a seleção, bem como alguns cuidados que devem ser tomados.

Fatores importantes para a seleção do método de irrigação localizada

- Forma de irrigação – gotejamento e microaspersão.
- Declividade – adaptável a diferentes condições.
- Taxa de aplicação – adaptável às mais diversas condições.
- Sensibilidade da cultura ao molhamento – menor efeito de doenças, comparado à aspersão, e permite umedecimento parcial da área.
- Efeito do vento – nenhum no caso de gotejamento.

Fatores que afetam a seleção do método de irrigação

- Custo elevado.
- Maior eficiência de uso da água.
- Maior produtividade.
- Não requer sistematização.
- Fácil adaptação a terrenos com declive elevado.
- Menores restrições de qualidade da água em termos de efeitos sobre o solo (físico-químicos) e as plantas e riscos potenciais à saúde.
- Maiores restrições de qualidade da água em termos de operação dos sistemas de irrigação.

Cuidados necessários na utilização de efluentes

- Pré-tratamento da água para evitar a obstrução dos emissores, principalmente no caso do gotejamento.
- Necessidade de cuidados com a formação de aerossóis (microaspersão) e proteção do pessoal que opera o sistema de irrigação.

Método de irrigação por superfície

A irrigação por superfície pode ser realizada por sulcos, faixas ou inundação. O projetista deve adequar o sistema ao tipo de cultura, solo, disponibilidade hídrica e qualidade do efluente. A distribuição da água se dá por gravidade. As elevadas concentrações de sólidos totais, sódio, óleos e graxas nas águas de qualidade inferior podem alterar a infiltração de água no solo e, em consequência, o desempenho do sistema de irrigação.

O sistema por inundação apresenta alguns problemas que acabam limitando seu uso em algumas áreas, sobretudo aquelas mais próximas da população. O acúmulo de água pode favorecer o aparecimento de vetores transmissores de doenças, o que se torna um fator limitante. Além disso, é necessária uma proteção completa para operários, agricultores, consumidores e manuseadores das culturas. Como vantagem, o terreno utilizado não necessita de nivelamento preciso para a aplicação da água.

A irrigação por sulcos, assim como por faixas, não apresenta grandes problemas, desde que seja respeitada uma adequada frequência de irrigação, pois permite menor contato com a parte aérea da planta. Esse sistema possibilita a saturação de apenas uma parcela da superfície do solo, tendo baixo custo de manutenção. O uso de sulcos apresenta baixo custo fixo e/ou inicial, sendo necessário o nivelamento do terreno e um sistema de proteção para as pessoas, conforme mencionado para inundação.

A irrigação por superfície é uma alternativa a ser utilizada quando a qualidade da água é questionável em relação à presença de elementos microbiológicos. Além disso, possibilita reduzir problemas de contaminação das culturas agrícolas, quando comparada com a microaspersão e a aspersão. A seguir apresentam-se, de forma resumida, os fatores determinantes para seleção do método, bem como alguns cuidados que devem ser tomados.

Fatores importantes para seleção do método de irrigação por superfície

- Forma de irrigação – inundação, sulcos, faixas.
- Declividade – área plana ou nivelada artificialmente, com limite de 1%. Maiores declividades podem ser empregadas, com os devidos cuidados de dimensionamento.
- Taxa de aplicação – não recomendado para solos com taxa de infiltração acima de 25 mm h^{-1} ou muito baixa.
- Sensibilidade da cultura ao molhamento – adaptável à maioria das lavouras. Pode ser prejudicial às culturas que não toleram água na raiz.
- Efeito do vento – nenhum problema a considerar.

Fatores que afetam a seleção do método de irrigação

- Sistematização do terreno.

- Custo mínimo.
- Melhor adaptação a terrenos planos e suavemente ondulados.
- Eficiência de uso de água.
- Maiores riscos de contaminação da água subterrânea.

Cuidados necessários na utilização de efluentes

- Adequada seleção de culturas.
- Proteção dos agricultores e pessoas que operam o sistema de irrigação.
- Manejo adequado da irrigação, para minimizar riscos de contaminação do lençol.

Método de irrigação por aspersão

Pelo método de irrigação por aspersão, jatos de água lançados ao ar caem sobre as culturas na forma de chuva. As principais características desse método são: facilidade de adaptação às diversas condições de solo e topografia; maior eficiência de distribuição de água, quando comparado aos métodos de superfície; menor eficiência na distribuição da água, quando comparado ao sistema localizado; pode ser automatizado. Os métodos utilizados são aspersão convencional, pivô e autopropelido com carretel enrolador. Um grande problema desses métodos é que, no caso de uso de águas de qualidade inferior, podem ocorrer problemas de corrosão no equipamento (dependendo do tipo de material) e entupimento dos aspersores, em particular quando não é feito um manejo adequado do sistema de aplicação. Em geral, as tubulações que conduzem água limpa não apresentam problemas de entupimento.

A irrigação por aspersão provoca aumento da umidade em toda a superfície do solo e das culturas. Essa técnica é muito utilizada para aplicação de vinhaça (subproduto obtido na produção de álcool) nos canaviais das fazendas. É aplicada diretamente no solo, sem necessidade de tratamento. O produtor deve ficar atento à composição química da vinhaça, equilibrando a dosagem utilizada de acordo com o manejo para aplicação. O sistema comumente utilizado para a aplicação desse tipo de efluente é o autopropelido com carretel enrolador, com o qual é possível utilizar menos mão de obra, mas, por outro lado, exige maior potência da motobomba e maior consumo de energia.

O uso de pivô central para aplicação tanto de águas com qualidade inferior quanto de vinhaça não é uma boa alternativa, visto que o sistema exige equipamentos que resistam ao ataque corrosivo dos produtos químicos contidos nos efluentes, o que gera aumento nos custos iniciais. Além disso, existe o risco da ocorrência de proliferação de caramujos dentro das tubulações abastecidas com água residuária, o que pode entupir os aspersores.

Quando for usada água residuária não tratada, o sistema por aspersão é mais recomendado para cultivos de cereais e pastagens. Não é indicado para frutíferas e hortaliças, uma vez que existe a possibilidade de causar sérios danos às plantas e à saúde humana, já que a água entra em contato com a parte aérea da planta, o que pode proporcionar condições para o desenvolvimento de pragas e doenças. Porém, quando a água é tratada de modo adequado, pode ser utilizada em todas as culturas.

A aplicação de água residuária utilizando irrigação por aspersão é mais perigosa que outros métodos em termos de saúde pública, por causa do aumento dos efeitos contaminantes nas culturas, devido ao grande contato entre o efluente e o vegetal. Além disso, pode formar aerossóis contendo micro-organismos que são transportados pelo vento, o que pode provocar a inalação de patógenos presentes nos aerossóis pelas pessoas que operam o sistema de irrigação. Alguns fatores são relevantes no momento de escolha e decisão sobre o uso de sistemas de irrigação por aspersão para aplicação de água residuária, como é o caso da eficiência no uso da água e, sobretudo, aspectos relacionados à cultura. Como requisito de sanidade, é importante que seja considerada uma distância mínima de 100 m do local a ser utilizado para irrigação até as casas, garantindo maior segurança à saúde pública.

Os fatores determinantes para seleção do método, bem como alguns cuidados que devem ser tomados, são os que se seguem.

Fatores importantes para seleção do método de irrigação por aspersão

- Forma de irrigação – pivô, autopropelido, aspersão convencional.
- Declividade – adaptável a diversas condições.
- Taxa de aplicação – adaptável a diversas condições.
- Sensibilidade da cultura ao molhamento – pode propiciar o desenvolvimento de doenças foliares.
- Efeito do vento – pode afetar a uniformidade de distribuição e a eficiência de aplicação.

Fatores que afetam a seleção do método de irrigação

- Custo médio a elevado.
- Média a boa eficiência de uso da água.
- Não requer sistematização.
- Dificuldade de utilização em local com declive elevado.
- Maiores restrições de qualidade da água em termos de efeito sobre plantas (toxicidade) e riscos potenciais à saúde. Muito utilizado na irrigação noturna.

Cuidados necessários na utilização de efluentes

- Adequada seleção de culturas.
- Proteção dos agricultores e pessoas que operam o sistema de irrigação.
- Manejo adequado da irrigação, para minimizar riscos de contaminação do lençol.
- Proteção das comunidades circunvizinhas (risco de aerossóis).
- Efluentes anaeróbios podem provocar mau cheiro.

EXEMPLO PRÁTICO – TRATAMENTO DE ÁGUA RESIDUÁRIA

Um sistema de irrigação por microaspersão está implantado na cultura de laranja, em uma área de 60 ha. O volume demandado de água para irrigação é em média de 6.000 m^3, com turno de rega de sete dias. Deseja-se dimensionar um sistema de tratamento de água utilizando lagoas de estabilização para atender aos requisitos da irrigação e à normalização da Resolução Conama 357 (2005), utilizando água residuária de esgoto doméstico de determinada cidade.

Dados

- População atendida na cidade: 68.350 hab.
- Carga de DBO: 3.691 kg·dia^{-1}
- Vazão média do esgoto: 126,6 L·s^{-1}
- Temperatura mínima mensal na região: 11,5°C

Considerações para o dimensionamento

Sistema utilizado: sistema australiano (lagoa anaeróbia seguida de lagoa facultativa) com lagoa de maturação.

Lagoa anaeróbia

- Tempo de detenção hidráulica na lagoa anaeróbia: de 3 a 6 dias (bactérias de rápido crescimento)
- Profundidade: de 3 a 5 m (águas com baixa turbidez) – garante condições anaeróbias
- Relação comprimento:largura: 2:1
- Eficiência na remoção de DBO: 50%

Lagoa de maturação

- Tempo de detenção hidráulica na lagoa de maturação: mínimo de 3 dias
- Relação comprimento:largura: 3:1
- Profundidade da lagoa de maturação (0,8 a 1,5) – região onde ocorre baixa radiação solar

Para todas as lagoas

- Taludes das lagoas em função das características do terreno: 2H:1V
- Borda livre: 0,60 m
- Considerar três lagoas operando em paralelo para os sistemas adotados

Análise preliminar

Analisando a normalização Conama 357 (2005), nota-se que, para irrigação de hortaliças e plantas frutíferas, a água deve ser pelo menos de classe 2. Ela deve atingir DBO de 5 dias, a 20°C, de 5 mg·L^{-1}; cianobactérias de mm^3 L^{-1}; 1.000 coliformes termotolerantes por 100 mL em 80% ou mais de seis amostras durante o ano. Tais requerimentos muitas vezes podem ser conseguidos com o uso do sistema australiano (lagoa anaeróbia seguida de lagoa facultativa) com lagoa de maturação.

Resolução

Dimensionamento das lagoas anaeróbias

Adotando tempo de detenção hidráulica (T_d) com base na vazão média do esgoto de quatro dias tem-se o seguinte volume útil da lagoa anaeróbia:

Cálculo do volume útil de cada lagoa

$V_{útil} = T_d * Q$

$V_{útil\ total} = 4d * ((126,6\ Ls^{-1} * 86.400\ sd^{-1})/1.000\ Lm^{-3})$

$V_{útil\ total} = 43.753\ m^3$

Volume útil de cada lagoa

$V_{útil} = V_{útil\ total}/3 = 43.753\ m^3/3$

$V_{útil}$ (cada lagoa) = 14.584 m^3

Cálculo do comprimento e largura da lagoa

Profundidade útil adotada: 4 metros

Área de cada lagoa

Área de cada lagoa: 14.584 m^3/4 m = 3.646 m^2

Relação comprimento/largura adotada (L/B) = 2:1, ou seja: L = 2B

Dimensões

A = B * L

$3.646\ m^2 = 2B * B$; $3.646\ m^2 = 2B^2$; $B = (3.646\ m^2/2)^{1/2}$

B = 42,7 m; L = 85,4 m

Borda livre = 0,60 m

Taxa de aplicação volumétrica de DBO

λV = carga de DBO/$V_{útil\ total}$

$\lambda V = 3.691$ kg DBO·dia^{-1}/43.753 m^3

$\lambda V = 0,085$ kg DBO·m^{-3}·dia^{-1}

Considerando eficiência na remoção de DBO de 50%

Carga de DBO

- Carga de DBO para as lagoas facultativas = 0,5 * 3.691 = 1.846 kg·dia^{-1}

Dimensionamento da lagoa facultativa

Taxa de aplicação superficial limite de DBO (λL)

$\lambda L = 20 * T - 60$ (Mara et al, 1992)

T = temperatura mínima média mensal

$\lambda L = 20 * 11{,}5 - 60$

$\lambda L = 170$ kg DBO·ha^{-1}·dia^{-1}

Área mínima necessária

$A_{mín.}$ = carga total do efluente/taxa de aplicação de DBO

Carga de DBO do efluente

Carga de DBO para as lagoas facultativas: 0,5 * 3.691 = 1.846 kg d^{-1}

$A_{mín.}$ = 1.846 kg dia^{-1}/170 kg DBO·ha^{-1}·dia^{-1}

$A_{mín.}$ = 10,86 ha

Área de cada lagoa

Área de cada lagoa = 10,86 ha/3 lagoas = 3,62 ha por lagoa

Relação comprimento/largura adotada (L/B) = 3:1, ou seja: L = 3B

Dimensões: A = B * L

36.200 m^2 = 3B * B; 36.200 m^2 = 3B^2; B = (36.200 m^2/3)$^{1/2}$

B = 110 m; L = 330 m

Borda livre = 0,60 m

Dimensionamento da lagoa de maturação

Tempo de detenção hidráulica mínimo de 3 dias. Adotar 7 dias

$V_{útil} = T_d * Q$

$V_{útil\ total}$ = 7d * ((126,6 L·s^{-1} * 86.400 sd^{-1})/1.000 L·m^{-3})

$V_{útil\ total}$ = 76.568 m^3

Volume útil de cada lagoa

$V_{útil} = V_{útil\ total}/3$ = 76.568 m^3/3

$V_{útil}$ (cada lagoa) = 25.523 m^3

Adotando profundidade útil de 1 m (0,8 a 1,5 – região de baixa radiação solar)

Área de cada lagoa

- Área de cada lagoa = 25.523 m^3/1 m = 25.523 m^2

Relação comprimento/largura adotada (L/B) = 5:1, ou seja: L = 5B

Dimensões: A = B * L

25.523 m^2 = 5B * B; 25.523 m^2 = $5B^2$; B = $(25.523\ m^2/5)^{1/2}$

B = 71,5 m; L = 357,5 m

Borda livre = 0,60 m

Considerações finais

O sistema atendeu ao volume necessário de irrigação. Deverá ser realizada análise da água em relação a sólidos suspensos, coliformes, material orgânico, nitrato e a problemas de entupimento, no caso de irrigação localizada.

REFERÊNCIAS BIBLIOGRÁFICAS

ANDRADE NETO, C. O. O uso de esgotos sanitários e efluentes tratados na irrigação. In: CONGRESSO NACIONAL DE IRRIGAÇÃO E DRENAGEM, 9, 1991, Natal, **Anais...** Natal: Abid, 2006, p. 1961. Natal, RN, 1992.

BERTONE, C. R. **Waste Stabilization Ponds and Reuse of Effluents** (Summary). In: SEMINÁRIO REGIONAL DE INVESTIGATION SOBRE LAGUNAS DE ESTABILIZATION. Lima, Peru: Centro Panamericano de Ingenieria Sanitária y Ciência del Ambiente – OMS/OPS, 1986, p. 13-25.

BRASIL. Agência Nacional de Vigilância Sanitária – Anvisa. RDC 274, de 22 de setembro de 2005. Aprovado o regulamento técnico para águas envasadas e gelo. Diário Oficial da União, Brasília, 23 set. 2005b.

CONSELHO NACIONAL DE MEIO AMBIENTE – CONAMA. **Resolução 357: 2005**. Dispõe sobre a classificação dos corpos d'água e diretrizes ambientais para seu enquadramento, bem como estabelece as condições e padrões de lançamento de efluentes, e dá outras providências. Conama, mar. 2005.

CROOK, J. Quality Criteria for Reclaimed Water. **Water Science Technology**, v. 24, n. 09, 1991, p. 109-21.

GHEYI, H. R.; MEDEIROS, J. F. de; SOUZA, J. R. A qualidade da água de irrigação. In: FOLEGATTI, M. V. (coord.). **Ferti-irrigação. Citrus. Flores. Hortaliças. Guaíba**: Agropecuária, 1999. 265p.

KELLER, J.; BLIESNER, R. D. **Sprinkle and Trickle Irrigation**. Nova York: Van Nostrand Reinhold, 1990. 652p.

LÉON'S. G.; CAVALLINI, J. M. **Tratamento e uso de águas residuárias**. Campina Grande: UFPB, 1999. 109p.

LORENZ, O. A.; MAYNARD, D. N. **Knott's Handbook for Vegetable Growers**. 3. ed. Canada: Wiley Interscience Publication, 1988. 456p.

MALAVOLTA, E. **Elementos de nutrição mineral de plantas**. São Paulo: Agronômica, 1980, 253p.

MARA, D. D.; ALABASTER, G. P.; PEARSON, H. W.; MILLS, S. W. **Waste Stabilization Ponds**: a Design Manual for Eastern Africa. Leeds, UK: Lagoon Technology International, 1992. 121p.

MELO, J. A. S. Aplicação de águas residuárias no solo como método de tratamento, disposição final e reciclagem de águas usadas. **Engenharia Sanitária**, Rio de Janeiro, v. 17, n. 1, jan./mar. 1978, p. 82-91.

ORGANIZAÇÃO MUNDIAL DE SAÚDE (OMS). **Guias para a qualidade da água potável**: Recomendações. 2. ed. Genebra, 1995, v. 1. 189p.

PESCOD, M. D. **Wastewater Treatment and Use in Agriculture**. Rome: FAO, 1992. 125p.

SHENDEC, G. B. **Status of Wastewater Treatment and Agricultural Reuse with Special Reference to Indian Experience and Research and Development Needs**. In: FAO Regional Seminar on the Treatment and Use of Sewage Irrigation. Rome: FAO, 1985, p. 157-82.

STEIN, J. L.; SCHWARTZBROD, J. Experimental Contamination of Vegetables with Helminth Eggs. **Water Science and Technology**, v. 22, n. 9, 1990, p. 51-7.

TRANI, P. E. Hortaliças folhosas e condimentos. In: PEREIRA, M. E.; CRUZ, M. C. P.; RAIJ, B. van; ABREU, C. A. **Micronutrientes e elementos tóxicos na agricultura**. Jaboticabal: CNPq/Fapesp/Potafos, 2001. p. 293-510.

9

Resíduos sólidos

Em meio a tantos problemas vivenciados pela humanidade, os resíduos sólidos não devem se tornar mais um, capaz de produzir efeitos indesejáveis no ecossistema.

Os resíduos sólidos são gerados a partir de diversas atividades industriais, agroindustriais e domésticas. Portanto, assim como os líquidos, se não são bem manejados podem causar impactos negativos no meio ambiente, incluindo o solo, a água e o ar, e na saúde animal e humana.

A técnica de disposição em corpos hídricos, juntamente com os resíduos líquidos, é uma maneira muito utilizada, muitas vezes por falta de conhecimento e conscientização a respeito dos possíveis danos que os resíduos sólidos podem causar ao meio ambiente quando dispostos inadequadamente. Entretanto, isso pode ser evitado quando se mantém um plano de ação conjunto para manejo, tratamento e destinação dos resíduos, incluindo a possibilidade de reaproveitamento, conforme será visto neste capítulo.

CONCEITOS E DEFINIÇÕES

Os resíduos sólidos são definidos, de forma geral, como materiais sólidos provenientes de processos de consumo, produção e utilização, perigosos ou não, gerados a partir das diversas atividades, com ou sem interferência humana, com possibilidade de reaproveitamento.

Os resíduos produzidos por seres vivos, como as fezes e a urina dos animais em geral, assim como os restos de organismos mortos, são, em condições naturais, reciclados pelos decompositores. Além desses, produtos resultantes de processos geológicos, como a erosão, podem transformar-se em rochas sedimentares.

Desde que bem tratados e manejados, grande parte dos resíduos sólidos pode ser reaproveitada, gerando emprego, aumento de renda, redução na demanda de energia e matéria-prima. Entretanto, alguns resíduos, como os de origem hospitalar infecciosos e os nucleares, não podem ser reciclados, sendo conduzidos para aterros sanitários a eles destinados.

TIPOS DE RESÍDUOS

Os resíduos podem ser orgânicos ou inorgânicos. Os resíduos orgânicos são de origem animal e vegetal, e neles incluem-se os restos de alimentos, folhas, sementes, parte do lixo doméstico, lodos provenientes de estações de tratamento de esgoto. Quando dispostos inadequadamente, facilitam o desenvolvimento de organismos patogênicos. Os resíduos inorgânicos são gerados a partir de atividades industriais, nas quais se obtêm produtos como vidros, metais em geral, pó, escória, cinzas, sedimentos precipitados, pedregulhos, etc. Podem conter substâncias capazes de ser solubilizadas e lixiviadas, por isso, os resíduos devem ser geridos de forma adequada, evitando-se a contaminação do solo e da água por tais substâncias.

Classificação dos resíduos pela origem

Os resíduos podem ter as seguintes origens:

- **Domiciliar**

  Resíduos originados da vida diária das residências, constituídos por restos de alimentos (tais como cascas de frutas, verduras, etc.), produtos deteriorados, jornais, revistas, garrafas, embalagens em geral, papel higiênico, fraldas descartáveis e grande diversidade de outros itens. Podem conter alguns resíduos tóxicos.

- **Comercial**

  Resíduos originados dos diversos estabelecimentos comerciais e de serviços, tais como supermercados, estabelecimentos bancários, lojas, bares, restaurantes, etc.

- **Serviços públicos**

  Resíduos originados dos serviços de limpeza urbana, incluindo todos os resíduos de varrição das vias públicas, limpeza de praias, galerias, córregos, restos de podas de plantas, limpeza de feiras livres, etc., constituídos por restos de vegetais diversos, embalagens, etc.

- **Serviços de saúde**

  Resíduos descartados por hospitais, farmácias, clínicas veterinárias (algodão, seringas, agulhas, restos de remédios, luvas, curativos, sangue coagulado, órgãos e tecidos removidos, meios de cultura e animais utilizados em testes, resina sintética, filmes fotográficos de raios X). Em função de suas características, merecem cuidado especial em seu acondicionamento, manipulação e disposição final. Devem ser tratados e os resíduos, levados para aterro sanitário.

- **Portos, aeroportos, terminais rodoviários e ferroviários**

  Resíduos sépticos, ou seja, que contêm ou podem conter agentes patogênicos. Basicamente, originam-se de material de higiene pessoal e restos de alimentos, que podem hospedar doenças provenientes de outras cidades, estados e países.

- **Industrial**

  Resíduos originados nas atividades dos diversos ramos da indústria, tais como: o metalúrgico, o químico, o petroquímico, o de papelaria, o da indústria alimentícia, etc.

  O resíduo industrial é bastante variado, podendo ser representado por cinzas, lodos, óleos, resíduos alcalinos ou ácidos, plásticos, papel, madeira, fibras, borracha, metal, escórias, vidros, cerâmicas. Nessa categoria inclui-se grande quantidade de resíduo tóxico. Esse tipo de resíduo necessita de tratamento especial, pelo seu potencial de periculosidade.

- **Radioativo**

  Resíduos provenientes da atividade nuclear (resíduos de atividades com urânio, césio, tório, radônio, cobalto). Devem ser manuseados apenas com equipamentos e técnicas adequadas.

- **Agrícola**

  Resíduos sólidos das atividades agrícola e pecuária, como embalagens de adubos, defensivos agrícolas, rações, restos de colheita, etc. O resíduo proveniente de pesticidas é considerado tóxico e necessita de tratamento especial.

- **Entulho**

  Resíduos da construção civil: demolições e restos de obras, solos de escavações. O entulho em geral é um material inerte, passível de reaproveitamento.

Neste capítulo serão discutidos temas relacionados aos resíduos orgânicos (lodo de esgoto) originados a partir de atividades industriais, agroindustriais e domésticas.

LODO

O lodo de esgoto é um resíduo semissólido, pastoso, rico em material orgânico, obtido nas estações de tratamento de esgoto a partir do tratamento das águas residuárias. Quando tratado e processado de forma correta, passa a ser chamado de biossólido, podendo ser reaproveitado de forma racional e segura ambientalmente.

TRATAMENTO DA FASE SÓLIDA DO ESGOTO

Devido à necessidade de adequação às normas ambientais de segurança e saúde pública, o tratamento da fase sólida do lodo vem sendo cada vez mais exigido. Isso vem sendo realizado conjuntamente com o desenvolvimento de novas tecnologias, de modo a atender à crescente produção de lodo em todo o mundo.

Dentre as etapas de tratamento da fase sólida, destacam-se o acondicionamento e o desaguamento, uma vez que nestas etapas é possível reduzir o volume do lodo de forma considerável, o que possibilita a redução dos custos com transporte e manejo do material até sua disposição. Além dessas, a estabilização e a higienização são muito importantes no que se refere à disposição final do resíduo sólido.

Em uma ETE, os sólidos removidos das unidades podem ser:

- Areia – deve ser removida devido às suas características de abrasão aos equipamentos em tratamentos subsequentes e por ocupar parte da capacidade volumétrica dos digestores e decantadores. Sua destinação pode ser aterro sanitário ou construção civil.
- Escuma – normalmente compõe-se de material flutuante, como graxa, óleos, etc., retidos em decantadores primários e secundários. Seu destino pode ser aterro sanitário, digestor anaeróbio, etc.
- Material gradeado – consiste em material grosseiro retido no tratamento preliminar, normalmente encaminhado para aterro sanitário.
- Lodo/biossólido – o lodo é o sólido gerado nos processos de tratamento dos esgotos, antes de seu tratamento adequado para disposição. Os biossólidos são produtos orgânicos gerados nos processos primários e secundários de tratamento de esgoto.

ADENSAMENTO DO LODO

O adensamento é o processo para aumentar o teor de sólidos do lodo e, em consequência, reduzir o volume. O objetivo é reduzir a umidade dos resíduos por meio físico, uma vez que, nas estações de tratamento, em nível secundário, o lodo sai com grande percentual de água.

Esse processo pode aumentar, por exemplo, o teor de sólidos no lodo descartado de 1% para 5%. Dessa forma, as unidades subsequentes, tais como a digestão, a desidratação e a secagem, beneficiam-se dessa redução.

As grandes vantagens desse método são a possibilidade de redução na capacidade volumétrica das unidades de tratamento subsequentes, no tamanho das bombas, no consumo de energia no aquecimento dos digestores e nos produtos químicos no desaguamento.

Os métodos por flotação com ar dissolvido, gravidade, adensador de esteira e centrífuga são os mais comumente utilizados.

Adensamento por gravidade

O adensamento por gravidade do lodo tem por princípio de funcionamento a sedimentação por zona. O sistema é similar aos decantadores convencionais. Normalmente, o processo mais comum é realizado em tanques de sedimentação circulares, constituídos por braços para raspar o lodo. O lodo adensado é retirado do fundo e encaminhado para outras unidades, por exemplo, desaguamento ou digestão anaeróbia, enquanto o líquido sobrenadante retorna para o início do processo de tratamento.

Adensamento por flotação

O ar é introduzido na solução através de uma câmara de alta pressão, quando se deseja separar e adensar os sólidos em suspensão, óleos ou graxas e fibras de baixa densidade, para subsequente remoção por dispositivos apropriados. Quando a solução é despressurizada, o ar dissolvido forma microbolhas que se dirigem para cima, arrastando consigo os flocos de lodo que são removidos na superfície. O teor de sólidos do lodo flotado pode atingir valores de 3 a 6%, conforme Metcalf & Eddy (1991).

Adensamento por centrífugas

As centrífugas separam os sólidos da água por ação de força centrífuga. Para que se obtenha uma água razoavelmente limpa, é necessário conservar no lodo uma porcentagem relativamente elevada de água, obrigando a uma secagem posterior por outro processo. O lodo molhado é introduzido axialmente e, sob a influência da força centrífuga, os sólidos em suspensão se depositam na parede interna do tambor. Daí são empurrados pela rosca, que gira a uma velocidade um pouco maior para a extremidade de menor diâmetro, onde saem da camada líquida, sendo então descarregados. O teor de sólidos adensado por centrífuga pode atingir valores entre 5 e 8%, conforme Qasim (1999).

Adensamento por esteiras

Esse método surgiu em conjunto com a evolução para desaguamento do lodo. Nos equipamentos mais recentes, as unidades de adensamento e desaguamento estão combinadas em série. O adensador de esteira é um processo físico que pode ser dividido em duas zonas:

- zona de condicionamento;
- zona de drenagem por gravidade, onde há a formação da torta.

Os filtros de esteiras com raspadores são equipamentos que, pela similaridade com os adensadores de esteira, apresentam as mesmas características de funcionamento. Porém, a grande diferença é a utilização de raspadores conduzindo a torta formada para descarte. A esteira permanece fixa, e apenas os raspadores se movimentam.

Estabilização

A estabilização do lodo é empregada sobretudo para reduzir substancialmente o número de organismos patogênicos e, deste modo, minimizar os riscos à saúde, para o controle de odores ofensivos e para diminuir a possibilidade de decomposição posterior.

Em geral, a estabilidade é associada à putrescibilidade, ou à tendência da matéria orgânica de biodegradar, portanto, conduz à produção de odor. Este é um passo importante no tratamento de esgotos e influencia as características do lodo.

A estabilização pode ser atingida por oxidação química da matéria orgânica, por redução biológica de sólidos voláteis e por aplicação de calor para desinfetar o lodo. Os métodos comumente empregados são: digestão anaeróbia; estabilização por cal; digestão aeróbia; compostagem.

No método de estabilização por cal, este material é adicionado ao lodo, de modo a elevar o pH para igual ou maior que 12. Esta condição com pH alto cria um meio que impossibilita a sobrevivência de micro-organismos e a ocorrência de putrefação e, com isso, reduzem-se os problemas de maus odores e riscos à saúde.

A digestão anaeróbia é uma das práticas mais antigas para tratamento de esgotos. Esse processo visa a redução de sólidos voláteis e micro-organismos patogênicos, a estabilização de substâncias orgânicas, a redução do volume do lodo por fenômenos de liquefação, gaseificação e adensamento. A prática é controlada principalmente pelas bactérias metanogênicas, que são sensíveis ao pH, à temperatura e à composição do substrato. O tratamento pode ser prejudicado quando o pH está abaixo de 6, devido à interrupção na formação de metano. Normalmente, os digestores trabalham com temperatura de 30 a 35°C, faixa em que predominam as bactérias mesofílicas.

A compostagem é um processo de tratamento biológico em que uma mistura inicial de resíduos sofre a ação de vários grupos de micro-organismos. Durante o processo de biodegradação da matéria orgânica, a temperatura se eleva naturalmente, chegando a 60-65°C nos primeiros dias do processo. Essa elevação da temperatura é responsável pela eliminação ou redução dos micro-organismos patogênicos presentes no lodo. No processo de compostagem, ele deve ser misturado a um resíduo estruturalmente rico em carbono (palha, resíduos de podas de árvores triturados, bagaço de cana, serragem de madeira, etc.).

O processo de digestão aeróbia costuma ser realizado em estações de pequeno porte. As grandes vantagens desse processo são: baixo custo de investimento; facilidade operacional; menor odor pelo lodo digerido; baixa concentração de matéria orgânica no material sobrenadante. Por outro lado, o método apresenta alto custo operacional.

Condicionamento

O fator que mais influencia a facilidade ou dificuldade de desaguamento do lodo é o tamanho das suas partículas. Quanto menor é o tamanho médio das partículas, maior é a superfície específica. Isto implica maior grau de hidratação e, em consequência, o desaguamento torna-se mais difícil.

O condicionamento do lodo tem como objetivo neutralizar os efeitos da hidratação e da repulsão eletrostática e agregar as pequenas partículas, aumentando o tamanho delas. Isto auxilia nos processos de tratamento posteriores ao condicionamento (adensamento e desaguamento), que se beneficiam com a formação dos flocos.

O condicionamento químico, seguido do desaguamento, pode auxiliar na redução da umidade do lodo de 90 a 99% para 65 a 80%, dependendo da natureza dos sólidos tratados (Water Pollution Control Federation, 1988, apud Sabesp, 2001). Por outro lado, o condicionamento físico, como no caso do tratamento térmico, pode produzir teores menores de umidade.

Pelo método químico, o condicionamento envolve produtos inorgânicos – normalmente são utilizados óxido ou hidróxido de cálcio, sais férricos e de alumínio – e/ou orgânicos, como polieletrólitos orgânicos – polímeros. Estes são compostos orgânicos sintéticos, de alto peso molecular, podem ser classificados como catiônicos, aniônicos e não iônicos, dependendo da carga superficial neles predominante. Em geral constituem poliacrilamidas de cadeias longas, solúveis em água, e são mais recomendáveis para a produção de biossólidos do que os produtos químicos inorgânicos, por serem biodegradáveis e não representarem perigo de impacto indesejável ao meio ambiente.

Fatores que afetam o condicionamento do lodo

O processo de condicionamento pode ser afetado por fatores químicos, físicos e biológicos.

Fatores físicos

- A distribuição e o tamanho das partículas são considerados os principais fatores que afetam o desaguamento do lodo. Com a redução do tamanho, a relação entre a superfície e o volume aumenta exponencialmente (Sabesp, 2001). Isto implica maior capacidade de hidratação e, em consequência, maior consumo de produtos químicos e resistência ao desaguamento.
- O grau de mistura é outro fator importante, pois é responsável pela dispersão do polímero no lodo, sendo um dos mais importantes no condicionamento orgânico. A preparação das soluções de aplicação de polímero deve ser suficiente para abrir, e não fragmentar as cadeias. Assim, uma preparação incorreta tende a danificar o desempenho do condicionamento.

Fatores químicos

- O pH e a alcalinidade são os parâmetros químicos mais importantes no condicionamento do lodo e fáceis de medir. Pelo pH determinam-se as espécies químicas que estão presentes. Além disso, a natureza da carga superficial e a carga do coagulante são função do pH.
- O consumo de produtos químicos, para certa distribuição do tamanho das partículas, aumenta à medida que a concentração de sólidos aumenta, para uma efetiva cobertura superficial. Entretanto, em termos de massa de coagulante por massa de sólidos secos, quanto maior a concentração de sólidos, menores serão as dosagens. Assim, o consumo de produtos químicos é expresso em termos de quantidade de condicionador por quantidade de sólidos secos do lodo.
- A carga superficial é outro fator importante. Em geral, as partículas do lodo se repelem. Isto pode ocorrer devido aos efeitos elétricos ou de hidratação. Na hidratação, as partículas do lodo são impedidas de se aproximar devido à presença de uma ou mais camadas de água. Além disso, as partículas dos sólidos são carregadas negativamente, tendendo a se repelir.

Fatores biológicos

- Em relação ao consumo de produtos químicos no condicionamento químico para adensamento e desaguamento, os lodos primários consomem quantidades menores do que os lodos secundários, enquanto os lodos secundários originados em leitos de filme fixo (filtros biológicos) consomem quantidades menores do que os lodos originados do crescimento em suspensão (lodos ativados) (Sabesp, 2001). Lodos digeridos anaerobiamente e aerobiamente consomem quantidades de condicionadores comparáveis aos lodos secundários. Em geral, em lodos químicos utilizam-se polímeros aniônicos, enquanto nos primários e secundários empregam-se polímeros catiônicos.

DESAGUAMENTO

O desaguamento de lodo, também conhecido (erroneamente) como desidratação, é uma operação que reduz o volume do lodo em excesso por meio da redução do seu teor de água. Os motivos para redução do volume são: redução do custo com transporte; facilidade para manipulação; maior eficiência no processo de incineração; redução de custos com agentes aditivos caso se utilize compostagem; redução de maus odores; menor agressividade ao meio ambiente; redução do chorume; maior vida útil para aterros sanitários, caso estes sejam o destino final do lodo.

A capacidade de desaguamento varia de acordo com o tipo de lodo. Um lodo ativado, por exemplo, é mais fácil de ser desaguado do que um lodo primário digerido anaerobiamente. Esta variação na capacidade de desaguamento está diretamente relacionada com o tipo de sólido e a forma como a água está ligada às partículas do lodo. A seleção do processo de desaguamento depende do tipo de lodo e da área disponível.

Processos de desaguamento

Esses processos podem ser divididos em métodos mecânicos e por secagem natural. Os métodos mecânicos mais utilizados são: centrífugas, filtros prensa de esteira e filtros prensa de placas. Os métodos de secagem mais comuns são os leitos de secagem e as lagoas de secagem de lodo.

Leitos de secagem

Nas pequenas comunidades, a desidratação do lodo tem sido feita nos leitos de secagem, diante da maior simplicidade desse processo, quando comparado com os processos mecanizados. Em cidades com população acima de 20 mil habitantes, devem ser estudados meios mecânicos de desaguamento (Sabesp, 2001). Apresentam algumas vantagens em relação a outros equipamentos de desaguamento, como:

- Baixo custo de investimento.
- Baixa sensibilidade a variações nas características do lodo.
- Baixo consumo de energia elétrica e produtos químicos.
- Baixo nível de qualificação para operação.
- Alto teor de sólidos contidos na torta.

Por outro lado, também apresentam desvantagens (Viessman; Hammer, 1985), como:

- Problemas com a secagem do lodo durante os períodos chuvosos (em alguns locais, a cobertura dos leitos de secagem pode ser estudada, visando solucionar esse problema).
- Risco de liberação de odores desagradáveis e proliferação de moscas.
- Possibilidade de contaminação do lençol freático, caso o fundo dos leitos e o sistema de drenagem não sejam bem executados.
- Necessidade de estabilização prévia do lodo.
- Operação manual na remoção do lodo desidratado exige grande quantidade de mão de obra, com certos riscos à saúde dos operadores.
- Problemas com a vizinhança, por causa de odores desagradáveis.

Lagoas de secagem

A secagem do lodo nas lagoas ocorre de modo lento, pois normalmente o descarte dele é realizado de forma sobreposta. Nessas lagoas ocorre anaerobiose nas camadas inferiores e a presença de algas na camada superior. Nelas acontece o processo de secagem natural por fatores climáticos, bem como pela redução do volume por biodegradação. Constituem uma alternativa de desaguamento para locais em que haja disponibilidade de área e em que se tenha clima mais seco, com alta taxa evaporativa.

O desaguamento ocorre por drenagem, evaporação e transpiração, sendo a evaporação a forma mais representativa. O desempenho das lagoas, assim como dos leitos de secagem, é influenciado pelas condições climáticas da região, como temperatura e precipitação.

As lagoas são construídas com profundidade entre 0,75 e 1,25 m. O lodo é removido mecanicamente, em geral com um teor de sólidos de 25 a 30% (Metcalf & Eddy, 1991).

As principais vantagens e desvantagens desse sistema em relação a outros métodos de desaguamento são:

▶ VANTAGENS

- Não utiliza produtos químicos.
- Material orgânico bastante estabilizado.
- Baixo consumo energético.
- Investimento baixo onde não se tem restrição de área.
- Mão de obra não qualificada para a operação.

▶ DESVANTAGENS

- Potencial para contaminação do solo e da água.
- Dependência de fatores climáticos.
- Potencial para problemas de odores e vetores.
- Maior área que os métodos mecânicos.

Filtro prensa de placas

Os filtros prensa foram desenvolvidos para uso industrial e em seguida sofreram adaptações para serem utilizados no desaguamento de lodo. São equipamentos que operam em batelada, o que exige a intervenção de operadores treinados, que tenham como principal característica alto grau de confiabilidade.

As principais vantagens e desvantagens do filtro prensa de placas são:

▶ VANTAGENS

- Torta com alta concentração de sólidos.
- Efluente líquido com qualidade (clarificado).
- Baixo consumo de produtos químicos no condicionamento do lodo.
- Filtrado com baixas concentrações de sólidos suspensos.

▶ DESVANTAGENS

- Complexidade com operação em batelada.
- Necessidade de mão de obra para remoção manual da torta.
- Vida útil limitada do tecido do meio filtrante.
- Alto investimento inicial.

Funcionamento de um filtro prensa

O ciclo de operação do filtro prensa varia entre 3 e 5 horas, podendo ser dividido em três etapas básicas:

▶ ENCHIMENTO

Essa é a operação em que o lodo é introduzido no espaço vazio entre as placas filtrantes, através de bombeamento. O tempo de enchimento pode chegar a 20 minutos, sendo mais comuns intervalos de tempo entre 5 e 10 minutos. A simples pressão da bomba de enchimento já inicia a separação sólido/líquido nas telas filtrantes.

▶ FILTRAÇÃO SOB PRESSÃO MÁXIMA

Durante a fase de filtração, a pressão aplicada chega a atingir 1.700 kPa (17 atm a 25 atm).

▶ DESCARGA DA TORTA

A duração de cada batelada varia de acordo com a vazão da bomba de alimentação, o tipo de lodo, o teor de sólidos e a filtrabilidade do lodo afluente, e do tipo, estado e grau de limpeza da tela. O funcionamento de um filtro prensa pode ser esquematizado como na Figura 9.1.

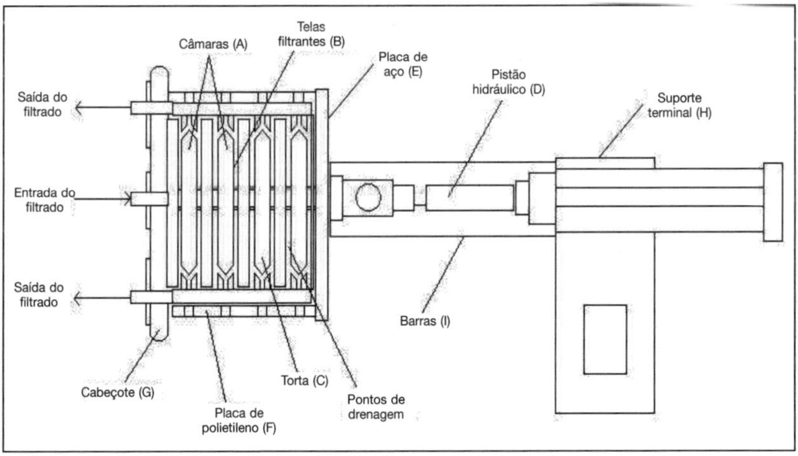

Figura 9.1. Esquema de funcionamento de um filtro prensa.
Fonte: Andreoli; Von Sperling; Fernandes (2001).

O lodo líquido é bombeado para as câmaras (A), envelopadas por telas filtrantes (B). O bombeamento faz que a pressão aumente no espaço entre as placas e força o lodo a passar através da tela filtrante. Nesse momento, os sólidos são retidos sobre o meio filtrante, formando a torta (C). Em seguida, o pistão hidráulico (D) empurra a placa de aço (E) contra as placas de polietileno (F), estabelecendo a prensagem. O cabeçote (G) e o suporte terminal (H) têm como suporte barras (I) especificamente projetadas para essa finalidade.

O filtrado passa através das telas filtrantes e é recolhido nos canais das placas e pontos de drenagem (J) no cabeçote para descarga. Em geral, ele apresenta menos de 15 mg de sólidos suspensos/L. A torta é removida do filtro com facilidade, à medida que se recua o pistão pneumático e se procede à separação das placas. Neste momento, a torta compactada cai da câmara e pode ser conduzida à estocagem ou ao destino final.

Na Figura 9.2. apresenta-se um croqui típico da instalação de um filtro prensa para desaguamento de lodos.

O filtro prensa de placas com volume variável, comumente chamado de prensa diafragma, é similar à prensa de volume fixo. A diferença é

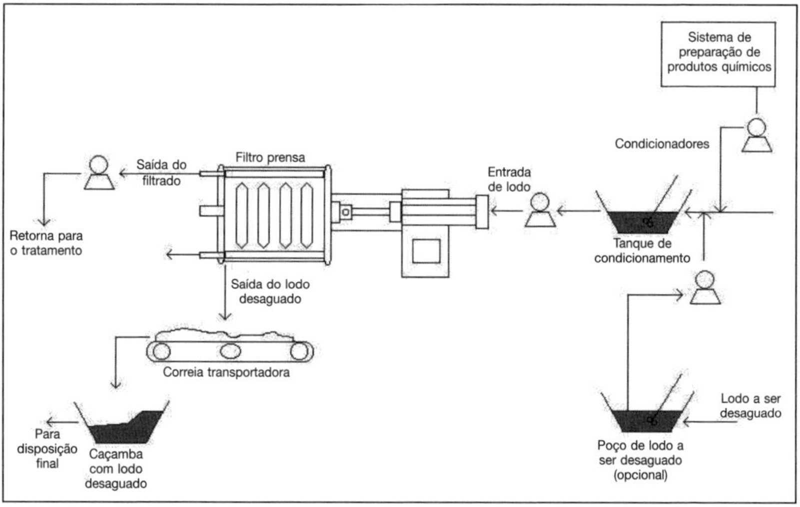

Figura 9.2. Fluxograma da instalação de um filtro prensa para desaguamento de lodos.

Fonte: Andreoli; Von Sperling; Fernandes (2001).

que possui um diafragma de borracha localizado atrás do meio filtrante, como mostrado na Figura 9.3. Esse diafragma expande até atingir a pressão final, reduzindo o volume da torta durante o passo de compressão. São em geral requeridos cerca de 10 a 20 minutos para encher o filtro e 15 a 30 minutos, a pressão constante, para desaguar a torta até o conteúdo de sólidos desejado. Prensas de volume variável são em geral projetadas para 690 a 860 kN m^{-2} no estágio inicial de desaguamento, em seguida de 1.380 a 2.070 kN m^{-2} para a compressão final. Prensas diafragma podem ser utilizadas com uma grande variedade de lodos, produzindo bons resultados, mas requerem manutenção considerável (Metcalf & Eddy, 1991).

O produtos químicos usualmente utilizados são:

- cloreto férrico e cal;
- sulfato ferroso e cal;
- sulfato férrico e cal;
- polieletrólitos (polímeros sintéticos).

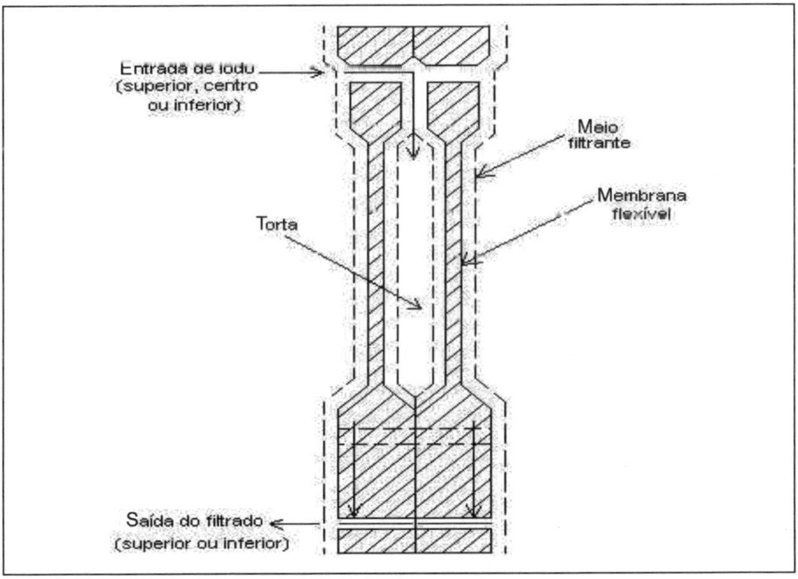

Figura 9.3. Seção transversal de um filtro prensa de volume variável.
Fonte: Metcalf & Eddy (1991).

Na Figura 9.4. mostra-se esquematicamente um filtro de prensa de placas.

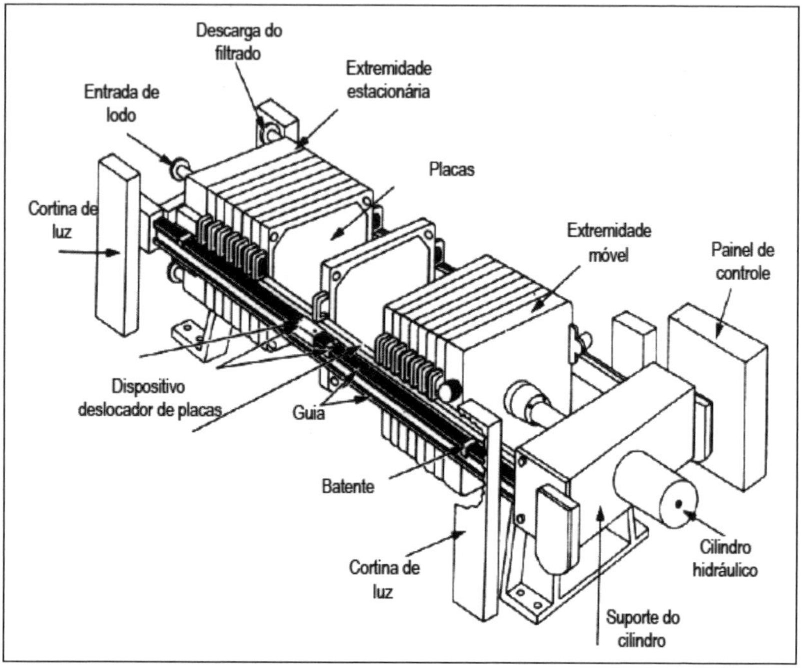

Figura 9.4. Filtro de prensa de placas.
Fonte: Metcalf & Eddy (1991).

Filtro prensa de esteira

O filtro prensa de esteira é um dispositivo para desidratação mecânica de lodos, de operação contínua, que combina a drenagem por gravidade com a compressão mecânica.

A desidratação do lodo pode ser dividida em três processos básicos: condicionamento químico do lodo de alimentação; drenagem por ação da gravidade até uma consistência não fluida; e compactação mecânica.

O condicionamento químico é realizado pela adição de um polímero para floculação do lodo antes da alimentação da máquina. O lodo é colocado e distribuído sobre a esteira, onde irá ocorrer a drenagem de parte da água livre. Na Figura 9.5. ilustra-se um esquema simplificado de um filtro prensa de esteira.

Na fase seguinte, o lodo passa por adensamento e em seguida é introduzido entre duas esteiras porosas, onde é prensado. A torta desidratada é removida por pás raspadoras.

Um sistema de filtro prensa normalmente é composto por: equipamentos de alimentação de polímero, tanque de condicionamento de lodo (floculador), bombas de alimentação de lodo, esteira de filtro prensa, transportador da torta de lodo, unidades de apoio, como compressor de ar e bombas de água para lavagem.

Diversos são os fatores que podem afetar o desempenho do filtro prensa de esteira, tais como: método e tipo de condicionamento químico; características do lodo; pressão e configuração da máquina, como porosidade, velocidade e largura da esteira. Em operações nas quais há variações nas características do lodo, devem ser incluídos sistemas para misturá-lo antes do condicionamento. Conforme WEF (1996), os filtros prensa de esteira podem produzir tortas desidratadas com teor de sólidos de 20 a 30%, com eficiência de separação de sólidos de 80 a 95%.

Secagem térmica

A secagem térmica do lodo é um processo de redução de umidade através de evaporação da água para a atmosfera, com a aplicação de

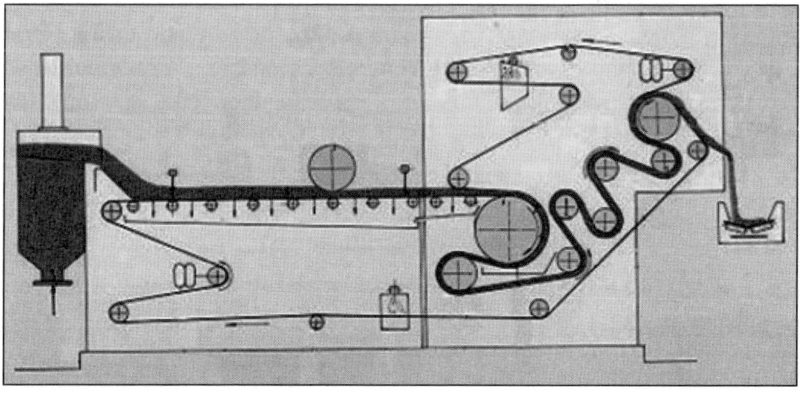

Figura 9.5. Esquema de um filtro prensa de esteira.
Fonte: Degremont (1995).

energia térmica, podendo-se obter teores de sólidos da ordem de 90 a 95%. Com isso, o volume final do lodo é reduzido significativamente.

Esse processo apresenta várias vantagens, dentre elas:

- Alta redução na quantidade de organismos patogênicos.
- O material seco pode ser comercializado como fertilizante para o solo.
- O lodo pode ser disposto em aterro ou ser incinerado.
- Redução no custo com transporte do lodo seco.

Na secagem térmica, o lodo é aquecido para promover a evaporação da água, até um ponto em que não haja destruição da matéria orgânica. Assim, apenas a água é removida, mantendo-se os sólidos totais praticamente inalterados. Essa é uma etapa importante, sobretudo quando se pretende utilizar o material no meio agrícola.

No processo construtivo, os fabricantes de equipamentos devem estabelecer as condições ideais para secagem, no que se refere a umidade, tempo de detenção, temperatura e velocidade da corrente de ar na superfície de secagem.

Além da redução do teor de água, a secagem térmica tem como objetivo a destruição de organismos patogênicos presentes no lodo, mesmo após a estabilização.

Sistemas de secagem

Além do secador, em um sistema de secagem térmica tem-se outros equipamentos, como: sistema de mistura e alimentação do lodo, moinho, peneiras, sistema para armazenamento do lodo desidratado e seco, condensador, sistema de controle de odores e gases emitidos para a atmosfera, equipamentos para transporte do lodo, sistema para geração de calor, entre outros.

Um sistema de secagem térmica utilizado para secar e granular o lodo até sua transformação em biossólido para uso como fertilizante agrícola aparece esquematizado na Figura 9.6.

Para evitar que o lodo grude nas paredes internas do equipamento e torne o processo ineficiente, o teor de umidade dos sólidos na entrada do secador deve se situar entre 50 e 60%. Em alguns casos, pode ser necessária a recirculação dos lodos secos dentro do processo de secagem, de forma a evitar problemas de aderência do lodo nas partes internas dos equipamentos.

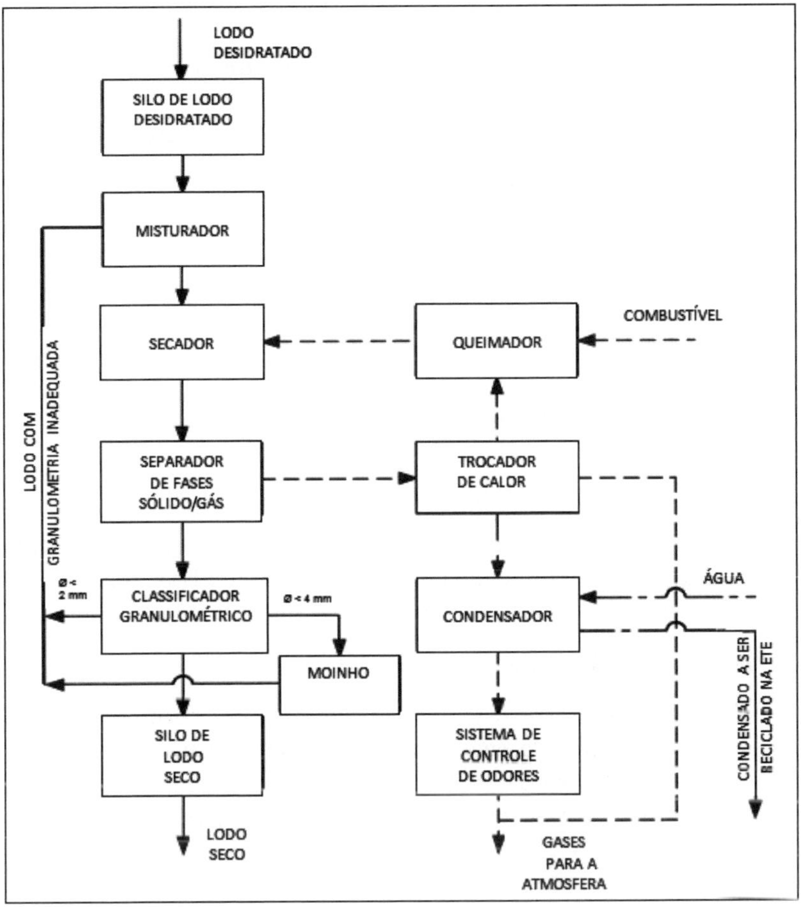

Figura 9.6. Esquema de um sistema de secagem térmica
Fonte: Adaptado de CEEJ (1998).

Períodos de secagem

Os processos de secagem térmica apresentam três etapas distintas: secagem inicial em regime crescente, secagem em regime constante e secagem final em regime decrescente.

Na Figura 9.7. ilustram-se os estágios do processo de secagem térmica.

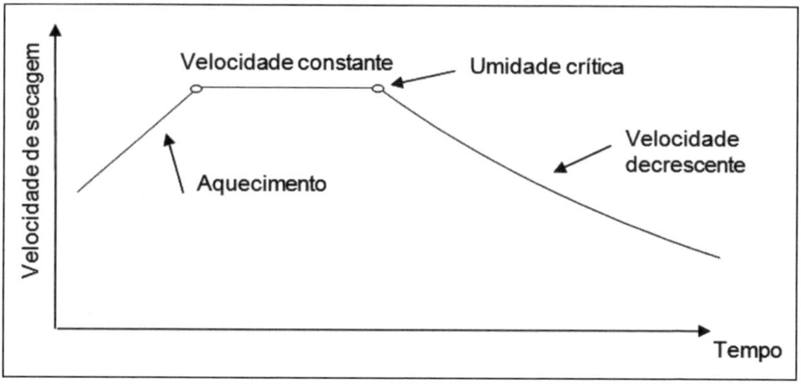

Figura 9.7. Estágios do processo de secagem térmica.

▶ SECAGEM INICIAL EM REGIME CRESCENTE

Nessa etapa, a temperatura do lodo e a taxa de secagem aumentam até a condição de estabilidade no processo seguinte. Esse primeiro estágio é normalmente curto, tendo-se pouca remoção de umidade.

▶ SECAGEM EM REGIME CONSTANTE

Nesse estágio, ocorre evaporação da umidade interna do lodo. A taxa de secagem é controlada pela transferência de calor para a superfície de evaporação. A taxa de evaporação é aproximadamente constante, ocorrendo em uma fase mais prolongada, o que possibilita a maior parte da secagem. A taxa de secagem depende de três fatores internos, independente do mecanismo interno do fluxo do líquido (Sabesp, 2001):

- coeficiente de transferência de calor ou massa;
- área exposta ao meio de secagem;
- diferença de temperatura e umidade entre o meio de secagem e a superfície úmida do lodo.

▶ SECAGEM FINAL EM REGIME DECRESCENTE

Nessa fase, a superfície sólida fica parcialmente saturada e grande quantidade de água já foi evaporada. Uma vez que a água da superfície evapora em um tempo menor do que aquele no qual seria substituída pela água do interior da parte sólida, a superfície exposta não fica mais saturada. Assim, o calor latente não é transferido tão rápido quanto o calor sensível é recebido do meio de secagem. Então, a temperatura do lodo aumenta e a taxa de secagem diminui. No ponto de transição entre a taxa de secagem em regime constante e decrescente tem-se a umidade crítica.

O teor final de sólidos e a umidade dependem do objetivo final do material, do projeto e da operação do secador e da composição química do lodo. Em lodos de esgoto doméstico podem ser obtidos teores de sólidos em torno de 90 a 95% ou até mais (Sabesp, 2001). Lodos mais secos que o mencionado não são recomendados, pois podem ficar suscetíveis à combustão espontânea.

Secadores

Os equipamentos de secagem podem ser classificados de várias formas. A maneira mais utilizada é quanto à transferência de calor para os sólidos úmidos e quanto às características de manipulação e às propriedades físicas do material úmido.

Os métodos de transferência de calor ao produto úmido são: convecção (secagem direta), condução (secagem indireta) e radiação (secagem por infravermelho ou radiação).

Quanto ao processo de transferência de calor, os secadores são classificados como: diretos, radiantes, ou mistos e indiretos. Nos secadores diretos, o ar quente entra em contato direto com o lodo, onde ocorre a troca de calor por convecção. Nos secadores radiantes, a troca de calor se dá por radiação. Nos secadores mistos, a transferência de calor ocorre por uma combinação entre as formas de transferência de calor. Nos secadores indiretos, a transferência de calor é realizada pelo contato entre o lodo e a superfície que foi aquecida, seja por ar quente, vapor ou troca de calor por condução.

▶ SECADORES DIRETOS

Na Figura 9.8. apresenta-se esquematicamente o processo de secagem direta quanto à forma de transferência de calor e umidade.

Devido ao contato direto entre o calor e as partículas de lodo, a taxa de troca de calor é mais alta. O lodo pode ser seco a umidades inferiores a 20%. A eficiência de secagem pode ser aumentada evitando-se que as partículas grudem umas nas outras. Isso pode ser conseguido utilizando-se a mistura de lodo seco no sistema de secagem.

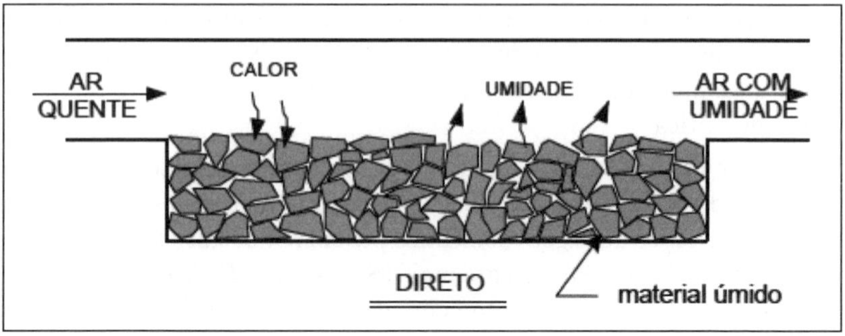

Figura 9.8. Secagem direta.
Fonte: Adaptado de David (2002).

Uma desvantagem desse tipo de secador é a geração de gases com odores, quando se utiliza ar ou gases de combustão como meios de secagem. Outra desvantagem está relacionada ao risco de incêndio provocado pela autoignição do lodo seco em contato com os gases quentes.

Secadores indiretos

Na Figura 9.9. mostra-se esquematicamente o processo de secagem indireta quanto à forma de transferência de calor do meio térmico para o lodo e a forma de transferência de umidade do lodo para o meio de secagem.

Nesse sistema, o fluido de transferência de calor permanece separado do lodo por uma parede metálica que recebe calor do meio de

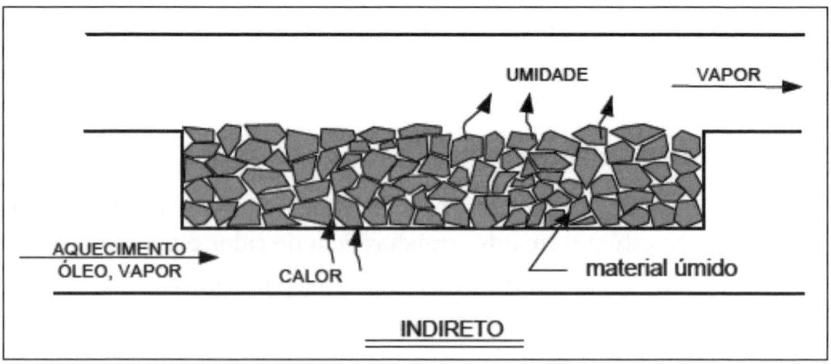

Figura 9.9. Secagem indireta.
Fonte: Adaptado de David (2002).

transferência, podendo ser um vapor saturado ou óleo térmico com temperatura superior à do lodo úmido.

O lodo, em contato com a superfície quente, deve ser constantemente removido, a fim de evitar incrustações de lodo seco nas superfícies de troca de calor e manter uma taxa efetiva de transferência de calor. Esta etapa pode ser realizada por agitação do lodo e raspagem frequente da superfície de troca de calor. Também contribui para tal objetivo a recirculação do lodo seco, mantendo-se sempre o teor de sólidos dele dentro do secador acima do teor de sólidos crítico, que se situa na faixa de 50 a 60%.

▶ SECADORES POR RADIAÇÃO

São construídos em formato retangular, revestidos com chapas de aço e material refratário e orientados horizontalmente. O mecanismo transportador é constituído por uma esteira, sobre a qual o lodo é depositado em uma fina camada e transportado no interior do corpo do secador, para receber o calor de uma fonte de radiação.

Para realização do processo de secagem, o calor é transmitido ao lodo por radiação, não havendo contato dele com gases de combustão. Nesse caso, é necessário que haja uma corrente de ar, para promover o arraste da umidade do lodo evaporada.

Tipos de secadores

Existem vários tipos de secadores térmicos no mercado que podem ser utilizados para secagem do lodo, destacando-se: secador rotativo, secador transportador de esteira e secador por leito fluidizado.

▶ SECADOR ROTATIVO

Considerado um dos tipos de secadores mais utilizados para secagem de lodos biológicos, pode ser do tipo indireto e direto. É composto por um ou mais cilindros rotativos, onde o lodo é deslocado continuamente ao longo da sua geratriz inferior por ação de pás presas na face interna do cilindro. Na Figura 9.10. mostra-se um desenho esquemático de um secador do tipo rotativo.

No secador do tipo rotativo direto o lodo entra em contato com uma corrente de ar quente ao longo de seu percurso, promovendo a evaporação da água.

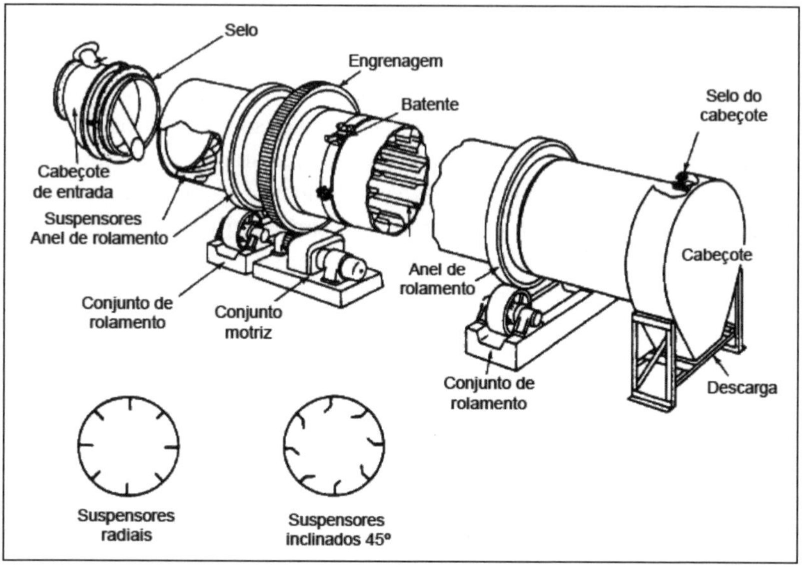

Figura 9.10. Secador do tipo rotativo.
Fonte: WEF (1992).

O secador do tipo rotativo indireto possui um cilindro principal por onde circula o lodo encamisado por outro cilindro. Entre eles circula ar quente ou vapor em circuito fechado, que transfere o calor para o lodo por condução, através da parede do cilindro.

▶ SECADOR TRANSPORTADOR DE ESTEIRA

Nesse equipamento ocorre secagem de operação contínua, com circulação permanente. O princípio de funcionamento consiste na passagem de ar quente por um leito permeável de material úmido. Pode conter uma ou mais esteiras transportadoras posicionadas na horizontal e isoladas termicamente em uma caixa metálica.

O lodo que entra no equipamento sofre processo de extrusão e em seguida é distribuído sobre a superfície da esteira. O ar quente aplicado sobre a camada de lodo retira a umidade nele contida. Este ar requerido no processo é gerado por queimadores externos, podendo ser utilizados gás natural, óleo combustível ou biogás.

Na Figura 9.11. mostra-se esquematicamente esse tipo de secador.

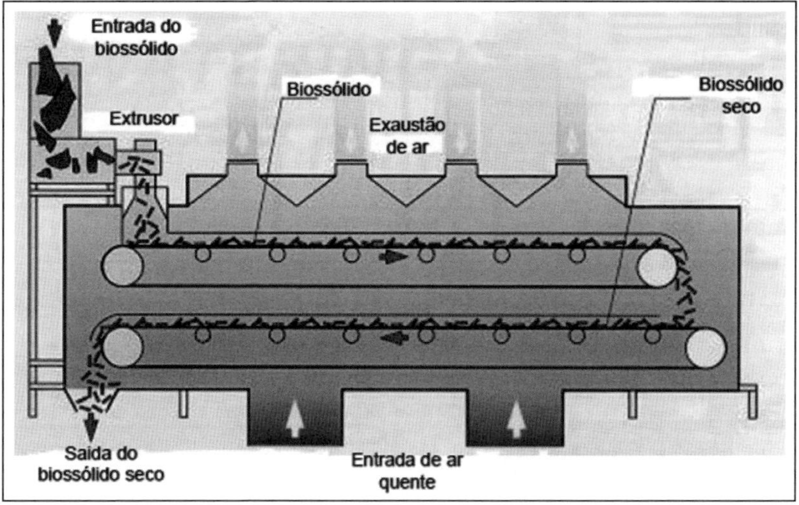

Figura 9.11. Secador transportador de esteira.
Fonte: Netzsch (1999).

▶ SECADOR POR LEITO FLUIDIZADO

Esse tipo de secador é constituído por uma câmara vertical estacionária, com o fundo perfurado, pelo qual se introduz uma corrente de ar quente utilizando sopradores. Esse tipo de equipamento está esquematicamente ilustrado na Figura 9.12.

O secador é alimentado com lodo úmido, através de uma entrada, por um transportador de rosca, não ocorrendo saída de ar. Uma corrente de ar quente ascendente no interior da câmara passa por meio do lodo granulado, revolvendo suas partículas, dando origem a um leito fluidizado. O ar quente é distribuído uniformemente na zona inferior. Isto produz alto grau de mistura e maior contato entre as parte sólidas e gasosas, resultando em alta transferência de massa e calor entre fases. O lodo seco sai do secador por extravasamento da câmara, através de um tubo ou de um vertedor ajustável com uma chave rotativa que não permite a saída de ar. Os gases gerados no processo são exauridos para um ciclone separador ou para outro equipamento de controle de poluição.

Cada tipo de secador possui vantagens e desvantagens. Assim, a escolha adequada deve envolver um estudo técnico e econômico, considerando vários fatores, tais como:

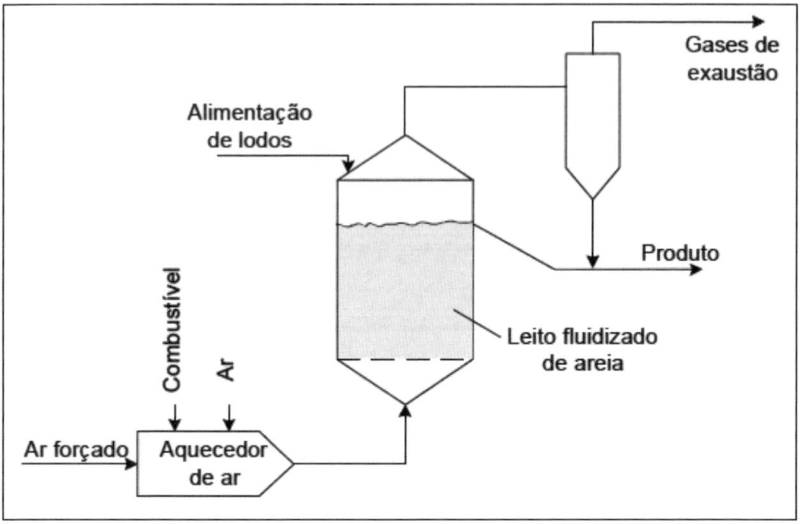

Figura 9.12. Esquema de um secador por leito fluidizado.
Fonte: WEF (1992).

- tipo de lodo a ser utilizado;
- atendimento das exigências sanitárias e ambientais;
- custos de implantação e operação;
- disposição final do lodo ou biossólido;
- fontes de energia disponíveis;
- teor de sólidos produzidos na ETE;
- segurança e facilidade de operação e manutenção.

Para aplicação do resíduo sólido na agricultura, os secadores dos tipos leito fluidizado e rotativos de aquecimento indireto são os mais apropriados para granulação e secagem dos biossólidos em operação única.

Destinação dos biossólidos

A destinação do lodo gerado nas ETE é um problema ambiental a ser resolvido pelas empresas de saneamento, privadas e públicas. Ela é realizada após seu tratamento, de forma a minimizar os possíveis problemas ambientais, como odor e lançamento no ambiente de contaminantes e patógenos.

Entre as principais opções, a disposição do lodo pode ser em:

- aterro sanitário;
- no solo para uso agrícola e recuperação, em florestas naturais;
- incineração;
- disposição oceânica;
- reúso industrial.

Disposição no solo

Uma opção, e talvez a principal, que pode ser viável, sob o ponto de vista econômico, desde que contornadas as limitações técnicas, é o uso do lodo na área agrícola. Esta técnica possibilita o aproveitamento de nutrientes, principalmente nitrogênio e fósforo, micronutrientes como zinco, cobre, manganês e molibidênio e aumento da capacidade de retenção de água, uma vez que é possível uma melhora na estruturação do solo e no teor de matéria orgânica. Para tanto, devem ser considerados alguns aspectos importantes, como: presença de compostos tóxicos, metais pesados, organismos patogênicos e o potencial de salinização ou acidificação do solo. Isso faz que esse lodo seja tratado antes de sua disposição final, de forma a não colocar em risco a cadeia alimentar e a qualidade do solo e da água.

Dentre os riscos possíveis, destacam-se: a presença de nitrato, metais pesados e organismos patogênicos.

O problema do nitrato reside no fato de que o nitrogênio orgânico contido no lodo, quando aplicado no solo, passa às formas minerais, entre elas, o nitrato, por ação de micro-organismos. O nitrato gerado é pouco ou nada retido no solo e, assim, movimenta-se em direção aos corpos hídricos juntamente com a água da chuva natural ou de irrigação, contaminando-os. Entretanto, esse problema pode ser minimizado com a aplicação em doses corretas de lodo. Estas devem ser determinadas em função de recomendações de adubação para a cultura implantada e de avaliações em laboratório e em campo, em fase piloto e de implantação, do comportamento do lodo no solo onde será aplicado.

Da quantidade de esgoto que entra na ETE, 1% corresponde ao volume de lodo produzido, o qual contém entre 50 e 80% da quantidade de metais que entram na estação (Lester et al., 1983). A taxa de transferência desses metais do solo para as culturas varia de planta para planta e, em uma mesma planta, varia de metal para metal. Os metais Cd e Zn apresentam altas taxas de transferência, enquanto o Cr e o Pb possuem taxas menores. Assim, percebe-se a importância da caracterização do lodo e seu tratamento adequado antes de sua disposição no solo.

Aterro sanitário

Essa forma de disposição pode ser realizada em aterro exclusivo ou por codisposição com resíduos sólidos urbanos. Em qualquer uma das alternativas, algumas técnicas são necessárias para a redução dos problemas ambientais oriundos do confinamento do material orgânico, tais como:

- sistema de drenagem e queima de gases;
- impermeabilização da base e das laterais, para evitar a contaminação do lençol freático;
- sistema para tratamento de líquidos percolados;
- drenagem de águas pluviais;
- cobertura superficial.

Aterro exclusivo

Nesse caso, os biossólidos podem ser dispostos em forma de tortas desidratadas ou secos. Geralmente, a resistência das tortas não é suficiente para a submissão a processo de compactação, devido à umidade. Para melhorar essa característica, elas podem ser misturadas a outros materiais. Em alguns estudos geotécnicos, tem sido utilizada a mistura de torta de biossólido a 40% de sólidos com cal virgem, ou 90% de sólidos, obtendo-se bons resultados.

Um exemplo de uso desse sistema pode ser encontrado na Sabesp, com biossólidos gerados em uma ETE.

Codisposição com resíduos sólidos urbanos

A combinação dos resíduos sólidos urbanos com biossólidos é uma boa solução, pois os primeiros apresentam uma relação carbono/nitrogênio e umidade adequada à estabilização biológica. A mistura de biossólidos com umidade em torno de 70%, além de contribuir para a adequação da umidade dos resíduos, possibilita a correção da relação C/N e a incorporação do nitrogênio contido nos biossólidos. Os processos de decomposição dos resíduos sólidos orgânicos de origem urbana ocorrem lentamente nos aterros. Entretanto, com a incorporação dos biossólidos ou lodos que foram submetidos a degradação anaeróbia previamente, servem para acelerar o processo, diminuindo o tempo de partida da célula do aterro (Bidone, 1998).

Incineração

Na incineração, utiliza-se a decomposição térmica via oxidação, para reduzir o volume do resíduo e sua toxicidade. Pode-se também eliminá-lo, convertendo-o em gases ou resíduos incombustíveis. Por meio dessa técnica, os sólidos voláteis do lodo são queimados e convertidos em água e dióxido de carbono; parte dos sólidos fixos é transformada em cinzas. Os processos de incineração podem ser realizados de forma exclusiva, em coincineração, em conjunto com outros combustíveis ou com técnicas avançadas. Os processos mais utilizados para combustão de lodo são: leito fluidizado e câmaras múltiplas.

O processo de incineração com câmaras múltiplas, assim como os demais, é bastante complexo e necessita de operadores especializados. Tem sido utilizado apenas em instalações de grande porte. Vem sendo substituído pelo incinerador de leito fluidizado.

A técnica de incineração avançada diferencia-se dos outros processos principalmente em relação à temperatura, que neste caso é mais elevada (acima de 1.100°C), enquanto nos processos clássicos fica em torno de 800°C. Com isso, produz-se menos cinza, caindo para em torno da metade, o que possibilita aumentar a vida dos aterros.

Disposição oceânica

Essa técnica foi muito utilizada em países ou áreas urbanas costeiras, pela facilidade de disposição. Até 1993, Sydney, na Austrália, lançava 60% do lodo no mar, 10% para agricultura e 30% para fazer composto (Sabesp, 2001). Um acordo assinado em Helsinki pela maioria dos países previa a eliminação da disposição oceânica do lodo até 1998. Com isso, grande parte dos países já não adota essa técnica.

Reúso industrial

O reúso industrial é uma opção em várias situações. Alguns trabalhos já foram desenvolvidos pela Sabesp na produção de agregado leve, destinado à construção civil; à fabricação de placas pré-moldadas para construção de armários de vestiários; de pisos de concreto para pátios de almoxarifados; de blocos de concreto para pavimentação de oficinas. Os biossólidos podem ainda ser utilizados para a fabricação de tijolos e cerâmicas e para a produção de cimento (Sabesp, 2001).

REFERÊNCIAS BIBLIOGRÁFICAS

ANDREOLI, C. V.; VON SPERLING, M.; FERNANDES, F. (Orgs.). **Lodo de esgotos**: tratamento e disposição final. Belo Horizonte: Departamento de Engenharia Sanitária e Ambiental, UFMG; Curitiba: Sanepar, 2001. 484p. (Princípios do tratamento biológico de águas residuárias, v. 6).

BIDONE, F. R. Alternativas de disposição final de biossólidos: aterros, *landfarming* e incineração. In: SEMINÁRIO SOBRE GERENCIAMENTO DE BIOSSÓLIDOS DO MERCOSUL, 1998, Curitiba. **Anais...** Sanepar, Abes, 1998. p. 131-5.

CEEJ – CONSÓRCIO ETEP-ESTATICA-JNS. **Plano diretor de uso/disposição dos lodos das ETE da RMSP**. São Paulo, 1998.

DAVID, A. C. **Secagem térmica de lodos de esgoto**: determinação da umidade de equilíbrio. São Paulo, 2002. 163f. Dissertação (Mestrado em Engenharia) – Escola Politécnica, Universidade de São Paulo.

DEGREMONT. **Filtro prensa de esteira**. São Paulo, 1995. (Catálogo).

LESTER, J. N. et al. Significance and Behavior of Heavy Metals in Wastewater Treatment Process. II. Sludge Treatment and Disposal. **The Science of the Total Environment**, v. 30, 1983, p. 45-83.

METCALF & EDDY, Inc. **Wastewater Engineering**: Treatment, Disposal, Reuse. 3. ed. Nova York: McGraw-Hill International Editions, 1991.

NETZSCH. **Desaguamento e secagem**. Pomerode, 1999. (Catálogo).

QASIM, S. R. **Wastewater Treatment Plants**: Planning, Design and Operation. 2. ed. Technomic, 1999.

COMPANHIA DE SANEAMENTO BÁSICO DO ESTADO DE SÃO PAULO – SABESP. **Biossólidos na agricultura**. São Paulo, 2001. 468p.

VIESSMAN, W.; HAMMER, M. **Water Supply and Pollution Control**. 4. ed. New York, 1985.

WATER ENVIRONMENT FEDERATION – WEF. **Operation of Municipal Wastewater Treatment Plants**. Manual of practice. 5. ed. Alexandria, 1996.

10

Legislação para uso de biossólidos

Uma grande preocupação em relação aos biossólidos, além daquelas comentadas neste capítulo, referentes à qualidade final, são as normas para seu reúso, principalmente devido à presença de patógenos e metais pesados neles presentes, com possibilidade de provocar danos ao meio ambiente e à saúde pública. Dessa forma, é importante que se tenha uma base legislativa sobre os limites máximos das concentrações dos poluentes contidos nos biossólidos, toleráveis para aplicação, uma vez, que para quaisquer medidas a tomar, necessita-se de regulamentação sobre os padrões e diretrizes a seguir, como no caso da Usepa (1993), da Cetesb (1999) e do Sanepar (1997). As medidas para regulamentação são estabelecidas para cada país, de acordo com as características físico-químicas do lodo ou biossólido.

LEGISLAÇÃO NORTE-AMERICANA

Os Estados Unidos da América são um país que se destaca em relação ao rigor na elaboração de normas para aplicação de lodo de esgoto (LE). Em 1982, a EPA (Environmetal Protection Agency) publicou um estudo de casos em 40 cidades. No ano seguinte, apresentou recomendações para a regulação do uso do lodo. Em 1984, elaborou uma lista de 200 poluentes, dos quais selecionou 50 para estudos detalhados e identificação das vias de exposição.

Entre 1985 e 1988, foram realizados estudos sobre vias de risco individual e agregado, nível de risco aceitável para poluentes cancerígenos, riscos na alimentação humana e risco potencial no transporte. Em fevereiro de 1989, apresentou-se a primeira versão da Parte 503, submetida a análise e comentários da comunidade. Em 1988 a 1989, a EPA realizou o National Sewage Sludge Survery (NSSS). Diante dos resultados, foi proposta uma revisão da Parte 503.

Conforme visto em Carvalho e Carvalho (2001), a elaboração da legislação norte-americana visou selecionar de modo criterioso os poluentes com seus limites, para utilização na agricultura, fixando-os em função da via de risco, que relacionou biossólidos, solo, plantas, homem, animais, biota, predadores, ar, poeira e água. Esses limites foram estabelecidos em função de uma dose máxima de 50 t ha^{-1}, não existindo modelagem para doses superiores. Por outro lado, a dose normal corresponde às necessidades da planta em nitrogênio, o que representaria em torno de 5 a 15 t ha^{-1}.

O uso de biossólidos na agricultura é condicionado a três parâmetros importantes: limites de metais pesados, densidade de patógenos e redução da atração de vetores.

Limites de metais pesados

Na Tabela 10.1. apresentam-se as concentrações limites máximas de metais pesados presentes no lodo e o limite anual e cumulativo de vinte anos de aplicação desses metais no solo.

Densidade de patógenos

A redução de micro-organismos é importante nos biossólidos. Podem ser realizados os processos de redução adicional de patógenos (PSRP) e de redução significativa de patógenos (PFRP). Com esses processos, visto nas Tabelas 10.2. e 10.3., é possível obter biossólidos que podem ser utilizados na agricultura, pertencentes às classes A e B.

Os biossólidos de classe A podem ser comercializados livremente quando não existem limitações por atração de vetores e metais pesados.

Tabela 10.1. Concentração limite e limite anual e cumulativo de metais pesados.

Metal pesado	**Limite máximo (mg·kg^{-1})**	**Lodo de excepcional qualidade**
Arsênio	75	41
Cádmio	85	39
Cromo	3.000	1.200
Cobre	4.300	1.500
Chumbo	840	300
Mercúrio	57	17
Molibdênio	75	18
Níquel	420	420
Selênio	100	36
Zinco	7.500	2.800
Metal pesado	**Limite anual (kg·ha^{-1})**	**Limite cumulativo**
Arsênio	2,0	41
Cádmio	1,9	39
Cromo	150,0	3.000
Cobre	75,0	1.500
Chumbo	15,0	300
Mercúrio	0,85	17
Molibdênio	0,90	18
Níquel	21,0	420
Selênio	5,0	100
Zinco	140,0	2.800

Fonte: Adaptado de Carvalho; Carvalho (2001).

Tabela 10.2. Densidade* de patógenos na classe A e processos utilizados para a redução adicional de patógenos (PFRP).

Processos de redução adicional de patógenos (PFRP)	
Compostagem	Confinada ou pilha aerada: 55°C por 3 dias Revolvimento de leiras: 55°C por 15 dias, com revolvimento mecânico por 5 dias
Secagem térmica	Temperatura > 80°C nas partículas do lodo e redução da umidade a 10% ou menos
Tratamento térmico	Temperatura > 180°C por 30 minutos para o lodo líquido
Digestão aeróbia termofílica	10 dias de digestão à temperatura de 55-60°C
Irradiação	Raios beta: 1 megarad a 20°C Raios gama: 1 megarad a 20°C
Pasteurização	Temperatura > 70°C por 30 minutos

Fonte: Carvalho; Carvalho (2001).

* Densidades: coliformes fecais < 1.000 NMP·g^{-1} ST ou salmonella < 3 NMP a cada 4 g ST ou ovos viáveis de helmintos < 1 a cada 4 g ST

Tabela 10.3. Densidade* de patógenos na classe B e processos utilizados para a redução significativa de patógenos (PSRP).

Processos de redução significativa de patógenos (PSRP)	
Digestão aeróbia	60 dias de digestão a 15°C ou 40 dias de digestão a 20°C
Secagem	Leitos de areia ou bacias com período mínimo de 3 meses
Digestão anaeróbia	60 dias de digestão a 20°C ou 15 dias de digestão a 35-55°C
Compostagem	Confinada, pilha aerada ou revolvimento de leiras Temperatura de 40°C por 5 dias ou de 55°C por 4 horas
Estabilização com cal	pH = 12 por 2 horas de contato

Fonte: Carvalho; Carvalho (2001).
* Densidades: coliformes fecais < 2.000.000 NMP·g^{-1} ST ou PRSP e uma amostragem ou média da densidade de sete amostras.

Por outro lado, os de classe B apresentam restrições, devido à presença de patógenos, não sendo permitidos para comercialização, mas podem ser utilizados na agricultura, com algumas restrições, conforme se segue.

- O período de carência para animais pastarem é de 30 dias.
- Aplicação controlada do lodo, sob condições restritas.
- Acesso restrito ao local onde o lodo foi aplicado por 30 dias, sendo de um ano esse prazo caso seja de acesso público.
- Período de carência de 30 dias para colher produtos, inclusive plantas fibrosas.
- Produtos agrícolas de contato com o biossólido não podem ser comercializados por 14 meses após a aplicação.
- Tubérculos e raízes (batata, mandioca, cenoura, inhame, etc.) podem ser cultivados somente 20 meses após a aplicação, com um período de incubação de 4 meses. Caso a incubação seja inferior a 4 meses, o período após aplicação aumenta para 38 meses.

Além dessas recomendações, a aplicação de biossólidos deve ser realizada com base em práticas de manejo obrigatórias (Carvalho; Carvalho, 2001):

- Não aplicar em terrenos inundáveis.
- Não aplicar a distâncias inferiores a 10 metros da água de superfície.

- Aplicar o biossólido em doses iguais ou inferiores às recomendações agronômicas, com base nas necessidades de nitrogênio.
- A ETE é obrigada a manter em arquivo todos os dados referentes à utilização do biossólido na agricultura.

REDUÇÃO DA ATRAÇÃO DE VETORES

Antes de ser aplicado no campo, o biossólido deve ser submetido a um processo de redução de vetores, como ratos, moscas, baratas, etc., que podem difundir organismos patogênicos nele presentes.

Na Tabela 10.4. são apresentados alguns processos para tratamento de biossólido visando a redução de atração de vetores, bem como os critérios para certificação do processo.

LEGISLAÇÃO BRASILEIRA

O Brasil ainda carece de normas no âmbito federal para uso e aplicação de biossólidos, mesmo na situação atual, em que o reúso de lodo vem se tornando uma atividade importante dos pontos de vista social, econômico e ambiental.

Os biossólidos podem ser enquadrados como fertilizantes organominerais ou compostos, dependendo do seu processo final de acabamento. Porém, se não forem compostados, secados ou misturados com fertilizantes minerais, só poderão ser enquadrados como corretivos melhoradores de solo, o principal argumento para seu registro (Carvalho; Carvalho, 2001).

O lodo de esgoto pode ser enquadrado na classe II – A (não inertes), conforme a norma ABNT (2004). Ele pode apresentar as propriedades de combustibilidade, biodegradabilidade e solubilidade em água, porém não pode apresentar as propriedades de inflamabilidade, corrosividade, reatividade, toxicidade e patogenicidade, típicas da classe I. Além disso, a norma é explícita ao afirmar que os resíduos gerados na ETE não se incluem na classe I em termos de patogenicidade.

No Brasil, para o Estado de São Paulo, foram desenvolvidas as normas da Cetesb (Companhia de Tecnologia de Saneamento Ambiental), órgão vinculado à Secretaria de Meio Ambiente. Em 1999, foram desenvolvidas normas provisórias estaduais (Norma Técnica P. 4.230; Cetesb, 1999), que regulamentam o uso agrícola de lodos de tratamentos

Tabela 10.4. Processos de tratamento de biossólido para redução da atração de vetores e critérios para certificação do processo.

Processo de tratamento	Critérios de certificação
Digestão anaeróbia	A concentração de sólidos voláteis (SV) deve ser reduzida em 38% ou mais. A destruição de SV é medida comparando-se o afluente do processo de estabilização do lodo com o lodo pronto para uso e disposição. Caso a redução de 38% não seja alcançada, a redução de SV precisa ser menor que 17% quando o lodo é digerido por 40 dias adicionais.
Digestão aeróbia	Para a digestão aeróbia, caso a redução de 38% de SV não seja alcançada e o lodo tenha menos de 2% de MS, a redução de SV deve ser menor que 15% quando ele é digerido, por um período adicional de 30 dias, a 20°C. Para a digestão aeróbia, a taxa de consumo de oxigênio deve ser menor ou igual a 1,5 mg O_2h^{-1} por grama de ST, a 20°C.
Compostagem	Para compostagem, a temperatura deve ser mantida acima de 40°C por pelo menos 40 dias, sendo a temperatura média superior a 45°C.
Estabilização química	Com estabilização química na temperatura de 25°C, a quantidade de álcali deve ser suficiente para atingir pH = 12 por 2 horas e permanecer acima de 11,5 por um período adicional de 22 horas.
Secagem	Com secagem térmica ou ventilação forçada, a concentração de sólidos deve alcançar no mínimo 75% de MS sem mistura de aditivo. Na secagem por aquecimento ou ar, a concentração de sólidos deve alcançar no mínimo 90% de MS, sem mistura de aditivo.
Aplicação superficial	Para a aplicação de lodo líquido no solo, deve-se injetá-lo nele e, após uma hora, não deve haver lodo na superfície. Se for um lodo classe A, deve ser injetado no solo até 8 horas após o processo PRFP.
Incorporação	O lodo deve ser incorporado ao solo até 6 horas da sua aplicação superficial, sendo aceitas até 8 horas para um lodo classe A.

Fonte: Carvalho; Carvalho (2001).

biológicos, incluindo os biossólidos. Para tanto, foram adotados os limites utilizados pela Usepa, nos Estados Unidos. Entretanto, a realidade brasileira, quanto ao solo e ao clima, é diferente daquela desse país, fato não considerado pela P. 4.230, e pode haver divergências quanto às concentrações de poluentes admissíveis, o que implica que seja revisada.

De acordo com a Cetesb (1999), o "transporte de lodos provenientes de unidades de tratamento de água, esgotos ou de efluentes líquidos industriais" deve ser licenciado segundo os memorandos 138/94 M e 227/94/I. O memorando 138/94 M apresenta uma lista de exigências técnicas a serem respeitadas para o licenciamento de empreendimentos de coleta, transporte e disposição de lodos, dentre elas:

- O tratamento ou disposição final dos lodos gerados em estabelecimentos industriais deverão ser precedidos da obtenção do Cadri (Certificado de Aprovação de Destinação de Resíduos Sólidos Industriais) junto à Cetesb.
- Não poderão ser misturados, no transporte, lodos provenientes de diferentes indústrias.
- As caçambas utilizadas no transporte de lodo deverão ser estanques, não possibilitando vazamentos na coleta, no transporte e na descarga do material.
- Caso os lodos sejam classificados como perigosos (de acordo com a NBR 10.004), todos os serviços deverão ser efetuados em conformidade com o disposto no Decreto 96.044/88 do Ministério dos Transportes, bem como na norma NBR 7.500.
- Caso a disposição final do lodo de esgoto seja feita em aterros ou ele seja incinerado, torna-se necessária a apresentação de EIA/Rima, estabelecido pela Resolução 357 (Conama, 2005).

Algumas normas federais que devem ser consideradas quanto ao uso dos resíduos sólidos, em particular dos biossólidos, são:

- Constituição Federal, de 5 de outubro de 1988 – Artigos 10, 23 e 200 – tratam da poluição por elementos sólidos/líquidos – resíduos.
- Lei Federal nº 5.318, de 26 de setembro de 1967 – institui a Política Nacional de Saneamento e cria o Conselho Nacional de Saneamento.
- Lei Federal nº 9.605, de 12 de fevereiro de 1998 – dispõe sobre as sanções penais e administrativas derivadas de condutas e atividades lesivas ao meio ambiente e dá outras providências.

Ressalte-se que pode haver um ponto de conflito na aplicação de uma lei federal e das normas da Cetesb, uma vez que é ilegal a dupla fiscalização. Assim, quando um biossólido atender aos padrões de qualidade e for devidamente registrado, será aplicável a legislação federal, enquanto as normas da Cetesb restringem-se aos resíduos de tratamento biológico, conforme descritos na norma. As normas da Cetesb podem ser mais restritas do que as federais e devem ser seguidas no Estado de São Paulo.

Condições para aplicação em áreas agrícolas

Para aplicação em áreas agrícolas, os biossólidos devem ser submetidos a tratamentos que possibilitem a redução de organismos patogênicos, conforme já comentado neste capítulo. Para tanto, devem ser submetidos a tratamentos como: digestão anaeróbia, digestão aeróbia, compostagem, estabilização química, secagem, aplicação superficial e incorporação no solo.

Na Tabela 10.5. apresentam-se os limites admissíveis para metais pesados nos biossólidos.

Tabela 10.5. Limites admissíveis de metais pesados nos biossólidos.

Metal pesado	Concentração máxima permitida em base seca ($mg \cdot kg^{-1}$)
Zinco	7.500
Selênio	100
Níquel	420
Molibdênio	75
Mercúrio	57
Chumbo	840
Cobre	4.300
Cádmio	85
Arsênio	75

Fonte: Adaptado de Cetesb (1999).

Na Tabela 10.6. apresenta-se uma classificação dos biossólidos de acordo com a presença de organismos patogênicos neles.

Os biossólidos de classe A não apresentam restrição para uso. Por outro lado, no caso dos biossólidos de classe B, conforme a Cetesb (1999), devem ser seguidas algumas recomendações:

- Não cultivar alimentos cuja parte consumível tenha contato com o biossólido (melão, pepino, hortaliças, etc.), por um período de 14 meses após a aplicação do biossólido.

Tabela 10.6. Classificação de biossólidos quanto à presença de patógenos.

Tipo de biossólido	**Critério de classificação**	**Processo para redução de patógenos**
Classe A	Coliformes fecais: densidade < 1.000 NMP·g^{-1} ST *Salmonella* sp: densidade < 3 NMP para cada 4 g ST	Compostagem Secagem térmica Tratamento térmico Digestão aeróbia termofílica Irradiação Pasteurização
Classe B	Coliformes fecais: densidade < 2.000.000 NMP·g^{-1} ST em pelo menos uma amostra Coliformes fecais: média geométrica da densidade de sete amostras < 2.000.000 UFC·g^{-1} ST	Digestão aeróbia Secagem Digestão anaeróbia Compostagem Estabilização com cal

Fonte: Sabesp (2001).
NMP·g^{-1} ST Número mais provável por grama de sólidos totais.
UFC·g^{-1} ST Unidades formadoras de colônias por grama de sólidos totais.

- Evitar a aplicação manual e a realização de cultivo na área que recebeu o biossólido por um período mínimo de 30 dias de carência após a aplicação. Em casos em que essa indicação não possa ser seguida, é importante que os trabalhadores utilizem equipamentos de proteção e recebam orientações quanto aos procedimentos operacionais, à higiene e segurança.
- Culturas cuja parte consumível fique abaixo do solo, como no caso de batata, cenoura, rabanete, etc., não poderão ser cultivadas nas seguintes situações: até 38 meses após a aplicação, se o biossólido for incorporado durante os 4 meses seguintes ao seu espalhamento; ou até 9 meses, se o biossólido não for incorporado antes de 4 meses após a aplicação.

A aplicação de biossólidos na área agrícola está subordinada a uma série de procedimentos antes e após sua aplicação, conforme a Sabesp (2001). Os procedimentos que precedem a aplicação estão relacionados aos processos de tratamento do lodo, para adequá-los às normas sanitárias, conforme já comentado neste capítulo. Após se ter um biossólido pronto para uso, deve ser escolhida a área a aplicar, a cultura a implantar, e devem ser determinadas as taxas a utilizar. Uma vez aplicado, o biossólido deve ser monitorado com relação aos metais pesados.

Escolha da área para aplicação

Deverá ser considerada a legislação florestal vigente, a quantidade de biossólido a ser aplicado, a distância das áreas residenciais, a direção predominante do vento, o consentimentos dos proprietários e outras limitações:

- Declividade da área menor que 10% para aplicação superficial sem incorporação – até 15% para aplicação superficial com incorporação e até 18% para aplicação subsuperficial.
- Manutenção de zonas de proteção, para não causar incômodos por odores.
- Distância mínima de 15 m das vias de domínio público, de 10 m de drenos interceptores e divisores superficiais de água de jusante e de trincheiras drenantes de águas subterrâneas e superficiais.
- Profundidade mínima de 1,2 m entre a superfície do terreno e o lençol freático, quando da aplicação.

Taxa de aplicação

Conforme a Cetesb (1999), a taxa de aplicação deve ser o menor valor calculado em função do nitrogênio disponível, o teor de metais no solo e a capacidade de elevação do pH.

▶ TAXA DE APLICAÇÃO EM FUNÇÃO DO NITROGÊNIO DISPONÍVEL

A taxa de aplicação (TA) é dada pela relação entre a quantidade de nitrogênio recomendada (N_p) e o teor de nitrogênio disponível no biossólido (N_d), conforme a Equação 10.1.

$$TA(t\ ha^{-1}) = N_p(kg \cdot ha^{-1})/N_d(kg \cdot t^{-1}) \qquad \textbf{(10.1)}$$

A quantidade de nitrogênio recomendada (N_p) pode ser determinada conforme a metodologia da Embrapa (1997), de Cantarella, Quaggio e Furlani (1997), ou por metodologias similares para a região de interesse.

O nitrogênio disponível (N_d) pode ser determinado por:

– aplicação superficial (Equação 10.2.):

$$N_d = (FM/100) \times (N_{kj} - N_{NH_3}) + 0{,}5\,(N_{NH_3}) + (N_{NO_3} + N_{NO_2}) \qquad \textbf{(10.2)}$$

– aplicação subsuperficial (Equação 10.3.):

$$N_d = (FM/100) \times (N_{kj} - N_{NH_3}) + (N_{NH_3}) + (N_{NO_3} + N_{NO_2}) \qquad \textbf{(10.3)}$$

em que:

N_d – nitrogênio disponível ($mg \cdot kg^{-1}$)
FM – fração de mineralização do nitrogênio (%)
N_{kj} – nitrogênio Kjeldahl = nitrogênio orgânico total + nitrogênio amoniacal ($mg \cdot kg^{-1}$)
N_{NH3} – nitrogênio amoniacal ($mg \cdot kg^{-1}$)
$N_{NO3} + N_{NO2}$ – nitrogênio nitrato e nitrito ($mg \cdot kg^{-1}$)

Os valores da fração de mineralização do nitrogênio podem ser determinados para cada biossólido, ou podem ser adotados valores da literatura, tendo-se:

- lodo compostado – 10%;
- lodo digerido anaerobicamente – 20%;
- lodo digerido aerobicamente – 30%.

▶ TAXA DE APLICAÇÃO EM FUNÇÃO DO TEOR DE METAIS NO SOLO

Pode ser realizada em função da Tabela 10.7. para os limites de aplicação anual máxima no solo, e pela Tabela 10.8. para os limites de acumulação de metais no solo.

Tabela 10.7. Taxa máxima anual de aplicação de metais em solos agrícolas por biossólidos.

Metal	**Taxa máxima de aplicação anual ($kg \cdot ha^{-1} \cdot ano^{-1}$)**
Zinco	140
Selênio	5,0
Níquel	21
Mercúrio	0,85
Chumbo	15
Cobre	75
Cádmio	1,9
Arsênio	2,0

Fonte: Adaptado de Cetesb (1999).

Para a determinação da taxa de aplicação pela elevação do pH, a Sabesp (2001) recomenda que devem ser considerados os resultados de ensaios de elevação de pH provocados pelo biossólido, de modo a garantir que o pH final da mistura solo-biossólido não ultrapasse o limite de 7 (determinação em cloreto de cálcio).

Tabela 10.8. Cargas cumulativas de metais máximas permitidas pela aplicação de biossólidos em solo agrícola.

Metal	Carga máxima acumulada de metais (kg·ha^{-1}·ano^{-1})
Zinco	2.800
Selênio	100
Níquel	420
Mercúrio	17
Chumbo	300
Cobre	1.500
Cádmio	39
Arsênio	41

Fonte: Adaptado de Cetesb (1999).

Monitoramento do biossólido no solo

O monitoramento deve ser realizado em parcelas de no máximo 20 ha, separadas em função da homogeneidade do solo, da topografia e do manejo.

Em cada parcela devem ser retiradas pelo menos vinte subamostras na camada de 0 a 20 cm, para confecção de uma amostra composta.

De acordo com a Cetesb (1999), devem-se seguir estas recomendações:

- Os metais devem ser determinados a cada cinco anos, após aplicação no perfil do solo, nas profundidades de 0 a 20 cm e de 20 a 40 cm.
- Devem ser realizadas amostragens anuais ou antes de uma nova aplicação. Além disso, devem ser feitas amostragens para análise química de fertilidade (pH, matéria orgânica, P, Ca, K, Mg, acidez potencial, soma de bases, CTC e saturação de bases) e condutividade elétrica.
- Os metais, na camada superficial, devem ser determinados anualmente nestes casos: a partir da data em que a taxa acumulada teórica alcançar 80% do máximo estabelecido na Tabela 10.8.; ou sempre que os metais forem considerados poluentes limitantes da taxa de aplicação.

Culturas recomendadas para uso de biossólidos

Em termos agronômicos, os estercos de suíno, bovino e avícola podem ser aplicados na maioria das culturas. Entretanto, quando se trata de biossólido, algumas são mais indicadas, seja por aproveitarem melhor sua composição química e liberação lenta de nitrogênio, seja por eliminarem os riscos associados à reciclagem de resíduos animais, principalmente com relação a patógenos. Assim, por segurança, o uso de biossólidos é vetado (mesmo higienizado) para horticultura e demais produtos consumidos crus que tenham contato direto com eles (Sabesp, 2001). Seu uso é recomendado para milho, trigo, cana e sorgo, e também em fruticultura, reflorestamento e recuperação de áreas degradadas.

REFERÊNCIAS BIBLIOGRÁFICAS

ASSOCIAÇÃO BRASILEIRA DE NORMAS TÉCNICAS – ABNT. Resíduos sólidos – Classificação – **NBR 10.004**. Rio de Janeiro: ABNT, 2004.

BRASIL. Lei Federal n° 5.318, de 23 de setembro de 1967. Institui a Política Nacional de Saneamento e cria o Conselho Nacional de Saneamento. **Diário Oficial [da] República Federativa do Brasil**, Brasília, DF, 27 set. 1967.

BRASIL. Lei Federal n° 9.605, de 12 de fevereiro de 1998. Dispõe sobre sanções penais e administrativas derivadas de condutas e atividades lesivas ao meio ambiente, e dá outras providências. **Diário Oficial [da] República Federativa do Brasil**, Brasília, 13 fev. 1998. Seção 1, p. 1.

BRASIL. Ministério de Estado de Transportes. Decreto 96.044, de 18 de maio de 1988. Aprova o regulamento para o transporte rodoviário de produtos perigosos e dá outras providências. **Diário Oficial [da] República Federativa do Brasil**. Brasília, 19 maio 1988. Seção 1, n. 93, p. 8.737.

CANTARELLA, H.; QUAGGIO, J. A.; FURLANI, A. M. C. Recomendações de calagem e adubação para o Estado de São Paulo. **Boletim técnico**, 100. Campinas: IAC, 1997. 285p.

CARVALHO, P. C. T. de; CARVALHO, F. F. P. Legislação sobre biossólidos. In: TSUTIYA et al. (Eds.). **Biossólidos na agricultura**. São Paulo: Sabesp, 2001, cap.7, p. 209-26.

COMPANHIA DE SANEAMENTO DO PARANÁ – SANEPAR. **Manual técnico para utilização agrícola do lodo de esgoto no Paraná**. Curitiba, 1997. 96p.

COMPANHIA DE TECNOLOGIA DE SANEAMENTO AMBIENTAL – CETESB. **P 4.230**: Aplicação de lodos de sistemas de tratamento biológico em áreas agrícolas – Critérios para projeto e operação (Manual técnico). São Paulo, 1999. 32p.

CONSELHO NACIONAL DE MEIO AMBIENTE – CONAMA. **Resolução 357: 2005**. Dispõe sobre a classificação dos corpos d'água e diretrizes ambientais para seu enquadramento, bem como estabelece as condições e padrões de lançamento de efluentes, e dá outras providências. Conama, mar. 2005.

EMBRAPA. **Manual de métodos de análise de solos**. 2. ed. Rio de Janeiro: Embrapa, 1997. 221p.

UNITED STATES ENVIRONMENTAL PROTECTION AGENCY – USEPA. Final Rules: Standards for the Use of Sewage Sludge. **Fed. Reg**. v. 58, n. 32, 1993, p. 9.248-415.